大学物理智慧学习

视频导学与习题精解

主　编　彭志鹏　罗艳伟
参　编（按姓氏笔画排序）
朱　琳　任玉坤　刘　琨　李亚平
何　杰　张君德　袁姣楠

DAXUE WULI ZHIHUI XUEXI

中国教育出版传媒集团
高等教育出版社·北京

内容提要

本书包含六个单元，共十三章，涉及力学、电磁学、振动和波动、光学、热学、量子物理学。每一章包括知识导航、例题详解和自测练习三个模块。知识导航是每章重点内容的归纳总结，便于学生系统梳理知识脉络，建立知识框架；例题详解的题目主要选自历年的考试真题和其他经典题目，可以帮助学生快速掌握各种定理、定律的使用方法；自测练习是重要题目的汇总，分为选择题、填空题和计算题，学生可以用来对知识的掌握情况作自我检测，教师也可以将其作为课堂测验和单元测试的题目。

本书是理工科非物理学类专业学生学习大学物理课程的重要辅导书，亦是巩固教材知识、拓展物理思维的必要参考书。

图书在版编目（CIP）数据

大学物理智慧学习：视频导学与习题精解 / 彭志鹏，罗艳伟主编. --北京：高等教育出版社，2025. 5.

ISBN 978-7-04-064712-9

Ⅰ. O4

中国国家版本馆 CIP 数据核字第 2025V13Z74 号

策划编辑 张海雁　责任编辑 张海雁　封面设计 王　洋　版式设计 杜微言

责任绘图 裴一丹　责任校对 刘丽娴　责任印制 高　峰

出版发行 高等教育出版社
社　　址 北京市西城区德外大街 4 号
邮政编码 100120
印　　刷 北京新华印刷有限公司
开　　本 787mm×1092mm　1/16
印　　张 8.75
字　　数 210 千字
购书热线 010-58581118
咨询电话 400-810-0598
网　　址 http://www.hep.edu.cn
　　　　 http://www.hep.com.cn
网上订购 http://www.hepmall.com.cn
　　　　 http://www.hepmall.com
　　　　 http://www.hepmall.cn
版　　次 2025 年 5 月第 1 版
印　　次 2025 年 5 月第 1 次印刷
定　　价 20.00 元

物 料 号 64712-00

前　言

物理学作为自然科学的基础学科，既是探索物质世界规律的理论基石，也是工程技术与应用科学发展的实践支撑。在高等教育体系中，大学物理课程承载着培养学生科学思维、逻辑推理和问题解决能力的核心使命。本书的编纂，旨在通过系统化、多维度的训练，帮助学习者深化对物理概念的理解，强化理论与实践的结合能力，并为后续专业课程的学习奠定坚实的基础。

近年来，随着教学改革的深化，教育部对大学物理课程的教学目标提出了更高的要求，即强调知识体系的完整性、实践应用的创新性以及科学素养的综合性。本书参考国内外十余部经典教材与习题集，结合编者在教学一线积累的典型例题与教学反馈，历时多年打磨而成。本书共收录题目 700 余道，按教学进度划分为十三章。题目涉及力学、电磁学、振动和波动、光学、热学、量子物理学六个知识单元，既包含对基本公式推导的巩固训练，也涉及跨章节的综合应用，以激发学生深度思考。本书每章在知识导航模块后增加视频导学数字资源，以帮助学生更好地理解本章内容；编者选择部分具有典型特征的习题进行讲解，也做成视频数字资源，以期帮助读者掌握解题技巧，从而触类旁通。

本书的成稿得益于河南工业大学物理学院的教学实践经验的积累，编写团队特别感谢多位教师提供的宝贵意见。未来，我们将持续跟踪物理学前沿进展与教育技术革新，定期修订本书内容，并开发数字化交互习题库，以增强学习体验的动态性与趣味性。

由于编者水平有限，加之时间仓促，书中的疏漏和不妥之处在所难免，欢迎广大读者批评指正。

编　者

2025 年 2 月于郑州

目　录

第一单元　力学

第一章　牛 顿 力 学

知识导航

一、质点运动学

1. **空间**——表征物体运动的广延性；

时间——表征物体运动的持续性和连贯性.

2. **运动方程**

位矢　$\boldsymbol{r}=\boldsymbol{r}(t)$

$$\boldsymbol{r}(t)=x(t)\boldsymbol{i}+y(t)\boldsymbol{j}+z(t)\boldsymbol{k}$$

或　$\begin{cases}x=x(t)\\y=y(t)\\z=z(t)\end{cases}$

位移　$\Delta\boldsymbol{r}=\boldsymbol{r}(t)-\boldsymbol{r}(t_0)$

轨迹　由运动方程消去 t 得 $F(x,y,z)=0$.

3. **速度**

平均速度　$\bar{\boldsymbol{v}}(t)=\dfrac{\Delta\boldsymbol{r}}{\Delta t}=\dfrac{\Delta x}{\Delta t}\boldsymbol{i}+\dfrac{\Delta y}{\Delta t}\boldsymbol{j}+\dfrac{\Delta z}{\Delta t}\boldsymbol{k}$

瞬时速度　$\boldsymbol{v}(t)=\dfrac{\mathrm{d}\boldsymbol{r}}{\mathrm{d}t}=\dfrac{\mathrm{d}x}{\mathrm{d}t}\boldsymbol{i}+\dfrac{\mathrm{d}y}{\mathrm{d}t}\boldsymbol{j}+\dfrac{\mathrm{d}z}{\mathrm{d}t}\boldsymbol{k}$

速率　$v(t)=\dfrac{\mathrm{d}s}{\mathrm{d}t}$

4. **加速度**

平均加速度　$\bar{\boldsymbol{a}}=\dfrac{\Delta\boldsymbol{v}}{\Delta t}$

瞬时加速度　$\boldsymbol{a}(t)=\dfrac{\mathrm{d}\boldsymbol{v}}{\mathrm{d}t}=\dfrac{\mathrm{d}^2\boldsymbol{r}}{\mathrm{d}t^2}$

切向加速度和法向加速度的大小

$$\begin{cases}a_{\mathrm{t}}=\dfrac{\mathrm{d}v}{\mathrm{d}t}=R\alpha\\[2ex]a_{\mathrm{n}}=\dfrac{v^2}{R}=R\omega^2\end{cases}$$

5. **角量描述及角量与线量的关系**

角坐标　$\theta=\theta(t)$

角速度　$\omega=\dfrac{\mathrm{d}\theta}{\mathrm{d}t}=\dfrac{v}{R}$

角加速度　$\alpha=\dfrac{\mathrm{d}\omega}{\mathrm{d}t}=\dfrac{\mathrm{d}^2\theta}{\mathrm{d}t^2}=\dfrac{a_{\mathrm{t}}}{R}$

角速度与线速度的关系　$\boldsymbol{v}=\boldsymbol{\omega}\times\boldsymbol{r}$

6. **匀加速直线运动和圆周运动**

$$\begin{cases}v=v_0+at\\x=v_0t+\dfrac{1}{2}at^2+x_0\\v^2-v_0^2=2a(x-x_0)\end{cases}\quad(a=常量)$$

$$\begin{cases}\omega=\omega_0+\alpha t\\\theta=\omega_0t+\dfrac{1}{2}\alpha t^2+\theta_0\\\omega^2-\omega_0^2=2\alpha(\theta-\theta_0)\end{cases}\quad(\alpha=常量)$$

7. **抛体运动**

$$\begin{cases}a_x=0\\a_y=-g\end{cases}$$

$$\begin{cases}v_x=v_0\cos\theta\\v_y=v_0\sin\theta-gt\end{cases}$$

$$\begin{cases}x=v_0\cos\theta\cdot t\\y=v_0\sin\theta\cdot t-\dfrac{1}{2}gt^2\end{cases}$$

8. **相对运动**

$$\begin{cases}\boldsymbol{v}=\boldsymbol{v}'+\boldsymbol{u}\\\boldsymbol{v}_{\mathrm{A,B}}=\boldsymbol{v}_{\mathrm{A,C}}+\boldsymbol{v}_{\mathrm{C,B}}\\\boldsymbol{a}=\boldsymbol{a}'+\boldsymbol{a}_0\end{cases}$$

9. 运动学主要的解题方法

微分法：已知运动方程，求质点速度和加速度.

$$\boldsymbol{v}=\frac{\mathrm{d}\boldsymbol{r}}{\mathrm{d}t},\quad \boldsymbol{a}=\frac{\mathrm{d}\boldsymbol{v}}{\mathrm{d}t}=\frac{\mathrm{d}^2\boldsymbol{r}}{\mathrm{d}t^2}$$

积分法：已知速度函数（或加速度函数）及初始条件（x_0,v_0），求质点的运动方程.

$$v=v_0+\int_0^t a\mathrm{d}t,\quad x=x_0+\int_0^t v\mathrm{d}t\quad（一维运动）$$

二、质点动力学

1. 牛顿运动定律

第一定律　惯性和力的概念

第二定律　$\boldsymbol{F}=\dfrac{\mathrm{d}\boldsymbol{p}}{\mathrm{d}t},\quad \boldsymbol{p}=m\boldsymbol{v}$

第三定律　$\boldsymbol{F}_{12}=-\boldsymbol{F}_{21}$

2. 惯性力

非惯性系　$\boldsymbol{F}_{\mathrm{i}}=-m\boldsymbol{a}$

3. 动量定理及动量守恒定律

动量定理　$\boldsymbol{F}\mathrm{d}t=\mathrm{d}\boldsymbol{p}$

$$\int_{t_0}^t \boldsymbol{F}\mathrm{d}t=\boldsymbol{p}-\boldsymbol{p}_0$$

动量守恒定律

当合外力 $\boldsymbol{F}=\boldsymbol{0}$ 时，动量是常矢量.

4. 功和功率

功　$\mathrm{d}W=\boldsymbol{F}\cdot\mathrm{d}\boldsymbol{r},\quad W_{ab}=\int_a^b \boldsymbol{F}\cdot\mathrm{d}\boldsymbol{r}$

功率　$P=\dfrac{\mathrm{d}W}{\mathrm{d}t}=\boldsymbol{F}\cdot\boldsymbol{v}$

5. 保守力及势能

保守力：做功与路径无关或沿闭合路径移动一周做的功为零.

势能：　$E_{\mathrm{p}}=-\int \boldsymbol{F}_{保}\cdot\mathrm{d}\boldsymbol{r}+C$

保守力做的功等于减少的势能

$$W_{保}=E_{\mathrm{p}1}-E_{\mathrm{p}2}=-\Delta E_{\mathrm{p}}$$

6. 功能关系

质点的动能定理

$$W=\frac{1}{2}mv_2^2-\frac{1}{2}mv_1^2$$

质点系的功能原理

$$W_{外}+W_{非内保}=E_2-E_1$$

其中　$E=E_{\mathrm{k}}+E_{\mathrm{p}}$

当 $W_{外}+W_{非内保}=0$（只有保守力做功）时，机械能守恒.

三、刚体力学

1. 定轴转动的描述

$$\theta=\theta(t)$$

$$\omega=\frac{\mathrm{d}\theta}{\mathrm{d}t}$$

$$\alpha=\frac{\mathrm{d}\omega}{\mathrm{d}t}=\frac{\mathrm{d}^2\theta}{\mathrm{d}t^2}$$

2. 定轴转动定律

$$\boldsymbol{M}=J\boldsymbol{\alpha}$$

力矩　$\boldsymbol{M}=\boldsymbol{r}\times\boldsymbol{F}$

$$M=rF\sin\theta=Fd$$

转动惯量　$J=\sum_i m_i r_i^2$

3. 刚体定轴转动的功和能

力矩的功　$W=\int M\mathrm{d}\theta$

转动动能　$E_{\mathrm{k}}=\dfrac{1}{2}J\omega^2$

转动势能　$E_{\mathrm{p}}=mgh_C$

4. 角动量定理及角动量守恒定律

质点的角动量　$\boldsymbol{L}=\boldsymbol{r}\times\boldsymbol{p}$

刚体定轴转动的角动量　$\boldsymbol{L}=J\boldsymbol{\omega}$

定轴转动的角动量定理

$$\int_{t_0}^t \boldsymbol{M}\mathrm{d}t=\boldsymbol{L}-\boldsymbol{L}_0$$

当定轴转动中合外力矩为零时，角动量守恒.

视频导学

例题详解

例 1　质点沿直线运动,速度 $v=t^3+3t+2$(SI 单位),如果当 $t=2$ s 时,$x=4$ m,求 $t=3$ s 时质点的位置、速度和加速度.

解:

$$v=\frac{dx}{dt}=t^3+3t^2+2$$

$$x=\int v dt=\int (t^3+3t^2+2) dt=\frac{1}{4}t^4+t^3+2t+C$$

当 $t=2$ s 时,$x=4$ m,代入上式可得 $C=-12$,即

$$x=\frac{1}{4}t^4+t^3+2t-12$$

加速度为 $a=\frac{dv}{dt}=3t^2+6t$,将 $t=3$ s 代入得

$$x_3=41.25\ \text{m},\quad v_3=56\ \text{m}\cdot\text{s}^{-1},\quad a_3=45\ \text{m}\cdot\text{s}^{-2}$$

例 2　质量为 16 kg 的质点在 Oxy 平面内运动,受一恒力的作用.力的分量 $F_x=6$ N,$F_y=-7$ N,当 $t=0$ s 时,$x=y=0$,$v_{x0}=-2$ m·s^{-1},$v_{y0}=0$,求 $t=2$ s 时质点的位矢和速度.

解:质点在 x、y 两个方向都做匀加速直线运动.

$$\boldsymbol{F}=ma_x\boldsymbol{i}+ma_y\boldsymbol{j}=(6\boldsymbol{i}-7\boldsymbol{j})\ \text{N}$$

$$\begin{aligned}\boldsymbol{v}&=(v_{x0}+a_xt)\boldsymbol{i}+(v_{y0}+a_yt)\boldsymbol{j}\\&=\left(-2+\frac{F_x}{m}t\right)\boldsymbol{i}+\left(\frac{F_y}{m}t\right)\boldsymbol{j}\\&=-\frac{5}{4}\boldsymbol{i}-\frac{7}{8}\boldsymbol{j}\ (\text{m}\cdot\text{s}^{-1})\end{aligned}$$

$$\begin{aligned}\boldsymbol{r}&=\left(v_{x0}t+\frac{1}{2}a_xt^2\right)\boldsymbol{i}+\frac{1}{2}a_yt^2\boldsymbol{j}\\&=\left(-2\times2+\frac{1}{2}\times\frac{6}{16}\times2^2\right)\boldsymbol{i}-\frac{1}{2}\times\frac{7}{16}\times2^2\boldsymbol{j}\\&=-\frac{13}{4}\boldsymbol{i}-\frac{7}{8}\boldsymbol{j}\ (\text{m})\end{aligned}$$

自测练习

一、选择题

1. 质点是物理学的一个理想化模型,当物体的形状和线度对研究问题的性质影响很小时,可将物体看作有质量但不存在体积或形状的点来研究物体的运动.那么以下哪种情况中不可以把研究对象看作质点?[　　]

(A) 地球自转;　　(B) 地球绕太阳公转;

(C) 卫星绕地球运动;　　(D) 做直线运动的子弹.

2. 一质点沿 x 轴运动的规律是 $x=t^3-5t+3$(SI 单位),则第 5 s 时的加速度的大小是[　　]

（A）30 m/s^2；　　（B）35 m/s^2；　　（C）40 m/s^2；　　（D）45 m/s^2.

3. 一质点在 Oxy 平面内运动，运动方程为 $\boldsymbol{r}=2t^2\boldsymbol{i}+(6t^2+2)\boldsymbol{j}$，则该质点的运动轨迹是[　　]

（A）抛物线；　　（B）圆；　　（C）椭圆；　　（D）直线.

4. 一质点做直线运动，其运动方程为 $x=5t-2t^2+4$（SI 单位），则该质点做[　　]

（A）匀加速直线运动，加速度沿 x 轴正方向；

（B）匀加速直线运动，加速度沿 x 轴负方向；

（C）变加速直线运动，加速度沿 x 轴正方向；

（D）变加速直线运动，加速度沿 x 轴负方向.

习题 1-4 精解

5. 一质点沿 x 轴运动，其加速度 $a=-2kv^2$，式中 k 为正常量. 设 $t=0$ 时，$v=v_0$，则速度 v 作为 t 的函数的表示式为[　　]

（A）$\dfrac{2v_0}{1+v_0kt}$；　　（B）$\dfrac{v_0}{1+v_0kt}$；　　（C）$\dfrac{v_0}{1+2v_0kt}$；　　（D）$\dfrac{k}{1+v_0kt}$.

6. 下列几种运动形式，哪一种运动是加速度矢量 $\boldsymbol{a}$ 保持不变的运动？[　　]

（A）单摆的运动；　　（B）匀速圆周运动；

（C）行星的椭圆轨道运动；　　（D）不考虑空气阻力的抛体运动.

7. 对于沿曲线运动的物体，以下几种说法中哪一种是正确的？[　　]

（A）在曲线运动中，加速度的方向始终与速度方向相同；

（B）在曲线运动中，加速度的方向始终指向曲线的凹侧；

（C）在曲线运动中，加速度的方向始终与速度方向垂直；

（D）在曲线运动中，由于速度沿切线方向，法向分速度必为零，因此法向加速度必为零.

8. 质点做半径为 2 m 的圆周运动，运动方程为 $\theta=3+t^2$（SI 单位），则 t 时刻质点的切向加速度的大小为[　　]

（A）1 m/s^2；　　（B）2 m/s^2；

（C）4 m/s^2；　　（D）8 m/s^2.

习题 1-8 精解

9. 一质量 $m=1$ kg 的质点做平面运动，其运动方程为 $x=t^2$（SI 单位），$y=t^2+t+1$（SI 单位），则质点所受的合力大小为[　　]

（A）1 N；　　（B）$\sqrt{3}$ N；　　（C）$2\sqrt{2}$ N；　　（D）$2\sqrt{3}$ N.

10. 质量为 m 的小球，沿水平方向以速率 $2v$ 与固定的竖直壁做弹性碰撞. 设指向壁内的方向为正方向，则由于此碰撞，小球的动量增量为[　　]

（A）mv；　　（B）0；　　（C）$4mv$；　　（D）$-4mv$.

11. 如图所示，质点沿竖直放置的以 O 为圆心的光滑圆弧形轨道下滑，在下滑过程中，质点的[　　]

（A）机械能守恒，动量守恒；

（B）机械能守恒，动量不守恒；

（C）机械能不守恒，对 O 点的角动量守恒；

（D）机械能不守恒，对 O 点的角动量不守恒.

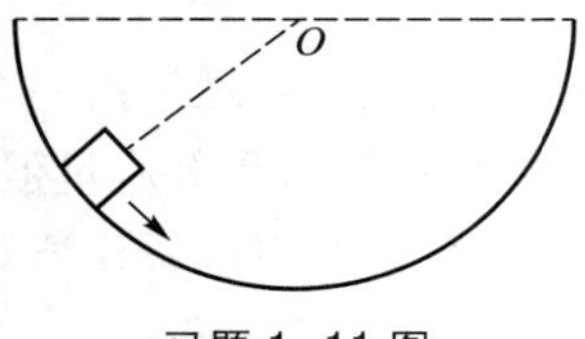

习题 1-11 图

12. 关于刚体的转动惯量，以下说法中哪个是正确的？[　　]

（A）刚体的转动惯量随其运动状态的变化而变化；

（B）刚体的转动惯量不仅取决于其质量和质量分布，也依赖于转轴的位置；

（C）刚体的转动惯量仅与其质量和质量分布有关，与转轴的位置无关；

（D）刚体的转动惯量可以通过将其质量集中在其重心处来精确计算.

13. 花样滑冰运动员绕通过自身的竖直轴转动，开始时两臂伸开，转动惯量为 J_0，角速度为 ω_0，然后将两手臂合拢，使其转动惯量为 $\frac{3}{4}J_0$，则转动角速度变为[　　]

（A）$\frac{3}{4}\omega_0$；　（B）$\frac{2}{\sqrt{3}}\omega_0$；　（C）$\frac{4}{3}\omega_0$；　（D）$\frac{\sqrt{3}}{2}\omega_0$.

二、填空题

14. 一质点在 Oxy 平面内运动，其运动方程为 $x=3t$（SI 单位），$y=10-2t^2$（SI 单位），则质点在任意时刻的速度矢量为________，加速度矢量为________.

15. 一质点沿 x 轴运动，运动方程为 $x=t^3+t^2+1$（SI 单位），则质点的加速度大小为________.

16. 一质点沿直线运动，其运动方程为 $x=6t-t^2$（SI 单位），则在 t 由 0 至 5 s 的时间间隔内，质点的位移大小为________，在 t 由 0 到 5 s 的时间间隔内质点经过的路程为________.

17. 质点沿 x 轴做直线运动，其加速度为 $a=2t$（SI 单位），在 $t=0$ 时刻，$v_0=0$，$x_0=4$ m，则该质点的运动方程为________.

习题 1-17 精解

18. 在 x 轴上做变加速直线运动的质点，已知其初速度为 v_0，初始位置为 x_0，加速度 $a=kt^3$（k 为常量），则其速度与时间的关系为 $v=$________，运动方程为 $x=$________.

19. 设质点的运动方程为 $\boldsymbol{r}=R\cos t\boldsymbol{i}+R\sin t\boldsymbol{j}$（$R$ 为常量），则写出形式为 $f(x,y)=0$ 的轨迹方程：________，质点运动速度的大小为________.

20. 一个质点沿半径 $R=2$ m 的圆周运动，其切向加速度保持为 $a_t=3\ \mathrm{m/s^2}$. 已知质点在 $t=0$ 时刻的速率为 $v_0=5$ m/s. 求：（1）在 $t=2$ s 时，质点的角速度大小为________ rad/s；（2）在 $t=2$ s 时，质点的总加速度大小为________ $\mathrm{m/s^2}$.

21. 一物体的质量为 $m=2$ kg，在合外力 $\boldsymbol{F}=(1+2t)\boldsymbol{i}$（SI 单位）的作用下，从静止开始运动，式中 $\boldsymbol{i}$ 为方向一定的单位矢量，则当 $t=2$ s 时物体的速度大小为________.

习题 1-21 精解

22. 设作用在质量为 1 kg 的物体上的力 $F=6t+3$（SI 单位）. 如果物体在这一力的作用下，由静止开始沿直线运动，在 0 到 2.0 s 的时间间隔内，这个力作用在物体上的冲量大小 $I=$________.

23. 如图所示，质量 $m=2.0$ kg 的质点，受合力 $\boldsymbol{F}=12t\boldsymbol{i}$（SI 单位）的作用，沿 Ox 轴做直线运动. 已知 $t=0$ 时 $x_0=0$，$v_0=0$，则从 $t=0$ 到 $t=3$ s 这段时间内，合力 $\boldsymbol{F}$ 的冲量为________，质点的末速度大小为________.

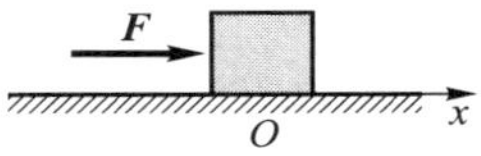

习题 1-23 图

24. 某人站在匀速旋转的圆台中央，两手各握一个哑铃，双臂向两侧平伸与平台一起旋转. 当他把哑铃收到胸前时，人、哑铃和平台组成的系统转动角速度应变________，转动惯量变________.（填“大”或“小”）.

25. 机械能守恒的条件是________，动量守恒的条件是________，角动量守恒的条件是________.

三、计算题

26. 一质点沿 x 方向运动，其加速度随时间的变化关系为 $a=1+2t$（SI 单位）. 若初始时刻质点的速度 v_0 为 2 m/s，则当 $t=3$ s 时，质点的速率 v 为多大？

27. 已知质量为 2 kg 的质点的运动方程为 $\boldsymbol{r}=(3t^2+2t-1)\boldsymbol{i}+(4t^2-6t+8)\boldsymbol{j}$，式中 r 的单位为 m，t 的单位为 s，求：

（1）任意时刻的速度矢量和加速度矢量的表达式；

（2）质点所受合外力的大小.

28. 质点 P 在水平面内沿一半径为 1 m 的圆形轨道转动，转动的角速度 ω 与时间 t 的关系为 $\omega=kt^2$. 已知 $t=2$ s 时，质点 P 的速率为 16 m/s，试求 $t=1$ s 时，质点 P 的速率与加速度的大小.

第一章习题参考答案

拓展习题

第二章　狭义相对论

知识导航

1. 力学相对性原理

在一切惯性系中,力学现象的规律都是相同的,即具有相同的数学形式.

2. 绝对时空观和伽利略变换

时间和长度的测量与参考系(或观察者)无关,称之为绝对时空观.

伽利略坐标变换(S→S′)
$$\begin{cases}x'=x-ut\\y'=y\\z'=z\\t'=t\end{cases}$$

伽利略速度变换(S→S′)
$$\begin{cases}v_x'=v_x-u\\v_y'=v_y\\v_z'=v_z\end{cases}$$

力学相对性原理可表述为:经伽利略变换后牛顿运动定律的数学形式不变.

3. 狭义相对论的两个基本原理

(狭义)相对性原理:在一切惯性系中,所有物理规律都是相同的,即具有相同的数学形式.

光速不变原理:在一切惯性系中,光在真空中的速度都相同,恒为 c.

4. 洛伦兹变换

洛伦兹坐标变换(S→S′)
$$\begin{cases}x'=\dfrac{x-ut}{\sqrt{1-\dfrac{u^2}{c^2}}}\\y'=y\\z'=z\\t'=\dfrac{t-\dfrac{u}{c^2}x}{\sqrt{1-\dfrac{u^2}{c^2}}}\end{cases}$$

洛伦兹速度变换(S→S′)
$$\begin{cases}v_x'=\dfrac{v_x-u}{1-\dfrac{uv_x}{c^2}}\\v_y'=\dfrac{v_y\sqrt{1-\dfrac{u^2}{c^2}}}{1-\dfrac{uv_x}{c^2}}\\v_z'=\dfrac{v_z\sqrt{1-\dfrac{u^2}{c^2}}}{1-\dfrac{uv_x}{c^2}}\end{cases}$$

(狭义)相对性原理可表述为:经洛伦兹变换后,物理规律的数学形式不变.

5. 狭义相对论的时空观

同时性是相对的.

时钟变慢(时间延缓)

$$\tau=\frac{\tau_0}{\sqrt{1-\dfrac{u^2}{c^2}}}\quad(\tau_0\text{ 为固有时})$$

长度收缩

$$L=L_0\sqrt{1-\frac{u^2}{c^2}}\quad(L_0\text{ 为固有时})$$

6. 相对论质量和相对论动量

$$m=\frac{m_0}{\sqrt{1-\dfrac{v^2}{c^2}}}$$

$$\boldsymbol{p}=m\boldsymbol{v}=\frac{m_0\boldsymbol{v}}{\sqrt{1-\dfrac{v^2}{c^2}}}$$

相对论动力学方程

$$\boldsymbol{F}=\frac{\mathrm{d}\boldsymbol{p}}{\mathrm{d}t}=m\frac{\mathrm{d}\boldsymbol{v}}{\mathrm{d}t}+\frac{\mathrm{d}m}{\mathrm{d}t}\boldsymbol{v}$$

7. 相对论中的能量

相对论动能 $E_k = mc^2 - m_0c^2$

总能量 $E = mc^2$

静能 $E_0 = m_0c^2$

静能释放 $\Delta E_k = \Delta m_0 c^2$

式中 Δm_0 叫质量亏损

能量守恒定律：在一个孤立系统内，

$$\sum_i m_i c^2 = \sum_i (E_{ki} + m_{i0}c^2) = \text{常量}$$

相对论质量守恒定律：在一个孤立系统内，

$$\sum_i m_i = \text{常量}$$

8. 动量和能量的关系

$$E^2 = p^2c^2 + m_0^2c^4$$

视频导学

例题详解

例 1 在惯性系 S 中，两事件发生于同一地点，且第二事件比第一事件晚发生 $\Delta t = 4$ s；而在另一惯性系 S′中，观测到第二事件比第一事件晚发生 $\Delta t' = 5$ s. 则两惯性系的相对速度是________.（用真空中的光速 c 表示.）

解：时钟变慢（时间延缓）原理为 $\tau = \dfrac{\tau_0}{\sqrt{1-\dfrac{u^2}{c^2}}}$（$\tau_0$ 为固有时间），根据题意，固有时间为 4 s，相对时间为 5 s，由上式得

$$u = 0.6c$$

例 2 静止质量为 m_0 的粒子高速运动，$v = 0.6c$（c 为真空中的光速），其相对论动能为________.

解：相对论动能公式为 $E_k = mc^2 - m_0c^2$，根据题意，静止质量为 m_0，根据相对论质量公式，由 $m = \dfrac{m_0}{\sqrt{1-\dfrac{v^2}{c^2}}}$ 得

$$m = 1.25m_0$$

所以其相对论动能为

$$E_k = mc^2 - m_0c^2 = 0.25m_0c^2$$

自测练习

一、选择题

1. 一列高速行驶的火车上，车厢两端各安装了一个闪光灯. 在火车上的观察者看来，两个闪光灯同时发出闪光. 那么，对于地面上的观察者来说，以下说法中正确的是[ ]

（A）两个闪光灯同时发出闪光；

（B）靠近火车运动方向的闪光灯先发出闪光；

（C）远离火车运动方向的闪光灯先发出闪光；

（D）无法判断哪个闪光灯先发出闪光.

2. 在狭义相对论中，下列说法中正确的是[　　]

(1) 一切运动物体相对于观察者的速度都不能大于真空中的光速.

(2) 质量、长度、时间的测量结果都是随物体与观察者的相对运动状态而改变的.

(3) 在一惯性系中发生于同一时刻、不同地点的两个事件在其他一切惯性系中也是同时发生的.

(4) 惯性系中的观察者观察相对他做匀速运动的时钟时，会看到这时钟比与他相对静止的相同的时钟走得慢些.

(A) (1)、(2)、(3)；(B) (1)、(2)、(4)；(C) (1)、(3)、(4)；(D) (2)、(3)、(4).

3. 在狭义相对论中，下列说法中正确的是[　　]

(1) 在一切惯性系中物理规律都具有相同的数学形式.

(2) 在真空中，光的速度与光的频率、光源的运动状态有关.

(3) 在一切惯性系中，光在真空中沿任何方向的传播速率都相同.

(A) (1)、(2)；　(B) (1)、(3)；　(C) (2)、(3)；　(D) (1)、(2)、(3).

4. 宇宙飞船相对地面以速度 v 做匀速直线飞行，某一时刻飞船头部的宇航员向飞船尾部发出一个光信号，经过 Δt（飞船上的钟）时间后，被尾部的接收器收到，则由此可知飞船的固有长度为（c 表示真空中的光速）[　　]

(A) $v\Delta t$；　(B) $\dfrac{c\Delta t}{\sqrt{1-(v/c)^2}}$；　(C) $c\Delta t$；　(D) $c\Delta t\cdot\sqrt{1-(v/c)^2}$.

5. 在某地发生两个事件，静止位于该地的 A 测得时间间隔为 3 s，若相对于 A 做匀速直线运动的 B 测得时间间隔为 5 s，则 B 相对于 A 的运动速度是（c 表示真空中的光速）[　　]

习题 2-5 精解

(A) $(1/5)c$；　(B) $(2/5)c$；

(C) $(3/5)c$；　(D) $(4/5)c$.

6. 一列长度为 L_0 的火车以速度 v 匀速行驶，火车上放置一个与火车运动方向成 θ 角的细杆. 地面上的观察者测量到细杆的长度为 L，与火车运动方向的夹角为 θ'. 以下说法中正确的是[　　]

(A) $L=L_0,\theta'=\theta$；

(B) $L=L_0/\gamma,\theta'=\theta$；

(C) $L=L_0\sqrt{1-(v^2/c^2)\sin^2\theta},\theta'=\arctan(\gamma\tan\theta)$；

(D) $L=L_0\sqrt{1-(v^2/c^2)\cos^2\theta},\theta'=\arctan(\gamma\tan\theta)$.

其中，$\gamma=1/\sqrt{1-v^2/c^2}$ 是洛伦兹因子，c 为光速.

7. 边长为 a 的正方形薄板静止于惯性系 K 的 Oxy 平面内，且两边分别与 x，y 轴平行. 今有惯性系 K′以 $0.6c$（c 为真空中的光速）的速度相对于 K 系沿 x 轴做匀速直线运动，则从 K′系测得薄板的面积为[　　]

习题 2-7 精解

(A) $0.6a^2$；　(B) $0.8a^2$；

(C) $\dfrac{5}{4}a^2$；　(D) $\dfrac{5}{3}a^2$.

8. 两个惯性系 S 和 S′，沿 $x(x')$ 轴方向做匀速相对运动. 设在 S′系中某点先后发生两个事件,用静止于该系的钟测出两事件的时间间隔为 τ_0,而用固定在 S 系中的钟测出这两个事件的时间间隔为 τ. 又在 S′系 x' 轴上放置一静止于该系、长为 L_0 的细杆,从 S 系测得此杆的长度为 L,则[ ]

(A) $\tau>\tau_0, L<L_0$; (B) $\tau<\tau_0, L<L_0$; (C) $\tau<\tau_0, L>L_0$; (D) $\tau>\tau_0, L>L_0$.

9. 有一直尺固定在 K′系中,它与 Ox'轴的夹角 $\theta'=30°$,如果 K′系以匀速度沿 Ox 方向相对于 K 系运动,K 系中的观察者测得该尺与 Ox 轴的夹角[ ]

(A) 等于 30°; (B) 大于 30°; (C) 小于 30°;

(D) 当 K′系沿 Ox 正方向运动时大于 30°,而当 K′系沿 Ox 负方向运动时小于 30°.

10. K 系与 K′系是坐标轴相互平行的两个惯性系,K′系相对于 K 系沿 Ox 轴正方向匀速运动. 一根刚性尺静止在 K′系中,与 $O'x'$轴成 30°角. 今在 K 系中观测得该尺与 Ox 轴成 60°角,则 K′系相对于 K 系的速度是[ ]

(A) $(1/3)c$; (B) $(2/3)c$; (C) $(1/3)^{1/2}c$; (D) $(2/3)^{1/2}c$.

11. 一宇航员要到离地球为 10 光年的星球去旅行. 若宇航员希望把这路程缩短为 8 光年,则他所乘火箭相对于地球的速度应是(c 表示真空中的光速)[ ]

(A) $v=(1/2)c$; (B) $v=(3/5)c$; (C) $v=(4/5)c$; (D) $v=(9/10)c$.

12. 把一个静止质量为 m_0 的粒子,由静止加速到 $v=0.8c$(c 为真空中的光速)需做的功等于[ ]

(A) $0.18m_0c^2$; (B) $0.25m_0c^2$; (C) $0.36m_0c^2$; (D) $\dfrac{2}{3}m_0c^2$.

13. 某核电站年发电量为 200 亿度,它等于 7.2×10^{16} J 的能量,若这是由核材料的全部静止能量转化产生的,则需要消耗的核材料的质量为[ ]

(A) 0.4 kg; (B) 0.8 kg; (C) 1.2 kg; (D) 1.6 kg.

14. 一匀质矩形薄板,在它静止时测得其长为 a,宽为 b,质量为 m_0. 由此可算出其面密度为 $m_0/(ab)$. 假定该薄板沿长度方向以接近光速的速度 v 做匀速直线运动,此时再测算该矩形薄板的面密度,则为[ ]

(A) $\dfrac{m_0}{ab\sqrt{1-(v/c)^2}}$; (B) $\dfrac{m_0\sqrt{1-(v/c)^2}}{ab}$;

(C) $\dfrac{m_0}{ab[1-(v/c)^2]^{3/2}}$; (D) $\dfrac{m_0}{ab[1-(v/c)^2]}$.

15. 一个电子的速度为 $v=0.8c$(c 表示真空中的光速),它的动能是(电子的静止能量为 0.51 MeV)[ ]

(A) 0.34 MeV; (B) 3.4 MeV;

(C) 0.36 MeV; (D) 3.6 MeV.

习题 2-15 精解

16. 设某微观粒子的总能量是它的静止能量的 $2K$ 倍,则其运动速度的大小为(c 表示真空中的光速) [ ]

(A) $\dfrac{c}{2K+1}$; (B) $\dfrac{c}{2K}\sqrt{1-4K^2}$; (C) $\dfrac{c}{2K}\sqrt{4K^2-1}$; (D) $\dfrac{c}{2K-1}$.

17. 质子在加速器中被加速,当其动能为静止能量的 5 倍时,其质量为静止质量的[ ]

(A) 8 倍; (B) 6 倍; (C) 4 倍; (D) 2 倍.

二、填空题

18. 在狭义相对论的两条基本原理中，相对性原理是____________________；光速不变原理是____________________.

19. (1) 对某观察者来说，发生在该惯性系中同一时刻、同一地点的两个事件，对于相对该惯性系做匀速直线运动的其他惯性系中的观察者来说，这两个事件________发生；(2) 在某惯性系中发生于同一时刻、不同地点的两个事件，对于相对该惯性系做匀速直线运动的其他惯性系中的观察者来说，这两个事件________发生.

20. 一门宽为 a，今有一固有长度为 $L(L>a)$ 的水平细杆，在门外贴近门的平面内沿其长度方向匀速运动. 若站在门外的观察者认为此杆的两端可同时被拉进此门，则该杆相对于门的运动速率 v 至少为________.

21. π^+ 介子是不稳定的粒子，在它自己的参考系中测得平均寿命是 3×10^{-8} s，如果它相对于实验室以 $0.6c$（c 为真空中的光速）的速率运动，那么实验室坐标系中测得的 π^+ 介子的寿命是________ s.

22. 有一速度为 u 的宇宙飞船沿 y 轴正方向飞行，飞船的船头和船尾各有一个脉冲光源在工作，处于船尾的观察者测得船头光源发出的光脉冲的传播速度大小为________，处于船头的观察者测得船尾光源发出的光脉冲的传播速度大小为________.

23. 以速度 v 相对于地球做匀速直线运动的恒星所发射的光子，其相对于地球的速度为________.

24. 一观察者测得一沿米尺长度方向匀速运动着的米尺的长度为 0.8 m，则此米尺以速度 $v=$________ $\mathrm{m\cdot s^{-1}}$ 接近观察者.

25. 两个惯性系中的观察者 O 和 O' 以 $0.8c$（c 表示真空中的光速）的相对速度互相接近. 如果 O 测得两者的初始距离是 20 m，则 O' 测得两者经过时间 $\Delta t'=$________ s 后相遇.

26. 一列高速火车以速度 u 驶过车站时，固定在站台上的两只机械手在车厢上同时划出两个痕迹，静止在站台上的观察者同时测出两痕迹之间的距离为 2 m，则车厢上的观察者测出这两个痕迹之间的距离为________________.

27. 在 S 系中的 x 轴上相隔为 Δx 处有两只同步的钟 A 和 B，读数相同. 在 S′系的 x'轴上也有一只同样的钟 A′，设 S′系相对于 S 系的运动速度为 v，沿 x 轴方向，且当 A′与 A 相遇时，刚好两只钟的读数均为零. 那么，当 A′钟与 B 钟相遇时，在 S 系中 B 钟的读数是________，此时在 S′系中 A′钟的读数是________.

28. 静止时边长为 1 m 的立方体，当它沿着与它的一个棱边平行的方向、相对于地面以速度 $1.8\times10^{8}\ \mathrm{m\cdot s^{-1}}$ 运动时，在地面上测得它的体积是________.

29. 在狭义相对论中，一质点的质量 m 与速度 v 的关系式为________，其动能的表达式为________.

30. 狭义相对论确认，时间和空间的测量值都是________，它们与观察者的________密切相关.

31. 牛郎星距离地球约 16 光年，宇宙飞船若以________（用真空中的光速 c 表示）的速度匀速飞行，将用 8 年的时间（宇宙飞船上的钟指示的时间）抵达牛郎星.

32. (1) 在速度 $v=$________的情况下粒子的动量等于非相对论动量的 2 倍；(2) 在速

度 v=________的情况下粒子的动能等于它的静止能量(用真空中的光速 c 表示).

33. 已知一静止质量为 m_0 的粒子,其固有寿命为实验室测量到的寿命的 $1/(2n)$,则此粒子的动能是________.

习题 2-32 精解

34. 一电子以 $0.6c$ 的速率运动(电子的静止质量为 9.11×10^{-31} kg),则电子的总能量是________ J;电子的经典力学动能与相对论动能之比是________.

35. 观察者甲以 $0.6c$ 的速度(c 为真空中的光速)相对于观察者乙运动,若甲携带一长度为 l、截面积为 S、质量为 m 的棒,这根棒安放在相对运动方向上,则(1) 甲测得此棒的密度为________,总能量为________;(2) 乙测得此棒的密度为________,总能量为________.

三、计算题

36. 等边三角形的固有边长为 a,在相对于三角形以速率 $u=\dfrac{\sqrt{3}}{3}c$ 运动的另一个惯性系中观测,假设:(1) 运动的惯性系沿着三角形的角平分线运动;(2) 运动惯性系沿着三角形的一条边运动. 则此三角形的周长在这两种情况下分别为多少?

37. 设有两艘宇宙飞船 A 和 B,固有长度均为 $l_0=50$ m,沿同一方向匀速飞行,在飞船 B 上观测到飞船 A 的船头、船尾经过飞船 B 船头的时间间隔为 $\Delta t=\dfrac{5}{6}\times10^{-7}$ s,求飞船 B 相对于飞船 A 的速度的大小.

38. 一艘宇宙飞船的船身固有长度为 $L_0=90$ m,相对于地面以 $v=0.6c$(c 为真空中的光速)的速度在地面观测站的上空匀速飞过. 问:

(1) 观测站测得船身通过观测站的时间间隔是多少?

(2) 宇航员测得船身通过观测站的时间间隔是多少?

39. 在惯性系 S 中,有两事件发生于同一地点,且第二事件比第一事件晚发生 $\Delta t=3$ s;而在另一惯性系 S′中,观测到第二事件比第一事件晚发生 $\Delta t'=5$ s. 那么在 S′系中发生两事件的地点之间的距离是多少?

40. 半人马星座 α 星是距离太阳系最近的恒星,它离地球的距离为 $s=4.8\times10^{16}$ m. 设有一宇宙飞船自地球飞到半人马星座 α 星,若宇宙飞船相对于地球的速度为 $v=0.8c$,按地球上的时钟计算,所需时间为多少年? 若以飞船上的时钟计算,所需时间又为多少年?

41. 火箭 A 以 $0.6c$ 的速度相对于地球向东飞行,火箭 B 以 $0.6c$ 的速度相对于地球向西飞行. 求火箭 B 测得火箭 A 的速度的大小和方向(用真空中的光速 c 表示).

42. 观察者 A 测得与他相对静止的 Oxy 平面上一个圆的面积是 20 cm^2,另一观察者 B 相对于 A 以 $0.6c$(c 为真空中的光速)平行于 Oxy 平面做匀速直线运动,B 测得这一图形为一椭圆,其面积是多少?

43. 假定在实验室中测得静止在实验室中的 μ^+子(不稳定的粒子)的寿命为 2.2×10^{-6} s,而当它相对于实验室运动时,实验室中测得它的寿命为 1.63×10^{-5} s. 试问:这两个测量结果符合相对论的什么结论? μ^+子相对于实验室的速度是真空中光速 c 的多少倍?

44. 证明:(1) 相对论中的动能与动量的关系为 $E_k=\dfrac{p^2}{m+m_0}$,其中 m_0 为粒子的静质量,m

为粒子的相对论质量；(2) $E^2=p^2c^2+E_0^2$，当 $v\ll c$ 时，可以转化成经典表达式 $E_k=\dfrac{p_0^2}{2m_0}$；(3) 一粒子的相对论动量可以写成 $p=\dfrac{\sqrt{2E_0E_k+E_k^2}}{c}$.

45. 已知 μ 子的静止能量为 105.7 MeV，平均寿命为 2.2×10^{-8} s. 试问动能为 150 MeV 的 μ 子的速度 v 是多少？平均寿命 τ 是多少？

第二章习题参考答案　　　拓展习题

第二单元　电磁学

第三章　静电场及其中的导体和电介质

知识导航

1. 电场强度 $\boldsymbol{E}$ 的计算

（1）点电荷　$\boldsymbol{E}=\dfrac{q\boldsymbol{r}}{4\pi\varepsilon_0 r^3}$

（2）点电荷系　$\boldsymbol{E}=\dfrac{1}{4\pi\varepsilon_0}\sum_{i=1}^{n}\dfrac{q_i}{r_i^3}\boldsymbol{r}_i$

（3）任意带电体　$\boldsymbol{E}=\dfrac{1}{4\pi\varepsilon_0}\int\dfrac{\mathrm{d}q}{r^3}\boldsymbol{r}$

（4）高斯定理　$\int_S\boldsymbol{E}\cdot\mathrm{d}\boldsymbol{S}=\dfrac{\sum q_{内}}{\varepsilon_0}$

（5）场强与电势的微分关系

$$\boldsymbol{E}=-\nabla U,\quad\begin{cases}E_x=-\dfrac{\partial U}{\partial x}\\E_y=-\dfrac{\partial U}{\partial y}\\E_z=-\dfrac{\partial U}{\partial z}\end{cases}$$

2. 电势 U 的计算

（1）点电荷　$U=\dfrac{q}{4\pi\varepsilon_0 r}$

（2）点电荷系　$U=\dfrac{1}{4\pi\varepsilon_0}\sum_{i=1}^{n}\dfrac{q_i}{r_i}$

（3）任意带电体　$U=\dfrac{1}{4\pi\varepsilon_0}\int\dfrac{\mathrm{d}q}{r}$

（4）场强与电势的积分关系 $U_r=\int_r^{\infty}\boldsymbol{E}\cdot\mathrm{d}\boldsymbol{l}$

（5）电势差　$U_{ab}=\int_a^b\boldsymbol{E}\cdot\mathrm{d}\boldsymbol{l}$

3. 静电场方程

（1）高斯定理的积分形式

$$\oint_S\boldsymbol{E}\cdot\mathrm{d}\boldsymbol{S}=\frac{\sum q_{内}}{\varepsilon_0}$$

*微分形式　$\nabla\cdot\boldsymbol{E}=\dfrac{\rho}{\varepsilon_0}$　（静电场有源）

（2）静电场环路定理的积分形式

$$\oint_L\boldsymbol{E}\cdot\mathrm{d}\boldsymbol{l}=0$$

*微分形式　$\nabla\times\boldsymbol{E}=\boldsymbol{0}$　（静电场无旋）

4. 静电场对电荷的作用

（1）电场对静电荷的作用力

$$\boldsymbol{F}=q\boldsymbol{E}\quad或\quad\boldsymbol{F}=\int\boldsymbol{E}\mathrm{d}q$$

（2）静电场对电偶极子的作用力矩

$$\boldsymbol{M}=\boldsymbol{p}\times\boldsymbol{E}$$

5. 导体的静电平衡条件

$\boldsymbol{E}_{内}=\boldsymbol{0}$,或导体是一个等势体

$$\boldsymbol{E}_{表}=\frac{\sigma_{表}}{\varepsilon_0}\boldsymbol{e}_{\mathrm{n}}$$

6. 电介质的极化

极化后,均匀电介质表面出现极化电荷 $\pm q'$,介质中的电场 $\boldsymbol{E}=\boldsymbol{E}_0+\boldsymbol{E}'$,极化电荷产生的电场 $\boldsymbol{E}'$削弱外电场 $\boldsymbol{E}_0$,即$|\boldsymbol{E}|<|\boldsymbol{E}_0|$,$\boldsymbol{E}$ 和 $\boldsymbol{E}_0$ 同向.

7. 电位移

$$\boldsymbol{D}=\varepsilon_0\boldsymbol{E}+\boldsymbol{P}$$

对于各向同性电介质,$\boldsymbol{D}=\varepsilon_0\varepsilon_{\mathrm{r}}\boldsymbol{E}=\varepsilon\boldsymbol{E}$

8. 有电介质时的高斯定理

积分形式　$\oint_S\boldsymbol{D}\cdot\mathrm{d}\boldsymbol{S}=\sum q_{自由}$

*微分形式　$\nabla\cdot\boldsymbol{D}=\rho$

9. 电容器

（1）孤立导体的电容　$C=\dfrac{q}{U}$

(2) 电容器的电容　$C=\dfrac{q}{U_A-U_B}$

(3) 电容器的连接

串联　$\dfrac{1}{C}=\dfrac{1}{C_1}+\dfrac{1}{C_2}+\cdots+\dfrac{1}{C_n}$

并联　$C=C_1+C_2+\cdots+C_n$

(4) 电容器的储能

$$W_e=\frac{1}{2}\frac{Q^2}{C}=\frac{1}{2}CU_{AB}^2=\frac{1}{2}QU_{AB}$$

10. 静电场的能量

(1) 电场能量密度　$w_e=\dfrac{1}{2}\varepsilon_0E^2$

(2) 静电场能量　$W_e=\int_V w_e\mathrm{d}V$

视频导学

例题详解

例 1　一半径为 R 的带电球体,其电荷体密度分布为 $\rho=kr(r\leqslant R)$(k 为正值常量),$\rho=0$ $(r>R)$. 试求:(1) 球内、外各点的场强;(2) 球内、外各点的电势.

解:(1) 在球体内($r\leqslant R$),作一半径为 r 的高斯球面,高斯面所包围的电荷为

$$q=\int\rho\mathrm{d}V=\int_0^r kr\cdot4\pi r^2\mathrm{d}r=k\pi r^4$$

由高斯定理

$$\oint_S\boldsymbol{E}\cdot\mathrm{d}\boldsymbol{S}=\frac{1}{\varepsilon_0}\sum q_i$$

得

$$4\pi r^2E_1=\frac{k\pi r^4}{4\varepsilon_0}$$

因此 $E_1=\dfrac{kr^2}{4\varepsilon_0}(r\leqslant R)$,$\boldsymbol{E}_1$ 方向沿半径向外.

在球体外($r>R$),作半径为 r 的高斯球面,高斯面所包围的电荷为

$$q=\int\rho\mathrm{d}V=\int_0^R kr\cdot4\pi r^2\mathrm{d}r=k\pi R^4$$

由高斯定理得

$$4\pi r^2E_2=\frac{q}{\varepsilon_0}$$

因此 $E_2=\dfrac{kR^4}{4\varepsilon_0r^2}(r>R)$,$\boldsymbol{E}_2$ 方向沿半径向外.

(2) 球内电势($r\leqslant R$)

$$U=\int_r^R\boldsymbol{E}_1\cdot\mathrm{d}\boldsymbol{r}+\int_R^\infty\boldsymbol{E}_2\cdot\mathrm{d}\boldsymbol{r}=\int_r^R\frac{kr^2}{4\varepsilon_0}\mathrm{d}r+\int_R^\infty\frac{kR^4}{4\varepsilon_0r^2}\mathrm{d}r=\frac{kR^3}{3\varepsilon_0}-\frac{kr^3}{12\varepsilon_0}$$

球外电势($r>R$)

$$U=\int_r^\infty\boldsymbol{E}_2\cdot\mathrm{d}\boldsymbol{r}=\frac{kR^4}{4\varepsilon_0r}$$

例 2　如图所示,一圆柱形电容器半径为 R_A 和 R_B($R_B>R_A$)的两同轴圆柱面,长度为 L,单位长度上分别带有电荷量 $+\lambda$ 和 $-\lambda$. 求此圆柱形电容器的电容.

解：由于

$$E=\frac{\lambda}{2\pi\varepsilon_0 r}$$

则有

$$U_{\rm A}-U_{\rm B}=\int_{R_{\rm A}}^{R_{\rm B}}E\,{\rm d}r=\int_{R_{\rm A}}^{R_{\rm B}}\frac{\lambda}{2\pi\varepsilon_0 r}{\rm d}r=\frac{\lambda}{2\pi\varepsilon_0}\ln\frac{R_{\rm B}}{R_{\rm A}}$$

即

$$C=\frac{q}{U_{\rm A}-U_{\rm B}}=\frac{2\pi\varepsilon_0 L}{\ln(R_{\rm B}/R_{\rm A})}$$

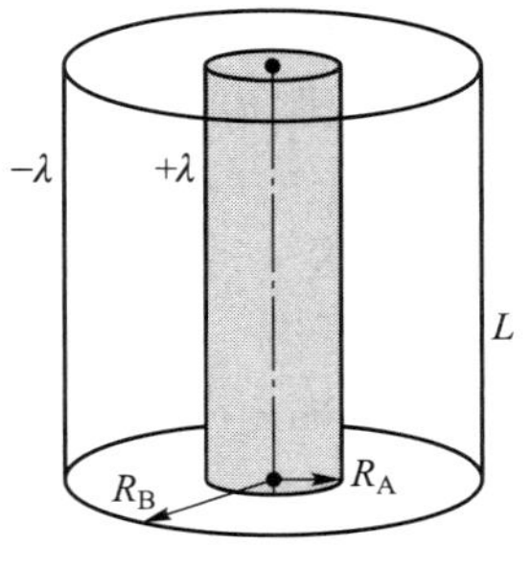

例题 3-2 图

例 3　如图所示，三个无限长的同轴导体圆柱面 A、B 和 C，半径分别为 R_A、R_B、R_C. 圆柱面 B 上带有电荷，A 和 C 都接地. 求 B 的内表面上电荷线密度 λ_1 和外表面上电荷线密度 λ_2 之比值.

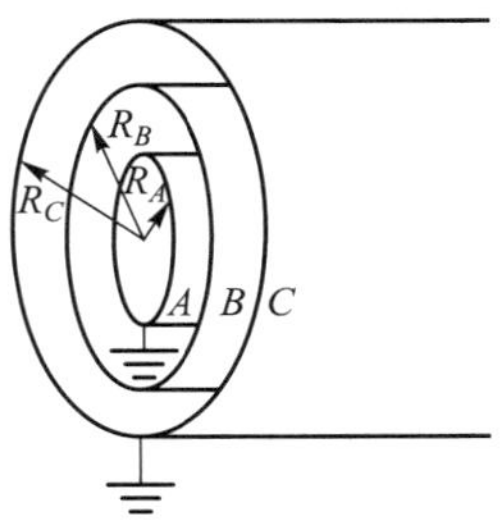

例题 3-3 图

解：设 B 上带正电荷，其内表面上电荷线密度为 λ_1，外表面上电荷线密度为 λ_2，而 A、C 上相应感应等量负电荷，如图所示. 则 A、B 间场强分布为 $E_1=\dfrac{\lambda_1}{2\pi\varepsilon_0 r}$，方向由 B 指向 A；B、C 间场强分布为 $E_2=\dfrac{\lambda_2}{2\pi\varepsilon_0 r}$，方向由 B 指向 C.

B、A 间电势差为

$$U_{BA}=\int_{R_B}^{R_A}E_1\cdot|{\rm d}r|=-\frac{\lambda_1}{2\pi\varepsilon_0}\int_{R_B}^{R_A}\frac{{\rm d}r}{r}=\frac{\lambda_1}{2\pi\varepsilon_0}\ln\frac{R_B}{R_A}$$

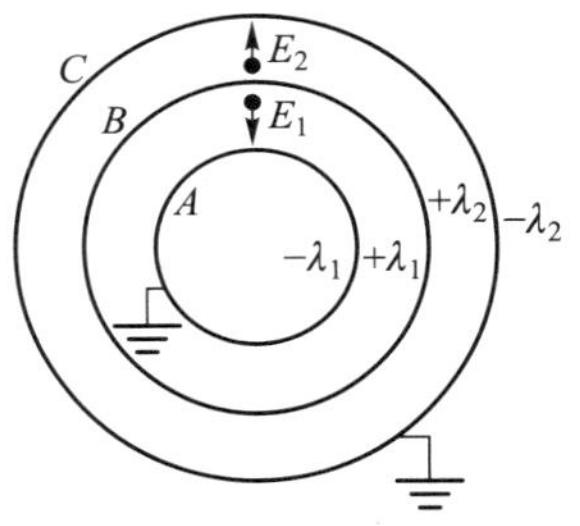

例题 3-3 解图

B、C 间电势差为

$$U_{BC}=\int_{R_B}^{R_C}E_2\cdot{\rm d}r=\frac{\lambda_2}{2\pi\varepsilon_0}\int_{R_B}^{R_C}\frac{{\rm d}r}{r}=\frac{\lambda_2}{2\pi\varepsilon_0}\ln\frac{R_C}{R_B}$$

因 A、C 接地，两者电势相同，所以 $U_{BA}=U_{BC}$，得

$$\frac{\lambda_1}{\lambda_2}=\frac{\ln(R_C/R_B)}{\ln(R_B/R_A)}$$

自测练习

相关常量：真空电容率 $\varepsilon_0=8.85\times10^{-12}\ {\rm C^2\cdot N^{-1}\cdot m^{-2}}$，元电荷 $e=1.60\times10^{-19}$ C，1 eV = 1.60×10^{-19} J.

一、选择题

1. 一个带电的金属球面，当它带的电荷量增加到一定数值后（稳定）与增加前比较，其内部的场强将[　　]

(A) 一定增强；　　(B) 不变；

(C) 一定减弱；　　(D) 可能增强也可能减弱.

2. 下列几个说法中哪个是正确的？[　　]

(A) 电场中某点场强的方向，就是将点电荷放在该点其所受电场力的方向；

(B) 在以点电荷为中心的球面上，球面上各点的场强处处相同；

(C) 电场中某点的场强与检验电荷无关；

(D) 以上说法都不正确.

3. 如图所示,在坐标(a,0)和($-a$,0)处各放置一点电荷$+q$. P点是y轴上的一点,坐标为(0,y). 当$y \gg a$时,P点场强的大小为[　　].

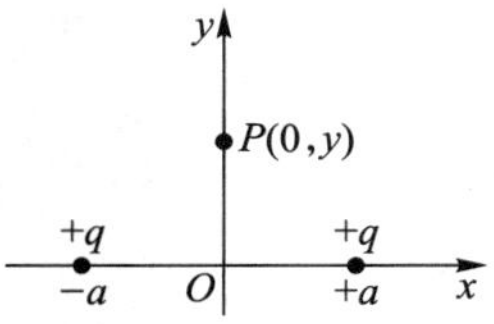

习题 3-3 图

习题 3-3 精解

(A) $\dfrac{q}{4\pi\varepsilon_0 y^2}$;　　(B) $\dfrac{q}{2\pi\varepsilon_0 y^2}$;

(C) $\dfrac{qa}{2\pi\varepsilon_0 y^3}$;　　(D) $\dfrac{qa}{4\pi\varepsilon_0 y^3}$.

4. 关于点电荷,下列说法中正确的是[　　]

(A) 点电荷一定是电荷量很小的电荷;

(B) 体积很大的带电体一定不能看作点电荷;

(C) 体积很大的带电体只要距离满足一定条件也可以看作点电荷;

(D) 只有体积很小的带电体才可以看作点电荷.

5. 图中所示为一沿x轴放置的"无限长"分段均匀带电直线,电荷线密度分别为$+\lambda$($x<0$)和$-\lambda$($x>0$),则Oxy坐标平面上点(0,a)处的场强$\boldsymbol{E}$为[　　]

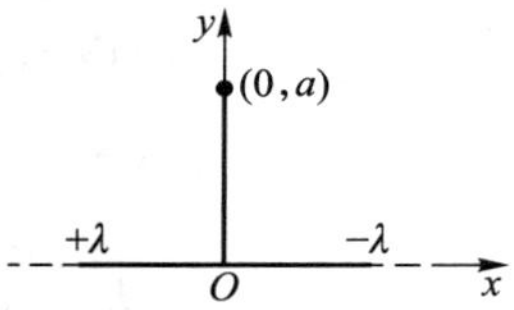

习题 3-5 图

(A) 0;　　(B) $\dfrac{\lambda}{2\pi\varepsilon_0 a}\boldsymbol{i}$;

(C) $\dfrac{\lambda}{4\pi\varepsilon_0 a}\boldsymbol{i}$;　　(D) $\dfrac{\lambda}{4\pi\varepsilon_0 a}(\boldsymbol{i}+\boldsymbol{j})$.

6. 电偶极子放在均匀电场中,当电偶极矩的方向与场强方向不一致时,其所受的合力F和合力矩M为[　　]

(A) $F=0, M=0$;　(B) $F\neq 0, M=0$;　(C) $F=0, M\neq 0$;　(D) $F\neq 0, M\neq 0$.

7. 下面列出的真空中静电场的场强公式中哪个是正确的?[　　]

(A) 点电荷q的电场:$\boldsymbol{E}=\dfrac{q}{4\pi\varepsilon_0 r^3}\boldsymbol{r}$($r$为点电荷到场点的距离);

(B) 无限长均匀带电直线(电荷线密度λ)的电场:$\boldsymbol{E}=\dfrac{\lambda}{2\pi\varepsilon_0 r^3}\boldsymbol{r}$($\boldsymbol{r}$为由带电直线到场点且垂直于带电直线的矢量);

(C) 无限大均匀带电平面(电荷面密度σ)的电场:$\boldsymbol{E}=\dfrac{\sigma}{2\varepsilon_0}$;

(D) 半径为R的均匀带电球面(电荷面密度σ)外的电场:$\boldsymbol{E}=\dfrac{\sigma R^2\boldsymbol{r}}{\varepsilon_0 r^3}$($\boldsymbol{r}$为球心到场点的矢量).

8. 半径为R的均匀带电球体,若其电荷体密度为ρ,则在距离球面R处的场强大小为[　　]

习题 3-8 精解

(A) $\dfrac{\rho R}{4\varepsilon_0}$;　　(B) $\dfrac{\rho R}{8\varepsilon_0}$;

（C）$\dfrac{\rho R}{12\varepsilon_0}$；　　（D）$\dfrac{\rho R}{16\varepsilon_0}$.

9. 一场强为 $\boldsymbol{E}$ 的均匀电场，$\boldsymbol{E}$ 的方向垂直于 x 轴正向，如图所示，则通过图中一半径为 R 的半球面的电场强度通量为[　　]

（A）$\pi R^2 E$；　　（B）$\pi R^2 E/2$；

（C）$2\pi R^2 E$；　　（D）0.

10. 如图所示，一个大小为 E 的均匀电场通过一个边长为 a 的正方形平面，电场方向与平面法线方向的夹角为 θ. 通过该平面的电场强度通量 Φ_E 为[　　]

（A）$\Phi_E = Ea^2$；　　（B）$\Phi_E = Ea^2 \sin\theta$；

（C）$\Phi_E = Ea^2 \cos\theta$；　　（D）$\Phi_E = Ea^2 \tan\theta$.

11. 如图所示，一个电荷为 q 的点电荷位于立方体的中心，则通过侧面 $abcd$ 的电场强度通量等于[　　]

（A）$\dfrac{q}{6\varepsilon_0}$；　（B）$\dfrac{q}{12\varepsilon_0}$；　（C）$\dfrac{q}{24\varepsilon_0}$；　（D）$\dfrac{q}{48\varepsilon_0}$.

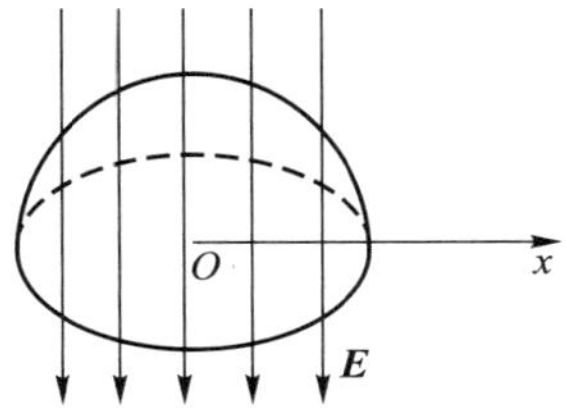

习题 3-9 图

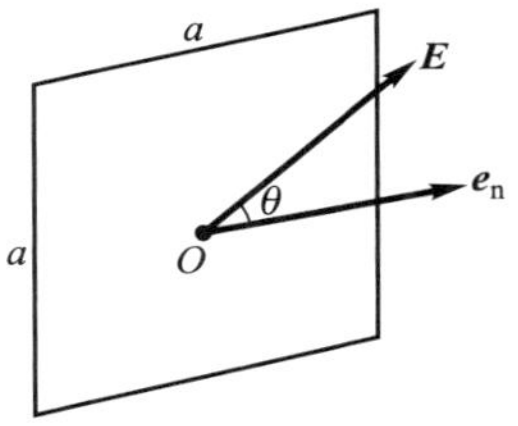

习题 3-10 图

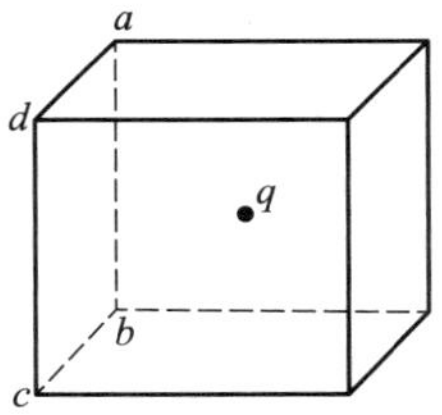

习题 3-11 图

12. 高斯定理 $\oint_S \boldsymbol{E}\cdot \mathrm{d}\boldsymbol{S} = \int_V \rho \mathrm{d}V/\varepsilon$[　　]

（A）适用于任何静电场；

（B）只适用于真空中的静电场；

（C）只适用于具有球对称性、轴对称性和平面对称性的静电场；

（D）只适用于虽然不具有（C）中所述的对称性，但可以找到合适的高斯面的静电场.

13. 关于高斯定理的理解有下面几种说法，其中正确的是[　　]

（A）通过闭合曲面的总电场强度通量仅由面内的电荷决定；

（B）如果高斯面内无电荷，则高斯面上场强处处为零；

（C）如果高斯面上场强处处不为零，则高斯面内必有电荷；

（D）通过闭合曲面的电场强度通量为正时，面内一定没有负电荷.

14. 在点电荷 $+q$ 和 $-q$ 的静电场中，作出如图所示的三个闭合曲面 S_1、S_2、S_3，则通过这些闭合曲面的电场强度通量正确的是[　　]

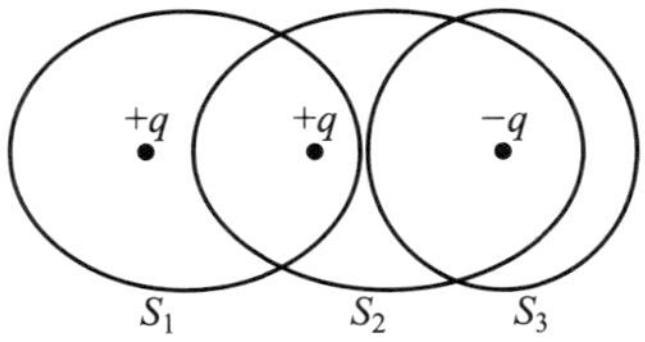

习题 3-14 图

（A）通过 S_1 的电场强度通量 $\Phi_{E1} = q/\varepsilon_0$；

（B）通过 S_2 的电场强度通量 $\Phi_{E2} = 2q/\varepsilon_0$；

（C）通过 S_3 的电场强度通量 $\Phi_{E3} = q/\varepsilon_0$；

(D) 通过 S_2 的电场强度通量 $\Phi_{E2}=0$.

15. 一闭合高斯面内有两个点电荷，电荷量为 $+q$ 和 $-q$，闭合曲面外也有一带电 q 的点电荷，如图所示，则下述说法中正确的是[　　]

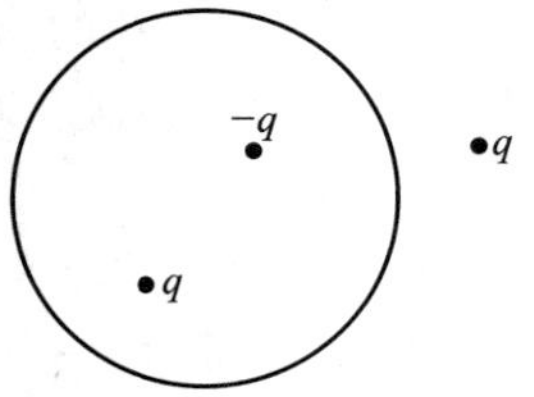

习题 3-15 图

(A) 高斯面上场强处处为零；

(B) 对闭合曲面有 $\oint_S \boldsymbol{E}\cdot \mathrm{d}\boldsymbol{S}=0$；

(C) 对闭合曲面有 $\oint_S \boldsymbol{E}\cdot \mathrm{d}\boldsymbol{S}\neq 0$；

(D) 高斯面上场强不为零，但仅与面内电荷有关.

16. 根据高斯定理的数学表达式 $\oint_S \boldsymbol{E}\cdot \mathrm{d}\boldsymbol{S}=\sum q/\varepsilon_0$ 可知，下述说法中正确的是[　　]

(A) 闭合曲面内的电荷代数和为零时，闭合曲面上各点场强一定为零；

(B) 闭合曲面内的电荷代数和不为零时，闭合曲面上各点场强一定处处不为零；

(C) 闭合曲面内的电荷代数和为零时，闭合曲面上各点场强不一定处处为零；

(D) 闭合曲面上各点场强均为零时，闭合曲面内一定处处无电荷.

17. 一个点电荷 q 位于一个闭合曲面的内部，该闭合曲面的电场强度通量为 Φ. 如果将曲面的面积增加一倍，那么曲面的电场强度通量将如何变化？[　　]

(A) 增加；　(B) 减少；　(C) 保持不变；　(D) 变为零.

18. 一个均匀带电的无限长直导线，其电荷线密度为 λ，则通过与导线垂直距离为 r 的一个单位高度的圆柱面的电场强度通量为[　　]

(A) $\dfrac{\lambda}{\varepsilon_0}$；　(B) $\dfrac{\lambda r}{\varepsilon_0}$；　(C) $\dfrac{\lambda}{2\pi\varepsilon_0 r}$；　(D) $\dfrac{\lambda}{2\pi\varepsilon_0}$.

19. 一点电荷放在球形高斯面的中心处. 下列哪一种情况，通过高斯面的电场强度通量发生变化？[　　]

(A) 将另一点电荷放在高斯面外；

(B) 将另一点电荷放进高斯面内；

(C) 将球心处的点电荷移开，但仍在高斯面内；

(D) 将高斯面半径缩小.

20. 半径为 R 的均匀带电球面的静电场中各点的场强大小 E 与距球心距离 r 的关系曲线为[　　]

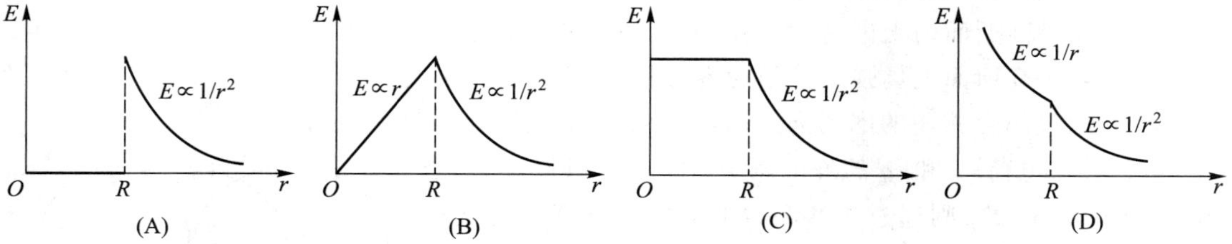

习题 3-20 图

21. 半径为 R 的无限长均匀带电圆柱面的静电场中各点的场强大小 E 与距轴线距离 r 的关系曲线为[　　]

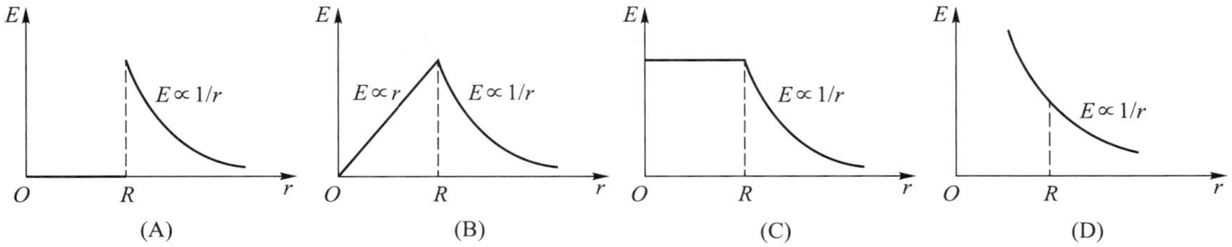

习题 3-21 图

22. 两个同轴无限长均匀带电圆柱面，半径分别为 R_a 和 R_b($R_a<R_b$)，单位长度上所带电荷分别为 λ_a 和 λ_b. 设某点与中心轴相距 r，当 $R_a<r<R_b$ 时，该点的场强大小为[　　]

(A) $\dfrac{\lambda_b}{2\pi\varepsilon_0 r}$;　　(B) $\dfrac{\lambda_a}{2\pi\varepsilon_0 r}$;

(C) $\dfrac{\lambda_a+\lambda_b}{2\pi\varepsilon_0 r}$;　　(D) $\dfrac{\lambda_a-\lambda_b}{2\pi\varepsilon_0 r}$.

习题 3-22 精解

23. 电荷面密度为 $+\sigma$ 和 $-\sigma$ 的两块无限大均匀带电的平行平板，放在与平面垂直的 x 轴上的 $+a$ 和 $-a$ 位置上，如图所示. 设坐标原点 O 处电势为零，则在 $-a<x<+a$ 区域的电势分布曲线为[　　]

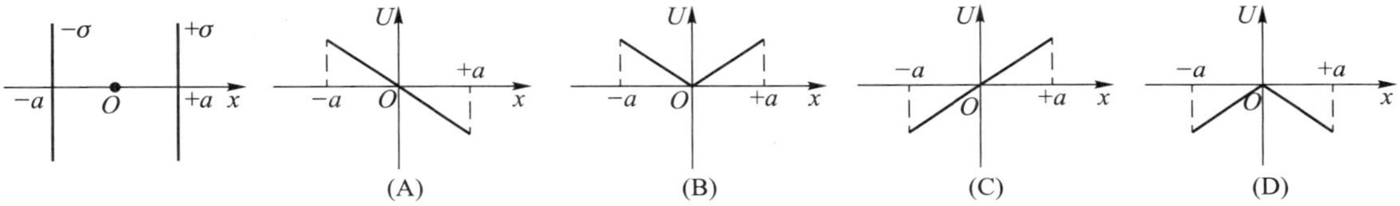

习题 3-23 图

24. 有 N 个电荷均为 q 的点电荷，以两种方式分布在相同半径的圆周上：一种是无规则分布，另一种是均匀分布. 比较这两种情况下在过圆心 O 并垂直于圆平面的 z 轴上任一点 P(如图所示)的场强与电势，则有[　　]

(A) 场强相等，电势相等；

(B) 场强不等，电势不等；

(C) 场强分量 E_z 相等，电势相等；

(D) 场强分量 E_z 相等，电势不等.

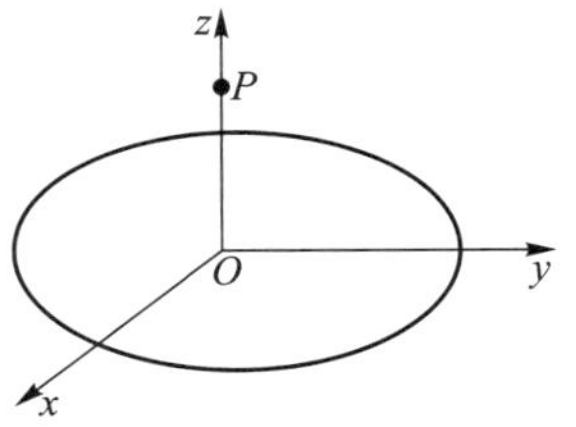

习题 3-24 图

25. 在静电场中，下列关于电势的说法中正确的是[　　]

(A) 带正电荷的导体的电势一定是正值；

(B) 等势面上各点的场强一定相等；

(C) 场强为零处电势也一定为零；

(D) 场强相等处电势不一定相等.

26. 关于静电场中某点电势值的大小，下列说法中正确的是[　　]

(A) 电势值的大小取决于电场强度的大小；

(B) 电势值的大小取决于零电势点的选取；

(C) 电势值的大小取决于检验电荷的大小;

(D) 以上说法都不对.

27. 在点电荷+2q 的电场中,如果取图中 P 点处为电势零点,则 M 点的电势为 [ ]

(A) $-\dfrac{q}{2\pi\varepsilon_0 a}$; (B) $\dfrac{q}{4\pi\varepsilon_0 a}$;

(C) $-\dfrac{q}{8\pi\varepsilon_0 a}$; (D) $-\dfrac{q}{4\pi\varepsilon_0 a}$.

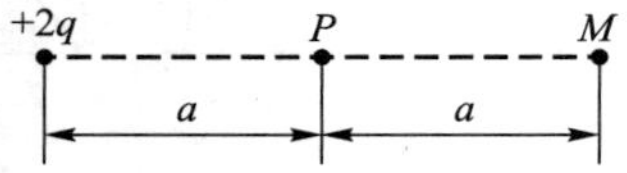

习题 3-27 图

28. 在静电场中,如果一个闭合路径上的电势差为零,那么该路径上的电场强度满足 [ ]

(A) 沿路径的电场强度处处为零; (B) 沿路径的电场强度方向始终不变;

(C) 沿路径的电场强度的线积分等于零; (D) 沿路径的电场强度大小不变.

29. 在静电场中,电场力做功与电势能的关系是[ ]

(A) 电场力做的功等于电势能的变化; (B) 电场力做的功等于电势能的平方;

(C) 电场力做的功等于电势能的倒数; (D) 电场力做的功与电势能无关.

30. 在静电场中,如果两个点之间的电势差为零,那么这两个点之间的电场强度如何? [ ]

(A) 一定为零; (B) 不一定为零; (C) 一定为最大; (D) 一定为最小.

31. 如图所示,在点电荷 q 的电场中,选取以 q 为中心、R 为半径的球面上一点 P 作电势零点,则与点电荷 q 距离为 r 的 P' 点的电势为 [ ]

(A) $\dfrac{q}{4\pi\varepsilon_0 r}$; (B) $\dfrac{q}{4\pi\varepsilon_0}\left(\dfrac{1}{r}-\dfrac{1}{R}\right)$;

(C) $\dfrac{q}{4\pi\varepsilon_0(r-R)}$; (D) $\dfrac{q}{4\pi\varepsilon_0}\left(\dfrac{1}{R}-\dfrac{1}{r}\right)$.

32. 如图所示,两个同心的均匀带电球面,内球面半径为 R_1,带电荷 Q_1,外球面半径为 R_2,带电荷 Q_2. 设无限远处为电势零点,则在两个球面之外距离球心为 r 处的 P 点的电势 U 为[ ]

(A) $\dfrac{Q_1+Q_2}{4\pi\varepsilon_0 r}$; (B) $\dfrac{Q_1}{4\pi\varepsilon_0 R_1}+\dfrac{Q_2}{4\pi\varepsilon_0 R_2}$;

(C) $\dfrac{Q_1}{4\pi\varepsilon_0 r}+\dfrac{Q_2}{4\pi\varepsilon_0 R_2}$; (D) $\dfrac{Q_1}{4\pi\varepsilon_0 R_1}+\dfrac{Q_2}{4\pi\varepsilon_0 r}$.

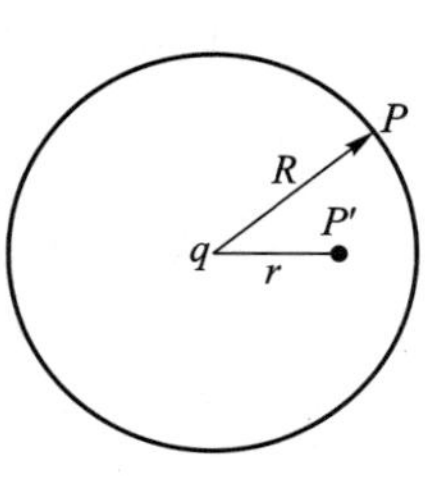

习题 3-31 图

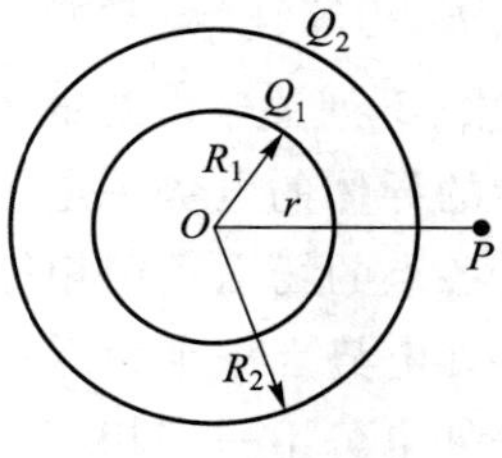

习题 3-32 图

33. 如图所示,有两个带电球面. 若两球面外 P 点处的场强值和电势值都等于零,则 [ ]

（A）Q_1、Q_2 是等量正电荷；　　（B）Q_1、Q_2 是等量负电荷；

（C）Q_1、Q_2 是等量异号电荷；　　（D）Q_1、Q_2 的电荷量只能为零.

34. 一外表形状不规则的带电的空腔导体如图所示，比较 A、B 两点的电场强度大小 E 和电势 U，应该是[　　]

（A）$E_A=E_B, U_A=U_B$；　　（B）$E_A \neq E_B, U_A>U_B$；

（C）$E_A \neq E_B, U_A=U_B$；　　（D）$E_A=E_B, U_A<U_B$.

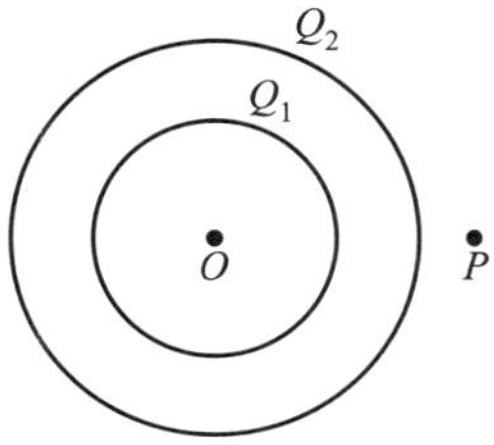

习题 3-33 图

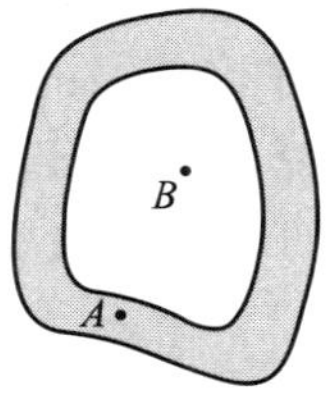

习题 3-34 图

35. 一无限大带正电荷的平面，若设平面所在处为电势零点，取 x 轴垂直电平面，原点在带电平面处，则其周围空间各点电势 U 随与平面的距离 x 变化的关系曲线为[　　]

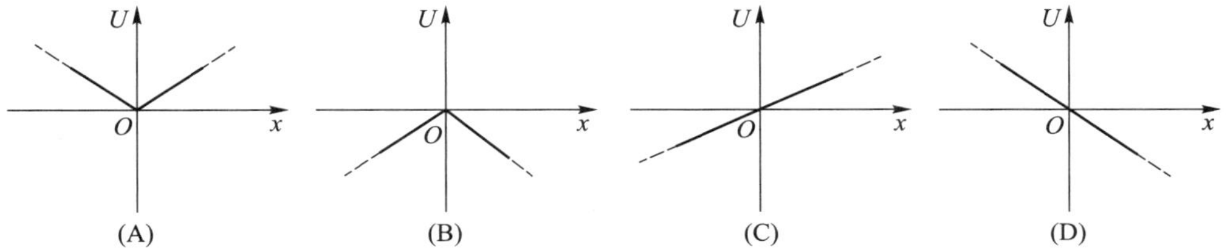

习题 3-35 图

36. 设无限远处电势为零，则半径为 R 的均匀带电球面产生的电场的电势分布规律为（图中的 U_0 和 b 皆为常量）[　　]

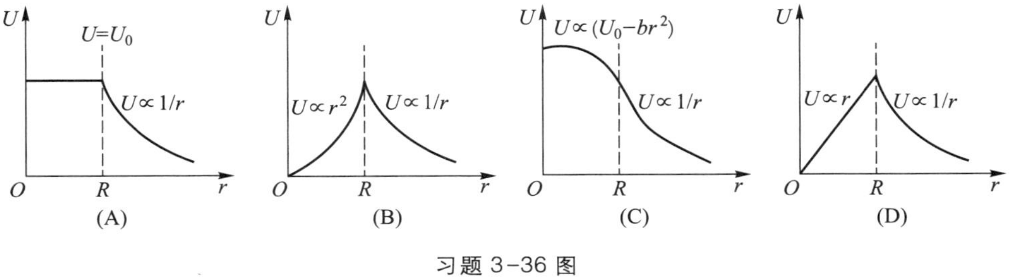

习题 3-36 图

37. 如图所示，有两个同心球壳. 内球壳半径为 R_1，均匀带有电荷 Q；外球壳半径为 R_2，壳的厚度忽略不计，原先不带电，但与地相连接. 设地为电势零点，则在两球之间距离球心为 r 的 P 点处的场强的大小与电势分别为[　　]

习题 3-37 精解

(A) $E=\dfrac{Q}{4\pi\varepsilon_0 r^2}$, $U=\dfrac{Q}{4\pi\varepsilon_0 r}$;

(B) $E=\dfrac{Q}{4\pi\varepsilon_0 r^2}$, $U=\dfrac{Q}{4\pi\varepsilon_0}\left(\dfrac{1}{R_1}-\dfrac{1}{r}\right)$;

(C) $E=\dfrac{Q}{4\pi\varepsilon_0 r^2}$, $U=\dfrac{Q}{4\pi\varepsilon_0}\left(\dfrac{1}{r}-\dfrac{1}{R_2}\right)$;

(D) $E=0$, $U=\dfrac{Q}{4\pi\varepsilon_0 R_2}$.

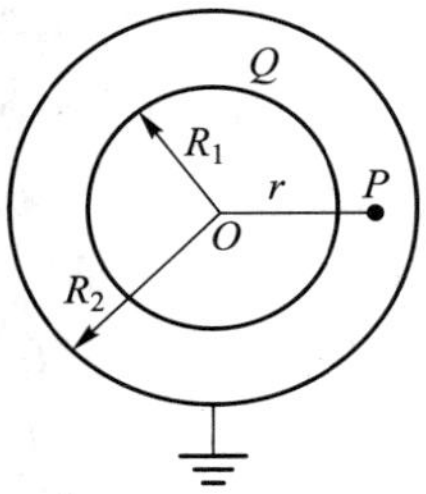

习题 3-37 图

38. 如图所示,一半径为 a 的无限长圆柱面上均匀带电,其电荷线密度为 λ. 在它外面同轴地套一半径为 b 的薄金属圆筒,圆筒原先不带电但与地连接. 设地的电势为零,则在两柱面之间距离轴线为 r 的 P 点处的场强大小和电势分别为[　　]

(A) $E=0, U=\dfrac{\lambda}{2\pi\varepsilon_0}\ln\dfrac{a}{r}$;　　(B) $E=0, U=\dfrac{\lambda}{2\pi\varepsilon_0}\ln\dfrac{b}{a}$;

(C) $E=\dfrac{\lambda}{2\pi\varepsilon_0 r}, U=\dfrac{\lambda}{2\pi\varepsilon_0}\ln\dfrac{b}{r}$;　　(D) $E=\dfrac{\lambda}{2\pi\varepsilon_0 r}, U=\dfrac{\lambda}{2\pi\varepsilon_0}\ln\dfrac{b}{a}$.

39. 两块面积均为 S 的金属平板 A 和 B 彼此平行放置,板间距离为 d(d 远小于板的线度),如图所示. 设 A 板带有正电荷 q_1,A、B 两板间的电势差 $U_{AB}=\dfrac{3q_1}{2\varepsilon_0 S}d$,设 B 板带有电荷 q_2,则以下关系中正确的是[　　]

(A) $q_2=2q_1$;　(B) $q_2=-2q_1$;　(C) $q_2=4q_1$;　(D) $q_2=-4q_1$.

40. 如图所示,边长为 a 的等边三角形的三个顶点上,分别放置着三个正的点电荷 q、$2q$、$3q$. 若将另一正点电荷 Q 从三角形的中心 O 处移到无限远处,则电场力所做的功为[　　]

(A) $\dfrac{\sqrt{3}qQ}{2\pi\varepsilon_0 a}$;　(B) $\dfrac{\sqrt{3}qQ}{\pi\varepsilon_0 a}$;　(C) $\dfrac{3\sqrt{3}qQ}{2\pi\varepsilon_0 a}$;　(D) $\dfrac{2\sqrt{3}qQ}{\pi\varepsilon_0 a}$.

41. 正点电荷 q 位于圆心 O 处,A、B、C、D 为同一圆周上的四点,如图所示. 现将一正试验电荷从 A 点分别移动到 B、C、D 各点,则[　　]

(A) 从 A 到 B,电场力做的功最大;　　(B) 从 A 到 C,电场力做的功最大;

(C) 从 A 到 D,电场力做的功最大;　　(D) 从 A 到各点,电场力做的功相等.

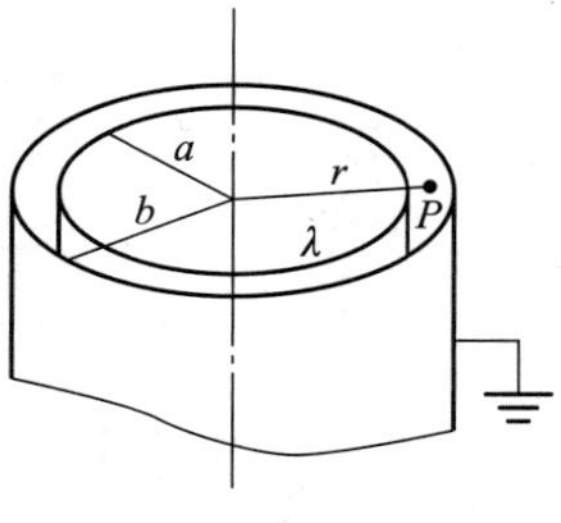

习题 3-38 图

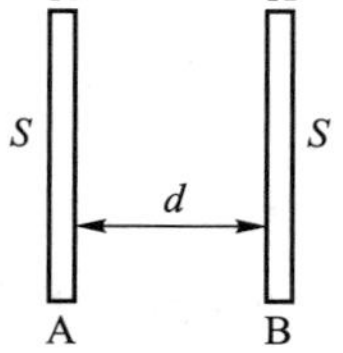

习题 3-39 图

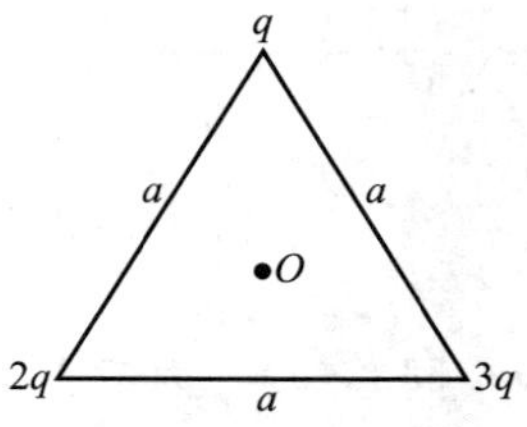

习题 3-40 图

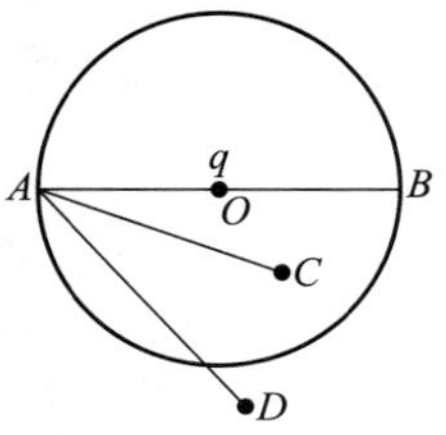

习题 3-41 图

42. 如图所示,$CDEF$ 为一矩形,边长分别为 l 和 $2l$. 在 DC 延长线上 $CA=l$ 处的 A 点有点电荷 $+q$,在 CF 的中点 B 点有点电荷 $-q$. 若使单位正电荷从 C 点沿 $CDEF$ 路径运动到 F 点,

则电场力所做的功等于[　　]

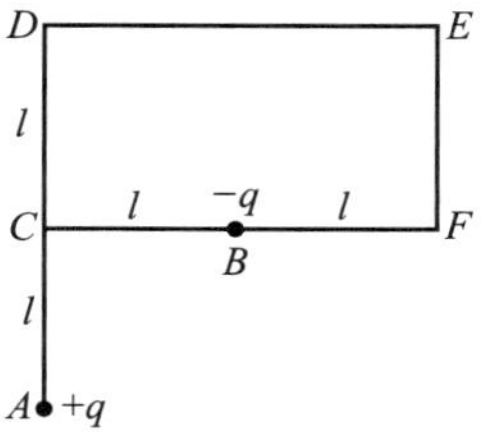

习题 3-42 图

(A) $\dfrac{q}{4\pi\varepsilon_0 l}\cdot\dfrac{\sqrt{5}-1}{\sqrt{5}-l}$;　　(B) $\dfrac{q}{4\pi\varepsilon_0 l}\cdot\dfrac{1-\sqrt{5}}{\sqrt{5}}$;

(C) $\dfrac{q}{4\pi\varepsilon_0 l}\cdot\dfrac{\sqrt{3}-1}{\sqrt{3}}$;　　(D) $\dfrac{q}{4\pi\varepsilon_0 l}\cdot\dfrac{\sqrt{5}-1}{\sqrt{5}}$.

43. 如图所示,在真空中半径分别为 R 和 $2R$ 的两个同心球面,其上分别均匀地带有电荷 $+q$ 和 $-3q$. 今将一电荷为 $+Q$ 的带电粒子从内球面处由静止释放,则该粒子到达外球面时的电场力做的功为[　　]

(A) $\dfrac{Qq}{4\pi\varepsilon_0 R}$;　(B) $\dfrac{Qq}{2\pi\varepsilon_0 R}$;　(C) $\dfrac{Qq}{8\pi\varepsilon_0 R}$;　(D) $\dfrac{3Qq}{8\pi\varepsilon_0 R}$.

44. 电场的电场线分布如图所示,将一负电荷从 A 点移至 B 点,则正确的说法为[　　]

(A) 电场强度的大小为 $E_A<E_B$;　　(B) 电势 $U_A<U_B$;

(C) 电势能 $E_{pA}<E_{pB}$;　　(D) 电场力做的功 $W>0$.

45. 在真空中有一均匀带电细圆环,半径为 R,电荷线密度为 λ. 选无限远处电势为零,则其圆心处的电势为[　　]

(A) $\dfrac{\lambda}{2\varepsilon_0}$;　(B) $\dfrac{\lambda}{4\pi\varepsilon_0 R}$;　(C) $\dfrac{\lambda}{\pi\varepsilon_0 R}$;　(D) $\dfrac{\lambda}{\varepsilon_0 R}$.

46. 如图所示,有两同心带电球面,内球面半径为 $r_1=5$ cm,带正电荷 q,外球面半径为 $r_2=20$ cm. 设无限远处电势为零,则空间另一电势为零的球面半径为 $r=10$ cm,则外球面带电荷量为[　　]

(A) $-q$;　(B) $-2q$;　(C) $-3q$;　(D) $-4q$.

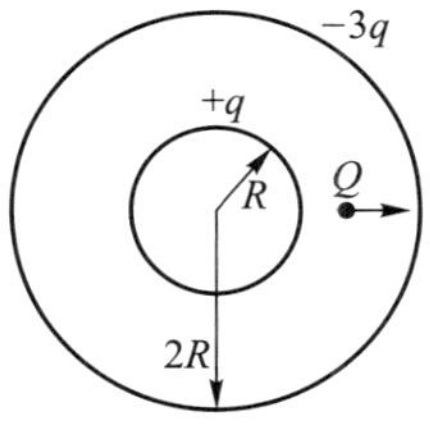

习题 3-43 图

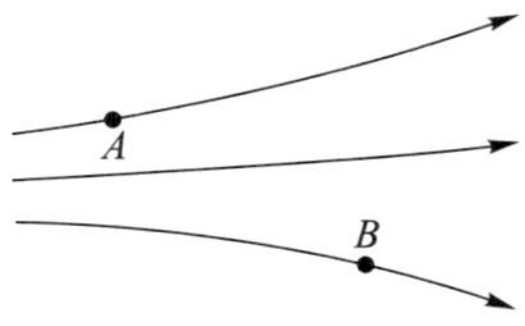

习题 3-44 图

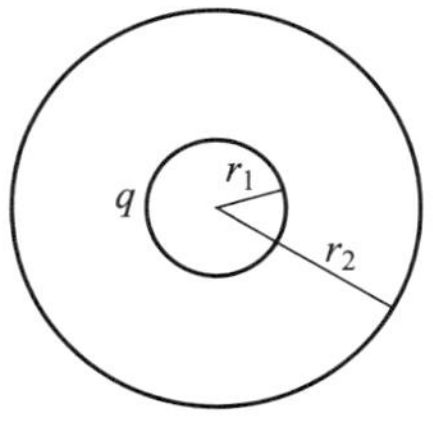

习题 3-46 图

47. AC 为一根长为 $2l$ 的带电细棒,左半部均匀带有负电荷,右半部均匀带有正电荷. 电荷线密度分别为 $-\lambda$ 和 $+\lambda$,如图所示. P 点在棒的垂直平分线上,到棒的垂直距离为 l. 以棒的中点 B 为电势的零点,则 P 点的电势 U_P 为[　　]

(A) $\dfrac{\lambda}{4\pi\varepsilon_0}$;

(B) $\dfrac{\lambda}{2\pi\varepsilon_0}\ln(3+2\sqrt{2})$;

(C) $\dfrac{\lambda}{4\pi\varepsilon_0}\ln(3+2\sqrt{2})$;

(D) 0.

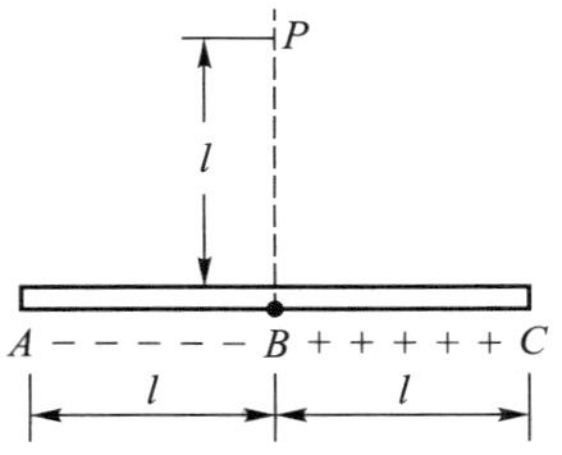

习题 3-47 图

48. 如图所示,有两同心导体球壳,内球壳带电荷$+q$,外球壳带电荷$-2q$. 静电平衡时,外球壳的内外表面带的电荷分别为 [　　]

(A) q,q ；　(B) $-q,-q$；　(C) $q,-q$；　(D) $-q,q$.

49. 如图所示,将一负电荷从无限远处移到一个不带电的导体附近,则导体内的场强和导体上的电势变化为[　　]

(A) 场强减小,电势增大；　(B)场强增大,电势增大；

(C) 场强不变,电势减小；　(D) 场强增大,电势不变.

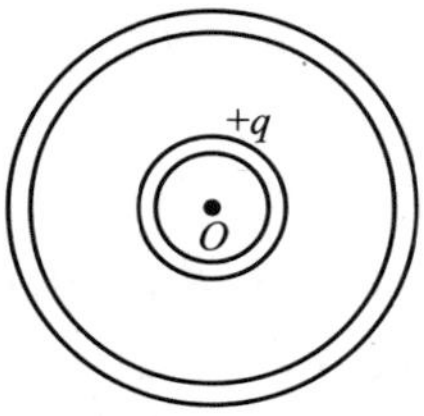

习题 3-48 图

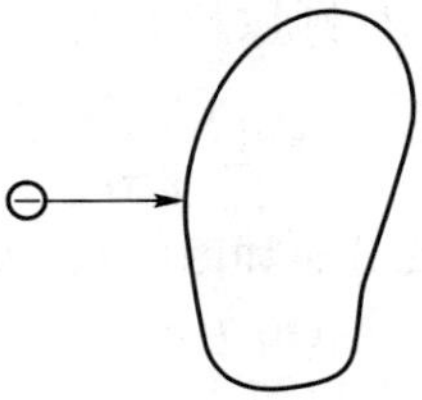

习题 3-49 图

50. 一金属球壳的内、外半径分别为 R_1、R_2,带电荷 Q. 在球心处有一电荷为 q 的点电荷,则球壳内表面上的电荷面密度 σ 为 [　　]

(A) $-\dfrac{q}{4\pi R_1^2}$；　(B) $\dfrac{Q}{4\pi R_1^2}$；　(C) $\dfrac{Q-q}{4\pi R_1^2}$；　(D) $\dfrac{Q+q}{4\pi R_1^2}$.

51. 一平行板电容器,充电后与电源保持连接,然后使两极板间充满相对电容率为 ε_r 的各向同性均匀电介质,以下说法中正确的是[　　]

(A) 两极板上的电荷是原来的 ε_r 倍；　(B) 场强是原来的 ε_r 倍；

(C) 电场能量不变；　(D) 两极板间的电势差是原来的 ε_r 倍.

52. 两个平行放置的无限大导体平板之间存在均匀电场,如果其中一个导体板接地,那么两导体板间的电势差如何变化? [　　]

(A) 增加；　(B) 减少；　(C) 不变；　(D) 变为零.

53. 有一个孤立的导体球壳,若在球壳内偏离球心处放一个点电荷,则在球壳内、外表面上将出现感应电荷,其电荷分布将是[　　]

(A) 内表面均匀,外表面也均匀；　(B) 内表面不均匀,外表面均匀；

(C) 内表面均匀,外表面不均匀；　(D) 内表面不均匀,外表面也不均匀.

54. 把 A、B 两块不带电的导体放在一带负电导体的电场中,如图所示. 设无限远处为电势零点,A 的电势为 U_A,B 的电势为 U_B,则 [　　]

(A) $U_B<U_A$；　(B) $U_B>U_A=0$；

(C) $U_B=U_A$；　(D) $U_B>U_A$.

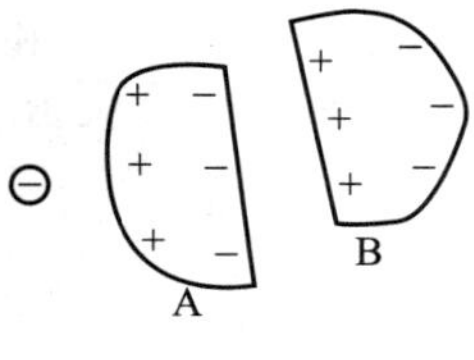

习题 3-54 图

55. 一个平行板电容器充电后与电源断开,若用绝缘手柄将电容器两极板间距离压小,则两极板间的电势差 U_{12}、场强的大小 E、电场能量 W 将如何变化? [　　]

(A) U_{12} 减小,E 不变,W 减小；　(B) U_{12} 增大,E 增大,W 增大；

（C）U_{12} 增大，E 不变，W 增大；　　（D）U_{12} 减小，E 不变，W 不变.

56. 如图所示，一球形导体带有电荷 q，置于一任意形状的空腔导体中，用导线将两者连接. 若将连线去除，则与未去除前相比系统的静电场能量将［　　］

（A）增大；　　（B）减小；

（C）不变；　　（D）如何变化无法确定.

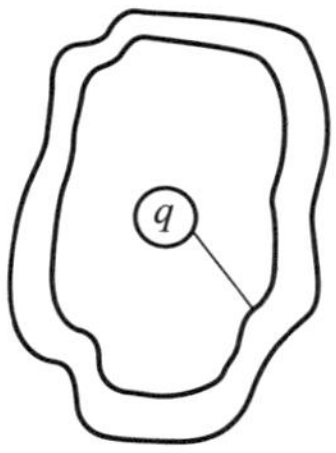

习题 3-56 图

57. 如果某带电球面的电荷面密度 σ 增大为原来的 2 倍，那么其电场的能量将变为原来的［　　］

（A）2 倍；　　（B）1/2；

（C）4 倍；　　（D）1/4.

58. 一空气平行板电容器，接电源充电后电容器中储存的能量为 W_0. 在保持电源接通的条件下，在两极板间充满相对电容率为 ε_r 的各向同性均匀电介质，则该电容器中储存的能量 W 为［　　］

（A）$W=W_0/\varepsilon_r$；　（B）$W=\varepsilon_r W_0$；　（C）$W=(1+\varepsilon_r)W_0$；　（D）$W=W_0$.

59. 将一空气平行板电容器接到电源上充电到一定电压后，断开电源，再将一块与极板面积相同的金属板平行地插入两极板之间，则由于金属板的插入及其所放位置的不同，对电容器储能的影响为［　　］

（A）储能减少，但与金属板位置无关；　（B）储能减少，但与金属板位置有关；

（C）储能增加，但与金属板位置无关；　（D）储能增加，但与金属板位置有关.

60. 真空中有一均匀带电球体和一均匀带电球面，如果它们的半径和所带的电荷量都相等，那么它们的静电能之间的关系是［　　］

（A）均匀带电球体产生电场的静电能等于均匀带电球面产生电场的静电能；

（B）均匀带电球体产生电场的静电能大于均匀带电球面产生电场的静电能；

（C）均匀带电球体产生电场的静电能小于均匀带电球面产生电场的静电能；

（D）球体内的静电能大于球面内的静电能，球体外的静电能小于球面外的静电能.

二、填空题

61. 电荷为 q_0 的正试验电荷放在电场中某点时，受到向下的力 F，则该点的场强大小为________，方向为________.

62. 两个平行的无限大均匀带电平面，其电荷面密度分别为 $+\sigma$ 和 -2σ，如图所示，则 A、B、C 三个区域的场强分别为（设方向向右为正）：$E_A=$________；$E_B=$________；$E_C=$________.

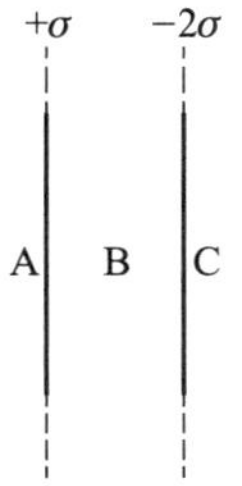

习题 3-62 图

63. 一半径为 R 的带有一缺口的细圆环，缺口长度为 $d(d\ll R)$，环上均匀带正电，单位长度上带电荷量为 λ，如图所示. 则圆心 O 处的场强大小 $E=$________，方向为________.

64. 真空中有一半径为 R 的均匀带电球面，单位面积带电荷量为 $\sigma(\sigma>0)$. 今在球面上挖去非常小块的面积 ΔS（连同电荷），如图所示. 假设不影响其他处原来的电荷分布，则挖去 ΔS 后球心处场强的大小 $E=$________，其方向为________；设无限远处电势为零，则球心处电势 $U=$________.

65. 已知 A、B、C 三点距点电荷 q 的距离分别为 L、$2L$、$3L$，如图所示. 若选 B 点电势为零，则 A 点电势为__________________，C 点电势为__________________.

习题 3-65 精解

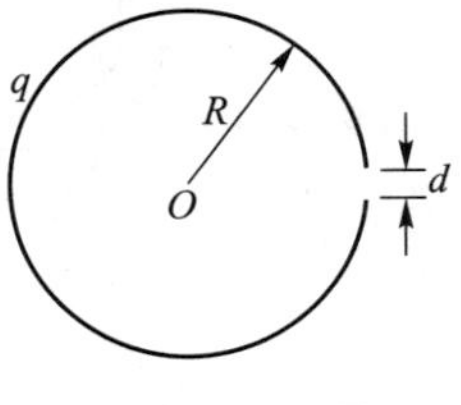

习题 3-63 图

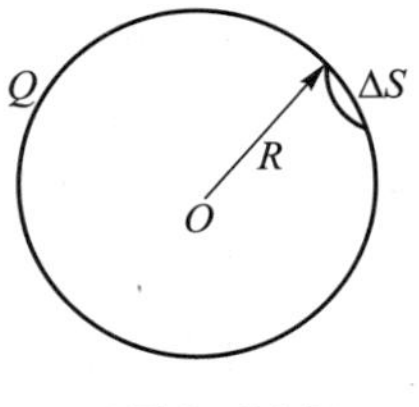

习题 3-64 图

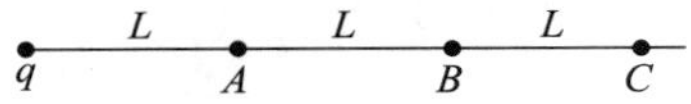

习题 3-65 图

66. 两个同心均匀带电球面，半径分别为 R_a 和 R_b（$R_a<R_b$），所带电荷分别为 Q_a 和 Q_b. 设某点与球心相距 r，当 $R_a<r<R_b$ 时，该点场强的大小为________.

67. 一长直导线横截面半径为 a，导线外同轴地套一半径为 b 的薄圆筒，两者互相绝缘，并且外筒接地，如图所示. 设导线单位长度的电荷为 $+\lambda$，并设地的电势为零，则两导体之间的 P 点（$OP=r$）的场强大小和电势分别为 $E=$________，$U=$________.

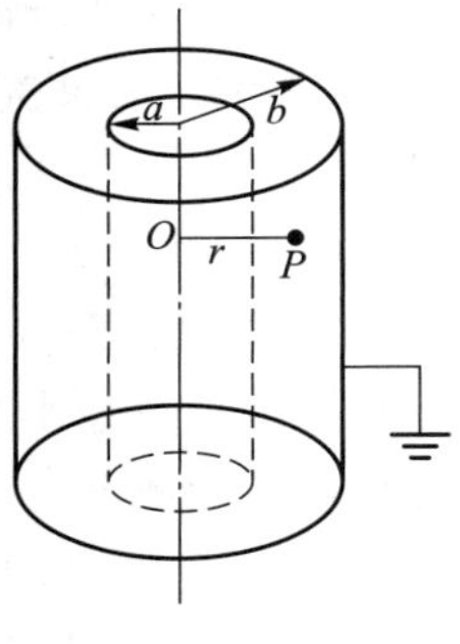

习题 3-67 图

68. 一导体球外充满相对介电常量为 ε_r 的均匀电介质，若测得导体表面附近场强为 E，则导体球面上的自由电荷面密度 σ 为________.

69. 两个无限长的、半径分别为 R_1 和 R_2 的共轴圆柱面均匀带电，沿轴线方向单位长度上所带电荷分别为 λ_1 和 λ_2，则在内圆柱面里面、距离轴线为 r 处的 P 点的场强大小 E 为________.

70. 一个均匀带电的无限长直导线，其电荷线密度为 λ，与导线垂直距离为 r 的一点的电势为________.

习题 3-70 精解

71. 一球壳半径为 R，带电荷量 q，在距离球心 O 为 r（$r<R$）处一点的电势为（设无限远处为电势零点）________.

72. 如图所示，两个同心的均匀带电球面，内球面半径为 R_1、带电荷 Q_1，外球面半径为 R_2、带电荷 Q_2. 设无限远处为电势零点，求以下几种情况下距离球心为 r 处的 P 点的电势 U.

（1）$r<R_1$，$U_P=$_________；

（2）$R_1<r<R_2$，$U_P=$_________；

（3）$r>R_2$，$U_P=$_________.

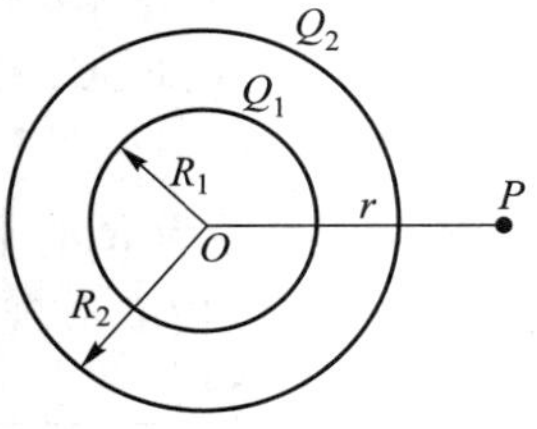

习题 3-72 图

73. 图中实线为某电场中的电场线，虚线表示等势面，试判断 A、B、C 三点的场强和电势大小：场强________，电势________.

74. 一空心导体球壳，其内、外半径分别为 R_1、R_2，带电荷 q，如图所示. 当球壳中心处再放一电荷为 q 的点电荷时，则导体球壳的电势（设无限远处为电势零点）为________.

75. 一个未带电的空腔导体球壳，内半径为 R. 在腔内离球心的距离为 d 处（$d<R$），固定一点电荷 $+q$，如图所示. 用导线把球壳接地后，再把地线撤去，选无限远处为电势零点，则球

心 O 处的电势为________.

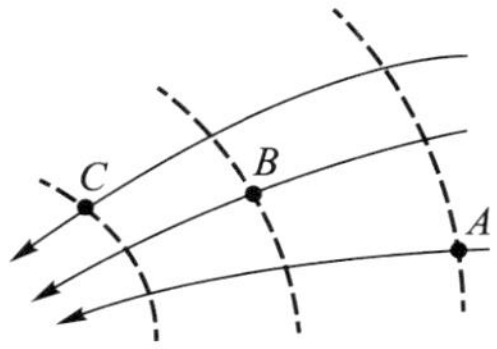

习题 3-73 图

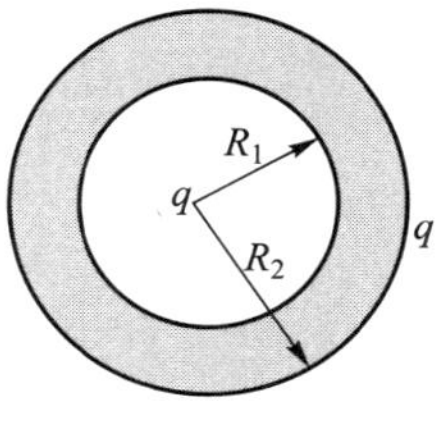

习题 3-74 图

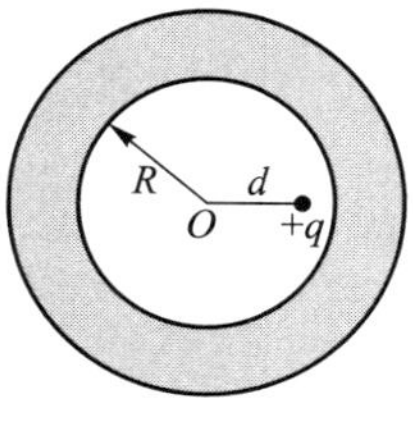

习题 3-75 图

76. 一无限大均匀带电平面 A,其附近放一与它平行的有一定厚度的无限大平面导体板 B,如图所示. 已知 A 上的电荷面密度为$+\sigma$,则在导体板 B 的两个表面 1 和 2 上的感应电荷面密度为:σ_1=________,σ_2=________.

77. 图示为一均匀带电球体,总电荷为$+Q$,其外部同心地罩一内、外半径分别为 r_1、r_2 的金属球壳. 设无限远处为电势零点,则在球壳内距球心为 r 的 P 点处的场强和电势为:E=________,U=________.

78. 半径分别为 R 和 r 的两个金属球相距很远,用一根细长导线将两球连接在一起并使它们带电. 在忽略导线的影响下,两球表面的电荷面密度之比 σ_R/σ_r 为________.

79. 选无限远处为电势零点,半径为 R 的导体球带电后,其电势为 U_0,则球外与球心距离为 r 处的场强大小为________.

80. 如果某带电体的电荷体密度增大为原来的 2 倍,那么其电场的能量将变为原来的________倍.

81. 点电荷 q_1、q_2、q_3 和 q_4 在真空中的分布如图所示. 图中 S 为闭合曲面,则通过该闭合曲面的电场强度通量为________.

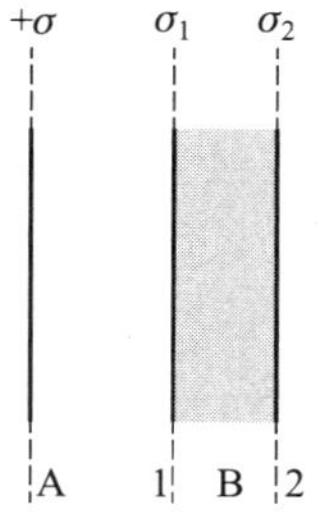

习题 3-76 图

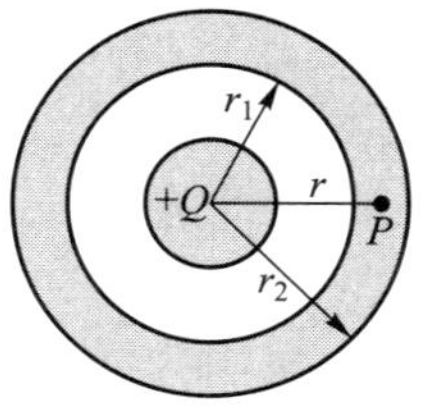

习题 3-77 图

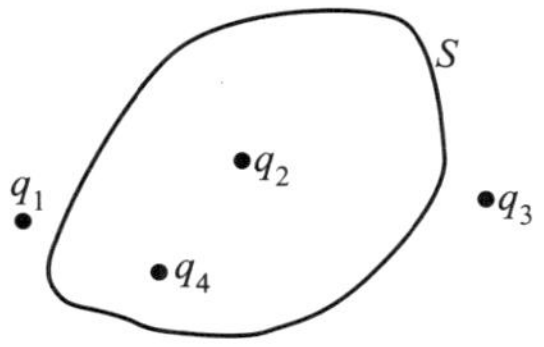

习题 3-81 图

82. 面积为 S 的空气平行板电容器,其极板上分别带电荷量$\pm q$. 若不考虑边缘效应,则两极板间的相互作用力为________.

83. 空气中一带电球壳直径为 1 m,以无限远处为电势零点,若此球壳能达到的最高电势是 1.5×10^6 V,则空气的击穿场强为________.

习题 3-82 精解

84. 在静电场中,一质子(电荷 $e=1.6\times10^{-19}$ C)沿 3/4 圆弧轨道从 A 点移到 B 点(如图所示),电场力做的功为 8.0×10^{-15} J. 则当质子沿 1/4 圆弧轨道从 B 点回到 A 点时,电场力做的功为 W=________. 设 B 点电势为零,则 A 点电势 U=________.

85. 在如图所示的电场中,点电荷 q_0 从 D 点沿弧形路径 DCO 到达 O 点,电场力所做的

功 $W=$________.

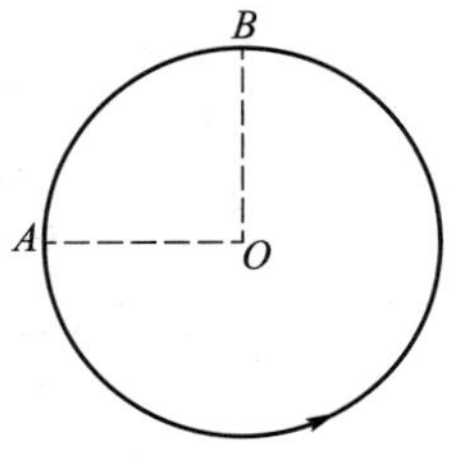

习题 3-84 图

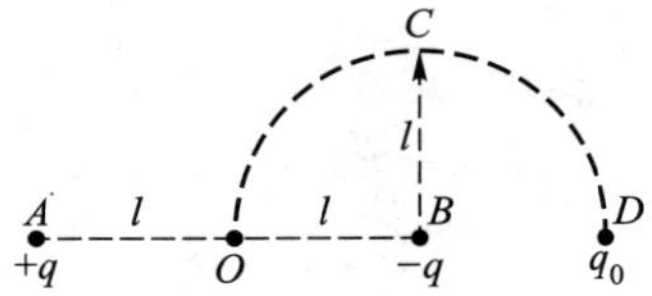

习题 3-85 图

86. 一均匀静电场的场强 $\boldsymbol{E}=(400\boldsymbol{i}+600\boldsymbol{j})$ V/m,则点 $a(4,2)$ 和点 $b(1,0)$ 之间的电势差 $U_{ab}=$________.(点的坐标 x,y 以 m 计.)

87. 将两静止的电子从无限远距离移动到相距 2×10^{-10} m(仍保持静止),所需要的最小能量是________ eV.

88. 一电矩为 $\boldsymbol{p}$ 的电偶极子在场强为 $\boldsymbol{E}$ 的均匀电场中,$\boldsymbol{p}$ 与 $\boldsymbol{E}$ 间的夹角为 90°,则它所受的电场力 $\boldsymbol{F}=$________,力矩的大小 $M=$________.

89. 在一个带电荷量为 Q 的导体球壳内,先放进一电荷为 $+q$ 的点电荷,点电荷不与球壳内壁接触. 然后使该球壳与地接触一下,再将点电荷 $+q$ 取走. 此时,球壳的电荷为________,电场分布的范围是________.

90. 一个带有电荷 q、半径为 r_{A} 的金属球 A,与一原先不带电、内外半径分别为 r_{B}、r_{C} 的金属球壳 B 同心放置,如图所示. 如果用导线将 A、B 连接起来,则 A 球的电势 $U=$________.(设无限远处为电势零点.)

91. 如图所示,把一块带正电荷 Q 的金属板 A,移近一块带有 $-Q$ 的金属板 B,平行放置. 设两板面积都是 S,板间距离是 d,忽略边缘效应. 当 B 板不接地时,两板间电势差 $U_{\mathrm{AB}}=$________;当 B 板接地时,两板间电势差 $U'_{\mathrm{AB}}=$________.

92. 三块平行导体板相互之间的距离 d_1 和 d_2 比板面积线度小得多,外面两板用导线连接. 中间板带电,设左右两面上电荷面密度分别为 σ_1 和 σ_2,如图所示,则比值 σ_1/σ_2 为________.

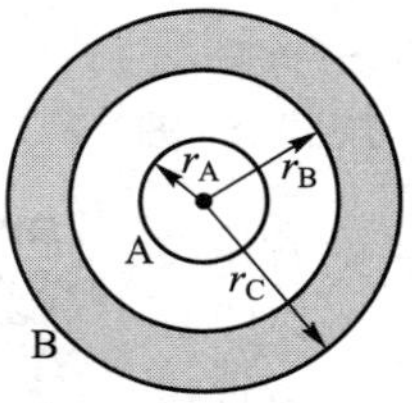

习题 3-90 图

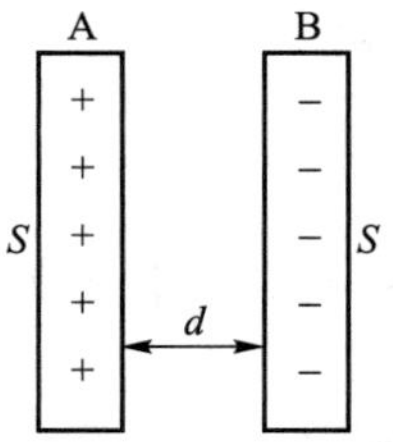

习题 3-91 图

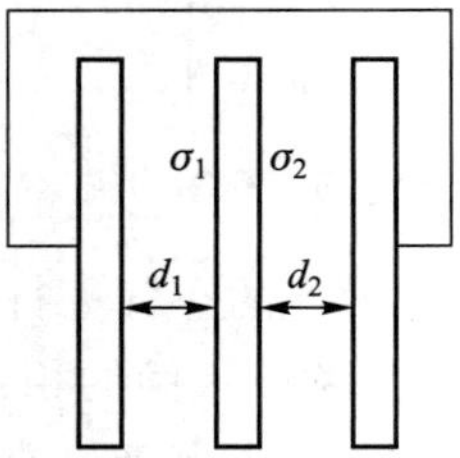

习题 3-92 图

93. 在相对电容率为 $\varepsilon_r=4$ 的各向同性均匀电介质中,与电场能量密度 $w_e=2\times10^{-6}$ J/cm³ 相应的电场强度的大小 $E=$________.

94. 一平行板电容器两极板间电压为 U,其间充满相对电容率为 ε_r 的各向同性均匀电介质,电介质厚度为 d. 则电介质中的电场能量密度 $w_e=$________.

95. 一平行板电容器充电后切断电源，然后使两极板间充满相对电容率为 ε_r 的各向同性均匀电介质，此时两极板间的电场强度是原来的________倍.

96. 一个半径为 R 的均匀带电球体，电荷体密度为 ρ，球体外包围一层相对电容率为 ε_r 的均匀电介质，电介质的外半径为 $2R$. 在电介质中，电场强度的大小为 E，则根据有电介质时的高斯定理，电介质中的电位移的大小 D 为________，电场强度的大小 E 为________.

97. 半径为 R_1 和 R_2 的两个同心金属球面（$R_1<R_2$），其间充满着相对电容率为 ε_r 的均匀电介质. 设两球面上单位面积带有的电荷分别为 $+\sigma$ 和 $-\sigma$，则介质中与球心的距离为 r 处的电位移的大小 $D=$________，场强的大小 $E=$________.

习题 3-97 精解

98. 一平行板电容器的极板面积为 S，极板间距为 d，中间充满相对电容率为 ε_r 的均匀电介质. 当电容器充电至电压 U 时，电容器中储存的静电场能量为________；如果将电介质移出，电容器中储存的静电场能量变为________.

99. 一平行板电容器极板面积为 S，极板间距为 d，接在电源上并保持电压恒定为 U. 若极板距离拉开为 $2d$，则电容器的静电能减少量为________，电源对电场做的功为________.

100. 一导体球半径为 R，带电总量为 Q，周围为真空. 此带电导体球内部和外部的静电能分别为________和________.

三、计算题

101. 如图所示，真空中一长为 L 的均匀带电细直杆，单位长度上带电荷量 λ，试求在直杆延长线上距杆的一端距离为 d 的 P 点的场强.

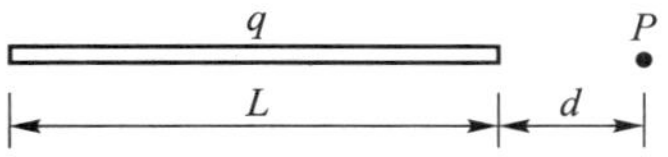

习题 3-101 图

102. 一圆心角为 α、半径为 R 的均匀带电细圆弧，单位长度上带电荷量 λ，求圆心处的场强.

103. 如图所示，半径为 R 的均匀带电细圆环，右半部分带电 Q，左半部分带电 $-Q$. 求：

（1）圆心处电场强度的大小及方向；

（2）圆心处的电势.

104. 无限长均匀带电的半圆柱面，半径为 R，如图所示. 设半圆柱面上的电荷面密度为 σ，试求轴线上一点的场强.

105. 半径为 R 的带电半圆环，其电荷线密度为 $\lambda=\lambda_0\sin\theta$ ，式中 λ_0 为一常量，θ 为半径 R 与 x 轴所成的夹角，如图所示. 试求环心 O 处的场强.

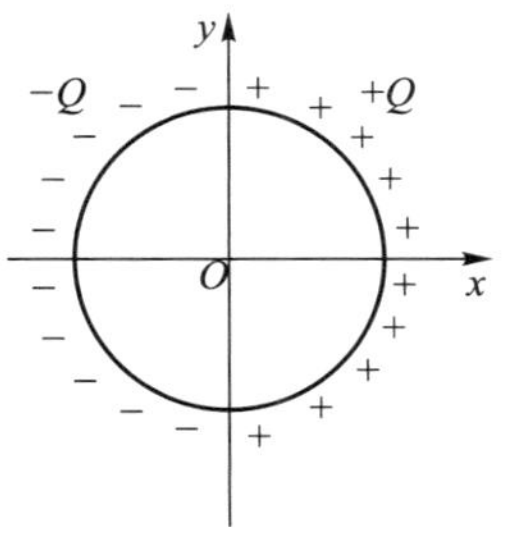

习题 3-103 图

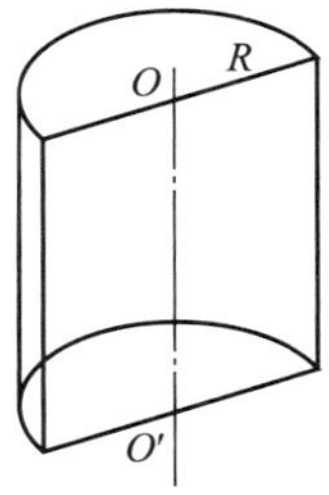

习题 3-104 图

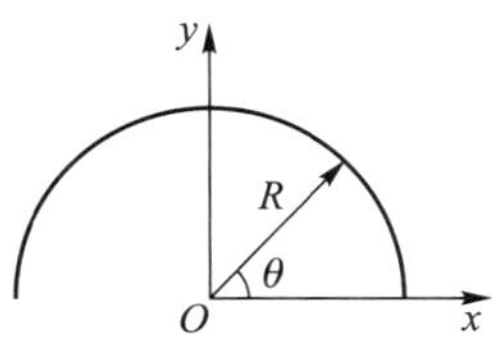

习题 3-105 图

106. 图示为一个均匀带正电的球层,其电荷体密度为 ρ,球层内表面半径为 R_1,外表面半径为 R_2. 设无限远处为电势零点,求场强的分布.

107. 如图所示,A、B 为真空中两个平行的无限大均匀带电平面,A 面上电荷面密度为 σ_A,B 面上的电荷面密度为 σ_B,$\sigma_A<0$,$\sigma_B>0$,且 $|\sigma_A|<|\sigma_B|$. 试计算两平面之间和两平面外的场强.

108. 一半径为 R 的半球面均匀地带有电荷,电荷面密度为 σ. 求球心 O 处的场强和电势.

109. 所图所示,一半径为 R 的均匀带电球体,带电荷量为 Q. 若规定无限远处电势为 0,试求:(1) 球体内、外各点的场强;(2) 球体内、外各点的电势.

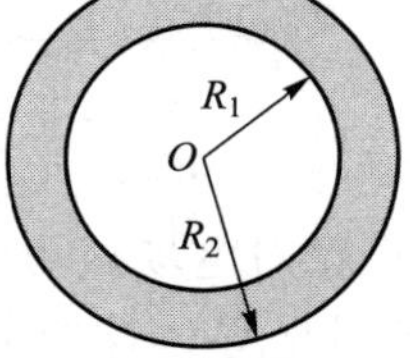

习题 3-106 图

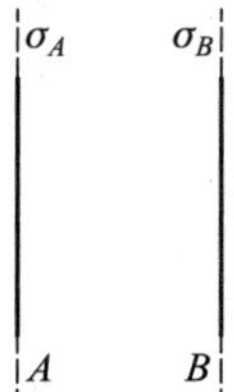

习题 3-107 图

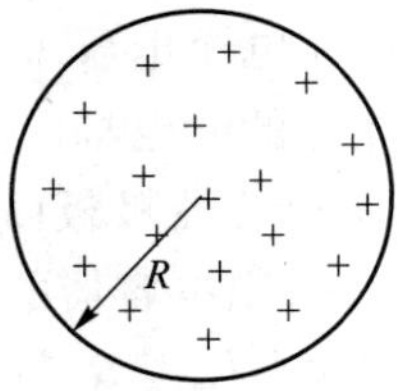

习题 3-109 图

110. 两个带等量异号电荷的均匀带电同心球面,半径分别为 R_1 和 R_2. 已知两者的电势差为 U_{12},求内球面上所带的电荷量.

111. 一半径为 R 的无限长圆柱形带电体,其电荷体密度为 $\rho=Ar(r\leqslant R)$,式中 A 为常量. 试求:

(1) 圆柱体内、外各点场强的大小;

(2) 选与圆柱轴线的距离为 $l(l>R)$ 处为电势零点,计算圆柱体内、外各点的电势.

112. 一半径为 R 的带电球体,其电荷体密度分布为

$$\rho=kr \quad (r\leqslant R,k\text{ 为正值常量})$$

$$\rho=0 \quad (r>R)$$

试求:(1) 球内、外各点的场强;(2) 球内、外各点的电势.

113. 如图所示,两块很大的导体平板平行放置,面积都是 S,有一定厚度,带电荷分别为 Q_1 和 Q_2. 如不计边缘效应,求:(1) A、B、C、D 四个表面上的电荷面密度;(2) 电场强度的分布.

114. 如图所示,一厚度为 b 的无限大带电平板,其电荷体密度为 $\rho=kx(0\leqslant x\leqslant b)$,式中 k 为一正值常量. 求平板内任一点 P 处和平板外任一点 P_1 处的场强大小.

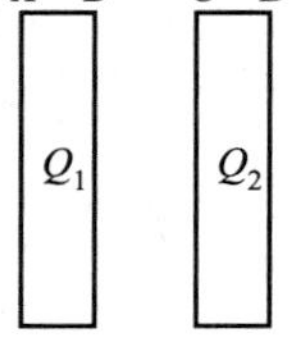

习题 3-113 图

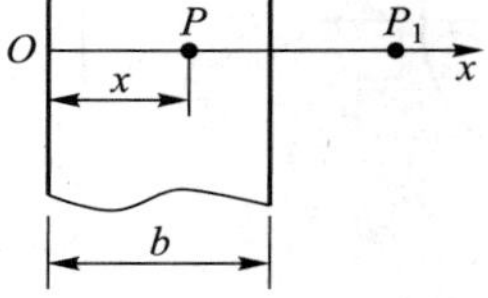

习题 3-114 图

115. 电荷面密度分别为$+\sigma$和$-\sigma$的两块无限大均匀带电平行平面，分别与x轴垂直相交于$x_1=a$，$x_2=-a$两点，如图所示. 设坐标原点O处电势为零，试求空间的电势分布表达式.

116. 两带有等量异号电荷的金属板A和B相距5 mm，两板面积都是150 cm^2，电荷量大小都是2.66×10^{-8} C，A板带正电并接地(电势为零)，如图所示. 略去边缘效应，求：

(1) 两板间的电场强度；

(2) 两板间的电势；

(3) 两板间离A板1.0 mm处的电势.

117. 图中所示为一沿x轴放置的长度为l的不均匀带电细棒，其电荷线密度为$\lambda=\lambda_0 x$，式中λ_0为一常量，P点到O点的距离为a. 取无限远处为电势零点，求坐标原点O处的场强和电势.

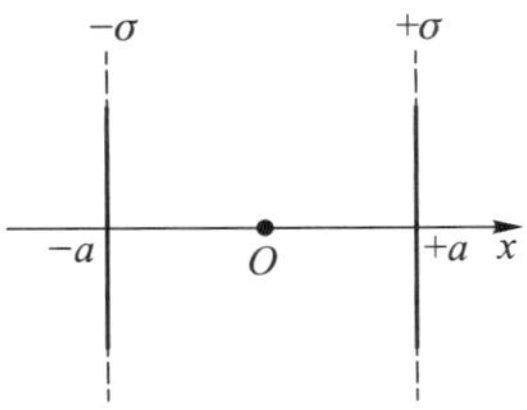

习题 3-115 图

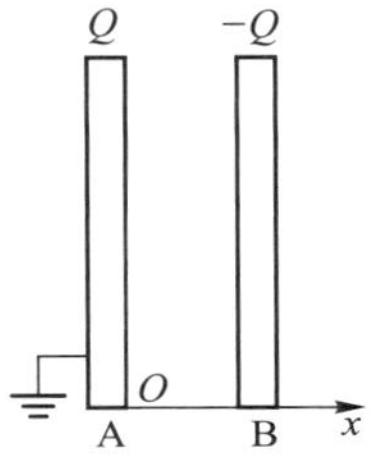

习题 3-116 图

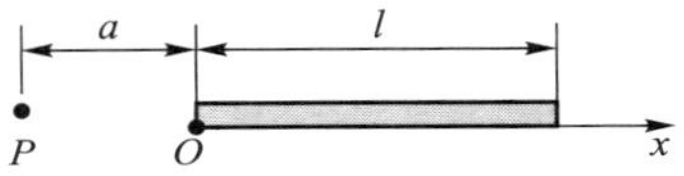

习题 3-117 图

118. 图示为一个均匀带电的球层，其电荷体密度为ρr，球层内表面半径为R_1，外表面半径为R_2. 设无限远处为电势零点，求球层中半径为r处的场强和电势.

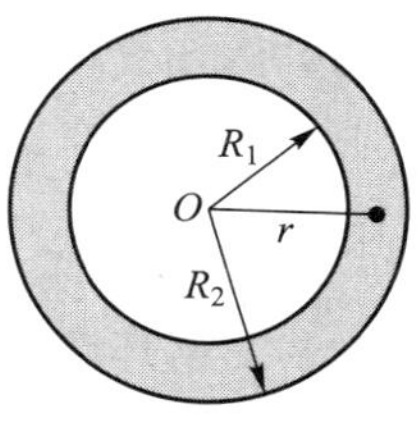

习题 3-118 图

119. 如图所示，半径为R_1的导体球A，带电荷q，其外同心地套一导体球壳B，内外半径分别为R_2和R_3，且$R_2=2R_1$，$R_3=3R_1$. 今在距球心O为$d=4R_1$的P处放一点电荷Q，并将球壳接地. 问：

(1) 球壳B所带的净电荷Q'为多少？

(2) 如用导线将导体球A与球壳B相连，球壳所带电荷Q''为多少？

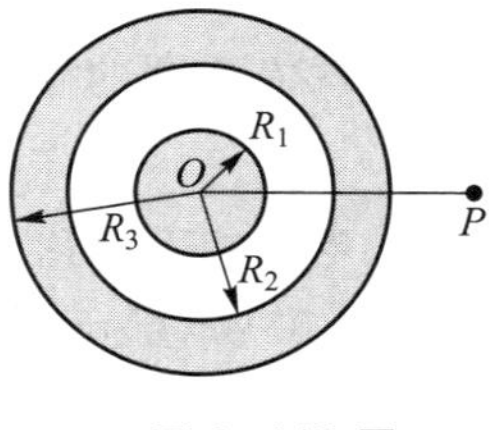

习题 3-119 图

120. 两同轴圆柱面长度均为l，半径分别为a和b，两圆柱面之间充有相对电容率为ε_r的均匀电介质. 当这两个圆柱面带有等量异号电荷$+Q$和$-Q$时，问：

(1) 在半径为r处($a<r<b$)，电场的能量密度是多少？r处厚度为dr、长度为l的圆柱薄壳中的电场能量为多少？

(2) 电介质中的总电场能量是多少？能否从总电场能量推算出圆柱形电容器的电容(不计边缘效应)？

第三章习题参考答案　　拓展习题

第四章　恒定磁场

知识导航

1. 磁通量

$$\Phi_m=\int_S \boldsymbol{B}\cdot d\boldsymbol{S}$$

2. 磁场的计算

（1）毕奥-萨伐尔定律　$d\boldsymbol{B}=\frac{\mu_0}{4\pi}\frac{Id\boldsymbol{l}\times\boldsymbol{r}}{r^3}$

（2）电流产生的磁场　$\boldsymbol{B}=\frac{\mu_0}{4\pi}\int\frac{Id\boldsymbol{l}\times\boldsymbol{r}}{r^3}$

（3）安培环路定理　$\oint_L \boldsymbol{B}\cdot d\boldsymbol{l}=\mu_0\sum I_i$

（4）运动电荷产生的磁场　$\boldsymbol{B}=\frac{\mu_0}{4\pi}\frac{q\boldsymbol{v}\times\boldsymbol{r}}{r^3}$

3. 恒定磁场的方程

（1）磁场高斯定理的积分形式

$$\oint_S \boldsymbol{B}\cdot d\boldsymbol{S}=0$$

* 微分形式　$\nabla\cdot\boldsymbol{B}=0$（恒定磁场无源）

（2）安培环路定理的积分形式

$$\oint_L \boldsymbol{B}\cdot d\boldsymbol{l}=\mu_0\sum I_i$$

* 微分形式　$\nabla\times\boldsymbol{B}=\mu_0\boldsymbol{j}$（恒定磁场有旋）

4. 载流线圈的磁矩

$$\boldsymbol{p}_m=NIS\boldsymbol{e}_n$$

5. 电磁相互作用

（1）磁场对运动电荷的洛伦兹力

$$\boldsymbol{F}=q\boldsymbol{v}\times\boldsymbol{B}$$

（2）安培定律

$$d\boldsymbol{F}=Id\boldsymbol{l}\times\boldsymbol{B}$$

（3）磁场对载流导线的安培力

$$\boldsymbol{F}=\int_L Id\boldsymbol{l}\times\boldsymbol{B}$$

（4）磁场对载流线圈的作用力矩

$$\boldsymbol{M}=\boldsymbol{p}_m\times\boldsymbol{B}$$

（5）磁力的功

$$W=\int_{\Phi_{m1}}^{\Phi_{m2}} Id\Phi_m$$

6. 霍尔电压

$$U_H=R_H\frac{IB}{b}\quad\left(R_H=\frac{1}{ne}\right)$$

7. 磁场强度

$$\boldsymbol{H}=\frac{\boldsymbol{B}}{\mu_0}-\boldsymbol{M}$$

8. 磁介质分类

顺磁质，$\mu_r>1$；抗磁质，$\mu_r<1$；铁磁质，$\mu_r\gg1$，且随磁场变化.

9. 有磁介质时的安培环路定理

$$\oint_L \boldsymbol{H}\cdot d\boldsymbol{l}=\sum I_0$$

视频导学

例题详解

例 1　如图所示，AB、CD 为长直导线，$\widehat{BC}$ 为圆心在 O 点的一段圆弧形导线，其半径为 R. 若通以电流 I，求 O 点的磁感强度.

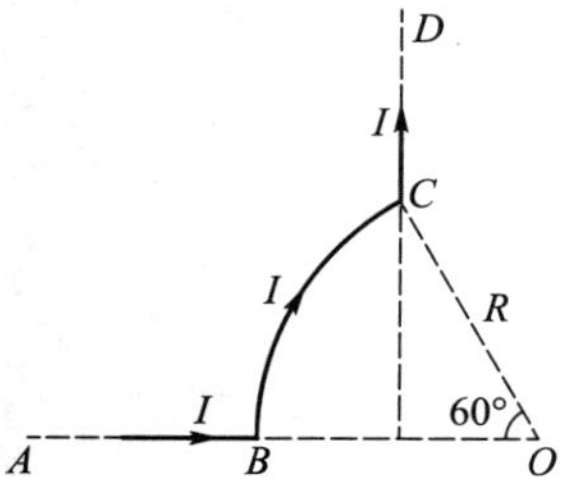

例题 4-1 图

解：如图所示，O 点磁场由 AB、$\widehat{BC}$、CD 三部分电流产生. 其中 AB 产生 $\boldsymbol{B}_1=\boldsymbol{0}$；$BC$ 产生 $B_2=\frac{\mu_0 I}{12R}$，方向垂直纸面向里；CD

产生

$$B_3=\frac{\mu_0 I}{4\pi R\cos 60^\circ}(\cos 150^\circ-\cos 180^\circ)=\frac{\mu_0 I}{2\pi R}\left(1-\frac{\sqrt{3}}{2}\right)$$

方向垂直纸面向里.

所以 $B_0=B_1+B_2+B_3=\frac{\mu_0 I}{2\pi R}\left(1-\frac{\sqrt{3}}{2}+\frac{\pi}{6}\right)$,方向垂直纸面向里.

例 2　如图所示,一无限长载流平板宽度为 a,电流线密度(即沿 x 方向单位长度上的电流)为 δ ,求与平板共面且距平板一边为 b 的任意点 P 的磁感强度.

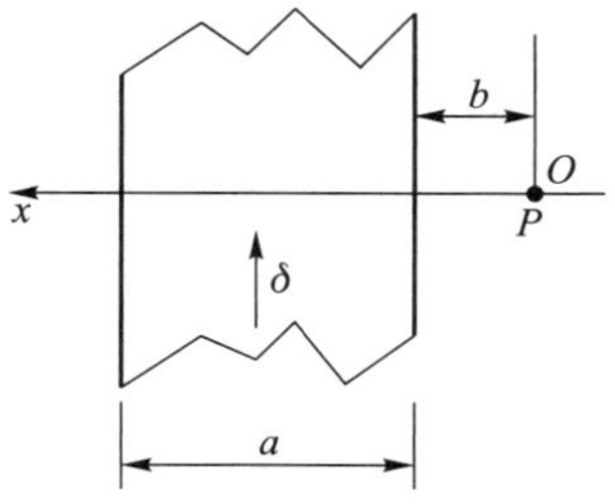

例题 4-2 图

解:将电流平面分割成无限多根无限长直线电流. 取离 P 点为 x、宽度为 dx 的无限长载流细条,其电流 $di=\delta dx$,其在 P 点产生的元磁感强度为

$$dB=\frac{\mu_0 di}{2\pi x}=\frac{\mu_0\delta dx}{2\pi x}$$

方向垂直纸面向里.

所有载流细条在 P 点产生的元磁感强度均同向,故载流平板在 P 点产生的磁感强度为

$$B=\int dB=\frac{\mu_0\delta}{2\pi}\int_b^{a+b}\frac{dx}{x}$$
$$=\frac{\mu_0\delta}{2\pi}\ln\frac{a+b}{b}$$

方向垂直纸面向里.

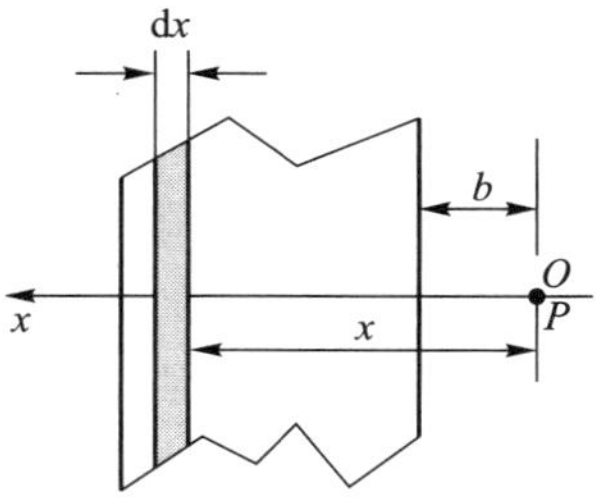

例题 4-2 解图

自测练习

相关常量:真空磁导率 $\mu_0=4\pi\times10^{-7}$ N · A^{-2},元电荷 $e=1.6\times10^{-19}$ C.

一、选择题

1. 如图所示,在磁感强度为 $\boldsymbol{B}$ 的均匀磁场中,有一半径为 R 的半球面 S_1,则通过半球面 S_1(规定半球面外法线方向为正)的磁通量为[　　]

(A) $\pi R^2 B$;　　(B) $2\pi R^2 B$;

(C) $-\pi R^2 B$;　　(D) $-2\pi R^2 B$.

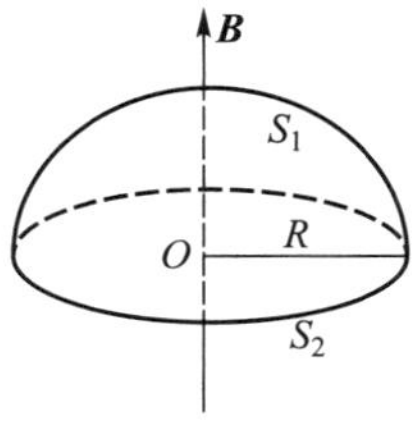

习题 4-1 图

2. 两个平行放置的长直导线,同方向电流分别为 I_1 和 I_2,距离为 d. 根据安培定律,两导线之间的磁感强度 $\boldsymbol{B}$ 的大小(忽略其他因素影响)为[　　]

(A) $\mu_0\frac{I_1+I_2}{2\pi d}$;　(B) $\mu_0\frac{I_1-I_2}{2\pi d}$;　(C) $\mu_0\frac{I_1+I_2}{\pi d}$;　(D) $\mu_0\frac{I_1-I_2}{\pi d}$.

3. 一载流导线如图所示,中部是一个半径为 R 的圆,流入的电流为 I,则圆心 O 处的磁感强度大小为[　　]

（A）$\dfrac{\mu_0 I}{2R}$；　　（B）$\dfrac{\mu_0 I}{2\pi R}$；　　（C）$\dfrac{\mu_0 I}{2R}+\dfrac{\mu_0 I}{2\pi R}$；　　（D）0.

4. 如图所示，半径为 a_1 的圆形线圈与边长为 a_2 的正方形线圈通有相同电流 I. 若两个线圈的中心 O_1、O_2 处的磁感强度大小相同，则半径 a_1 与边长 a_2 之比 $a_1:a_2$ 为[　　]

（A）1∶1；　　（B）$\sqrt{2}\pi:1$；　　（C）$\sqrt{2}\pi:4$；　　（D）$\sqrt{2}\pi:8$.

5. 如图所示，一根通有电流 I 的无限长直导线在 P 处弯成半径为 R 的圆，则在圆心 O 处的磁感强度大小等于[　　]

（A）$\dfrac{\mu_0 I}{2\pi R}$；　　（B）$\dfrac{\mu_0 I}{4R}$；　　（C）$\dfrac{\mu_0 I}{2R}\left(1-\dfrac{1}{\pi}\right)$；　　（D）$\dfrac{\mu_0 I}{4R}\left(1+\dfrac{1}{\pi}\right)$.

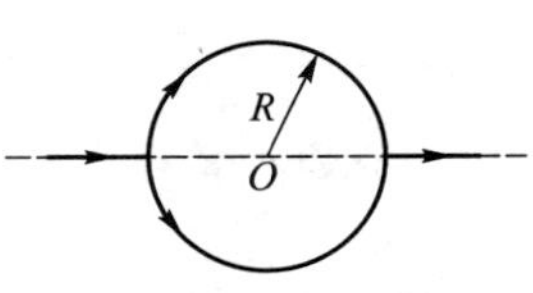

习题 4-3 图

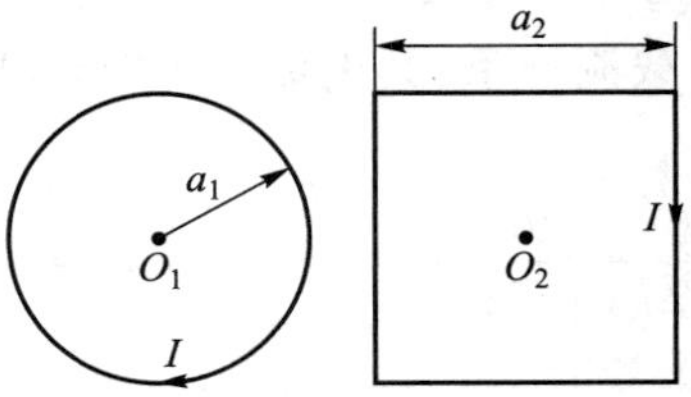

习题 4-4 图

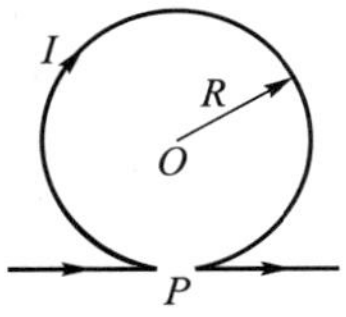

习题 4-5 图

6. 如果一个无限长直导线沿 z 轴放置，电流沿 z 轴方向流动，那么在其周围空间中任一点 P 处的磁场方向如何？[　　]

（A）平行于 z 轴；

（B）垂直于 z 轴，且与电流方向成右手螺旋关系；

（C）垂直于 z 轴，且与电流方向成左手螺旋关系；

（D）与 z 轴成 45°角.

7. 当一个线圈绕着磁场旋转时，穿过线圈的磁通量会发生变化，这种变化会导致线圈中产生什么效应？[　　]

（A）电场效应；　　（B）霍尔效应；　　（C）涡流效应；　　（D）电磁感应效应.

8. 电流 I 由长直导线 1 沿平行于 bc 边的方向经 a 点流入由电阻均匀的导线构成的正三角形线框，再由 b 点沿垂直于 ac 边的方向流出，经长直导线 2 返回电源，如图所示. 若载流直导线 1、2 和三角形框中的电流在框中心 O 点产生的磁感强度分别用 $\boldsymbol{B}_1$、$\boldsymbol{B}_2$ 和 $\boldsymbol{B}_3$ 表示，则 O 点的磁感强度大小[　　]

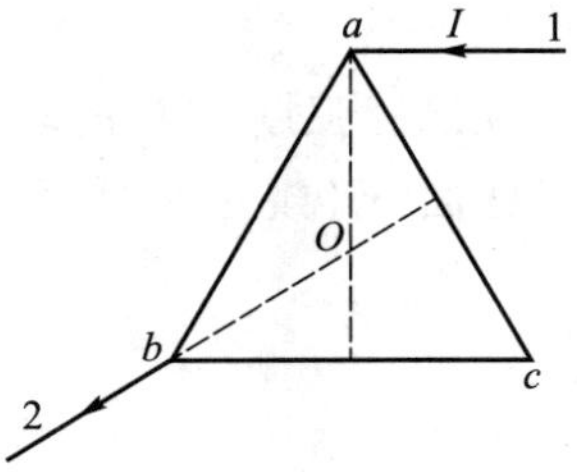

习题 4-8 图

习题 4-8 精解

（A）$B=0$，因为 $B_1=B_2=B_3=0$；

（B）$B=0$，因为虽然 $B_1\neq0$，$B_2\neq0$，但 $\boldsymbol{B}_1+\boldsymbol{B}_2=\boldsymbol{0}$，$B_3=0$；

（C）$B\neq0$，因为虽然 $B_2=0$，$B_3=0$，但 $B_1\neq0$；

（D）$B\neq0$，因为虽然 $\boldsymbol{B}_1+\boldsymbol{B}_2\neq0$，但 $B_3\neq0$.

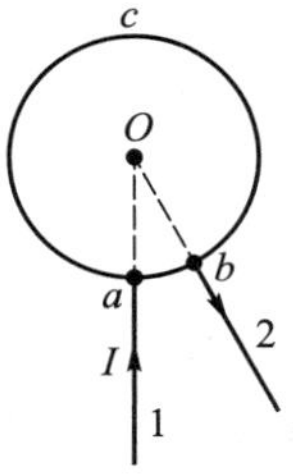

习题 4-9 图

9. 电流由长直导线 1 沿半径方向经 a 点流入一由电阻均匀的导线构成的圆环，再由 b 点沿半径方向从圆环流出，经长直导线 2 返回电源，如图所示. 已知直导线上电流为 I，$\angle aOb=30°$. 若长直导线 1、2 和圆环中的电流在

圆心 O 点产生的磁感强度分别用 $\boldsymbol{B}_1$、$\boldsymbol{B}_2$ 和 $\boldsymbol{B}_3$ 表示，则圆心 O 点的磁感强度大小[　　]

（A）$B=0$，因为 $B_1=B_2=B_3=0$；

（B）$B=0$，因为虽然 $B_1\neq 0$，$B_2\neq 0$，但 $\boldsymbol{B}_1+\boldsymbol{B}_2=\boldsymbol{0}$，$B_3=0$；

（C）$B\neq 0$，因为虽然 $B_3=0$，但 $\boldsymbol{B}_1+\boldsymbol{B}_2\neq\boldsymbol{0}$；

（D）$B\neq 0$，因为 $B_3\neq 0$，$\boldsymbol{B}_1+\boldsymbol{B}_2\neq\boldsymbol{0}$，所以 $\boldsymbol{B}_1+\boldsymbol{B}_2+\boldsymbol{B}_3\neq\boldsymbol{0}$.

10. 如图所示，一个边长为 $2a$ 的等边三角形线圈通有电流 I，则线圈中心处的磁感强度的大小为[　　]

（A）$\dfrac{\mu_0 I}{2\pi a}$；　（B）$\dfrac{\sqrt{3}\mu_0 I}{4\pi a}$；　（C）$\dfrac{3\mu_0 I}{4\pi a}$；　（D）$\dfrac{\mu_0 I}{\pi a}$.

11. 一个无限长的直圆柱体半径为 R，沿轴线方向均匀分布有电流. 设圆柱体内（$r<R$）的磁感强度为 B_i，圆柱体外（$r>R$）的磁感强度为 B_e，则有 [　　]

（A）B_i、B_e 均与 r 成正比；　（B）B_i、B_e 均与 r 成反比；

（C）B_i 与 r 成反比，B_e 与 r 成正比；　（D）B_i 与 r 成正比，B_e 与 r 成反比.

12. 在半径为 R 的长直金属圆柱体内部挖去一个半径为 r 的长直圆柱体，两圆柱体轴线平行，其间距为 a，如图所示. 今在此导体上通以电流 I，电流在截面上均匀分布，则空心部分轴线上 O'点的磁感强度的大小为　[　　]

（A）$\dfrac{\mu_0 I}{2\pi a}\cdot\dfrac{a^2}{R^2}$；　（B）$\dfrac{\mu_0 I}{2\pi a}\cdot\dfrac{a^2-r^2}{R^2}$；

（C）$\dfrac{\mu_0 I}{2\pi a}\cdot\dfrac{a^2}{R^2-r^2}$；　（D）$\dfrac{\mu_0 I}{2\pi a}\left(\dfrac{a^2}{R^2}-\dfrac{r^2}{a^2}\right)$.

习题 4-12 精解

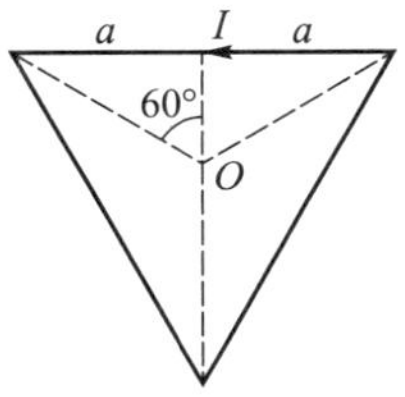

习题 4-10 图

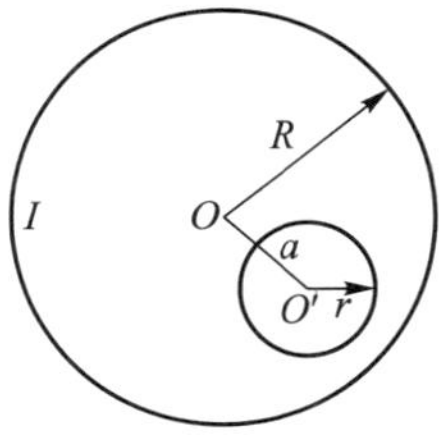

习题 4-12 图

13. 一载有电流 I 的细导线分别均匀密绕在半径为 R 和 r 的长直圆筒上形成两个螺线管，两螺线管单位长度上的匝数相等. 设 $R=2r$，则两螺线管中的磁感强度大小 B_R 和 B_r 应满足[　　]

（A）$B_R=2B_r$；　（B）$B_R=B_r$；　（C）$2B_R=B_r$；　（D）$B_R=4B_r$.

14. 如图所示，四条皆垂直于纸面的无限长载流直导线，每条中的电流均为 I. 这四条导线被纸面截得的断面组成了边长为 $2a$ 的正方形的四个顶角，则其中心点 O 的磁感强度的大小为[　　]

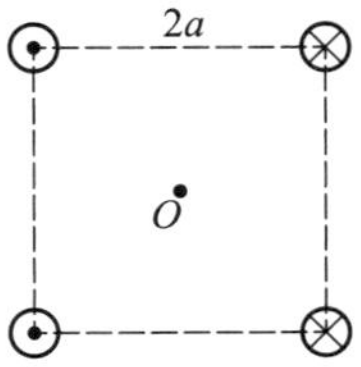

习题 4-14 图

（A）$\dfrac{2\mu_0}{\pi a}I$；　（B）$\dfrac{\sqrt{2}\mu_0}{2\pi a}I$；

（C）0；　（D）$\dfrac{\mu_0}{\pi a}I$.

15. 若空间存在两根无限长直载流导线,空间的磁场分布就不具有简单的对称性,则该磁场分布[　　]

(A) 不能用安培环路定理来计算;

(B) 可以直接用安培环路定理求出;

(C) 只能用毕奥-萨伐尔定律求出;

(D) 可以用安培环路定理和磁感强度的叠加原理求出.

16. 如图所示,流出纸面的电流为 $2I$,流进纸面的电流为 I,则下述各式中哪一个是正确的?[　　]

(A) $\oint_{L_1} \boldsymbol{B}\cdot \mathrm{d}\boldsymbol{l}=2\mu_0 I$;　　(B) $\oint_{L_2} \boldsymbol{B}\cdot \mathrm{d}\boldsymbol{l}=\mu_0 I$;

(C) $\oint_{L_3} \boldsymbol{B}\cdot \mathrm{d}\boldsymbol{l}=-\mu_0 I$;　　(D) $\oint_{L_4} \boldsymbol{B}\cdot \mathrm{d}\boldsymbol{l}=-\mu_0 I$.

17. 在图(a)和(b)中各有一半径相同的圆形回路 L_1、L_2,圆周内有电流 I_1、I_2,其分布相同,电流方向如图所示,且均在真空中. 但在(b)图中 L_2 回路外有电流 I_3,P_1、P_2 为两圆形回路上的对应点,则[　　]

(A) $\oint_{L_1} \boldsymbol{B}\cdot \mathrm{d}\boldsymbol{l}=\oint_{L_2} \boldsymbol{B}\cdot \mathrm{d}\boldsymbol{l}, B_{P_1}=B_{P_2}$;　　(B) $\oint_{L_1} \boldsymbol{B}\cdot \mathrm{d}\boldsymbol{l}\neq\oint_{L_2} \boldsymbol{B}\cdot \mathrm{d}\boldsymbol{l}, B_{P_1}=B_{P_2}$;

(C) $\oint_{L_1} \boldsymbol{B}\cdot \mathrm{d}\boldsymbol{l}=\oint_{L_2} \boldsymbol{B}\cdot \mathrm{d}\boldsymbol{l}, B_{P_1}\neq B_{P_2}$;　　(D) $\oint_{L_1} \boldsymbol{B}\cdot \mathrm{d}\boldsymbol{l}\neq\oint_{L_2} \boldsymbol{B}\cdot \mathrm{d}\boldsymbol{l}, B_{P_1}\neq B_{P_2}$.

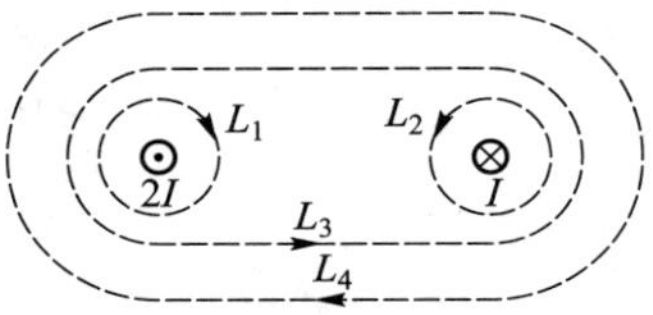

习题 4-16 图

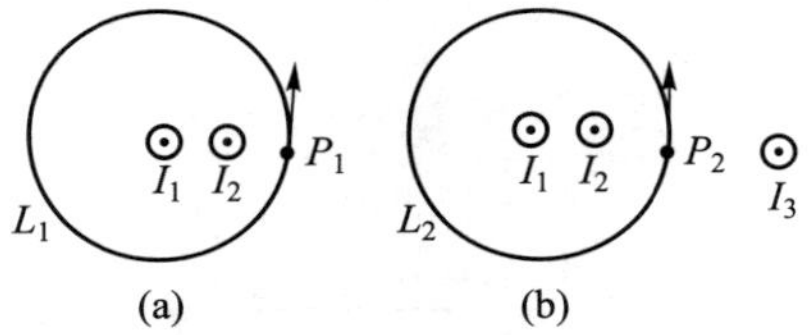

习题 4-17 图

18. 取一闭合积分回路,使三根载流导线穿过它所围成的面,现改变三根导线之间的相互间隔,但不越出积分回路,则[　　]

(A) 回路 L 内的 $\sum I$ 不变,L 上各点的 $\boldsymbol{B}$ 不变;

(B) 回路 L 内的 $\sum I$ 不变,L 上各点的 $\boldsymbol{B}$ 改变;

(C) 回路 L 内的 $\sum I$ 改变,L 上各点的 $\boldsymbol{B}$ 不变;

(D) 回路 L 内的 $\sum I$ 改变,L 上各点的 $\boldsymbol{B}$ 改变.

19. 在毕奥-萨伐尔定律中,磁感强度 $\mathrm{d}B$ 与电流元 $I\mathrm{d}l$ 之间的关系为[　　]

(A) 正比于电流元 $I\mathrm{d}l$ 的大小;

(B) 反比于电流元 $I\mathrm{d}l$ 到观察点的距离 r;

(C) 正比于电流元 $I\mathrm{d}l$ 到观察点的距离 r;

(D) 正比于电流元 $I\mathrm{d}l$ 与观察点连线方向的单位矢量的方向余弦.

20. 边长为 l 的正方形线圈,分别用图示两种方式通以电流 I(其中 ab、cd 与正方形共面),在这两种情况下,线圈在其中心产生的磁感强度的大小分别为[　　]

(A) $B_1=0, B_2=0$;　　(B) $B_1=0, B_2=\dfrac{2\sqrt{2}\mu_0 I}{\pi l}$;

（C）$B_1=\dfrac{2\sqrt{2}\mu_0 I}{\pi l}, B_2=0$；　　　　（D）$B_1=\dfrac{2\sqrt{2}\mu_0 I}{\pi l}, B_2=\dfrac{2\sqrt{2}\mu_0 I}{\pi l}$.

21. 如图所示，一根无限长直载流导线与一个正三角形载流线圈在同一平面内，若长直导线静止，则载流三角形线圈将[　　]

（A）向着长直导线平移；　　（B）离开长直导线平移；

（C）转动；　　（D）不动.

22. 在一个长直载流螺线管内部，假设螺线管的长度远大于其直径，且电流密度均匀分布. 如果将螺线管的电流加倍，那么螺线管内部的磁感强度会[　　]

（A）不变；　　（B）加倍；　　（C）减半；　　（D）变为原来的 4 倍.

23. 一带电粒子垂直射入均匀磁场，如果粒子质量增大到 2 倍，入射速度增大到 2 倍，磁场的磁感强度增大到 4 倍，则通过粒子运动轨道包围范围内的磁通量增大到原来的[　　]

（A）2 倍；　　（B）4 倍；　　（C）1/2；　　（D）1/4.

24. 两个同心圆线圈，大圆半径为 R，通有电流 I_1，小圆半径为 r，通有电流 I_2，方向如图所示. 若 $r \ll R$（大线圈在小线圈处产生的磁场近似为均匀磁场），当它们处在同一平面内时，小线圈所受磁力矩的大小为[　　]

（A）$\dfrac{\mu_0 \pi I_1 I_2 r^2}{2R}$；　　（B）$\dfrac{\mu_0 I_1 I_2 r^2}{2R}$；　　（C）$\dfrac{\mu_0 \pi I_1 I_2 R^2}{2r}$；　　（D）0.

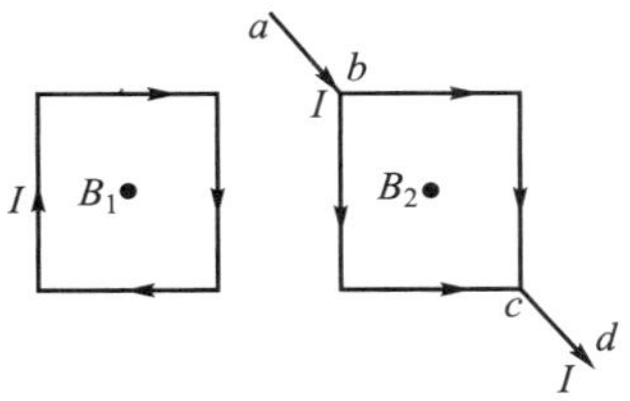

习题 4-20 图

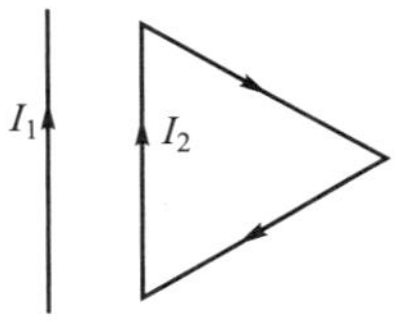

习题 4-21 图

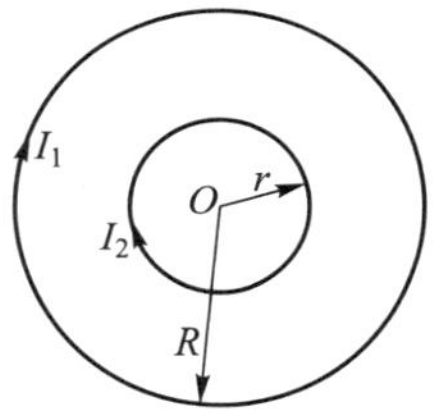

习题 4-24 图

25. 在安培环路定理的应用中，如果一个闭合回路被分成两个部分，一部分在磁场中，另一部分不在磁场中，那么根据安培环路定理，下列各项描述中正确的为[　　]

（A）整个回路的磁感强度积分等于零；

（B）磁场中的部分回路的磁感强度积分等于穿过该部分的所有电流的代数和乘以 μ_0；

（C）非磁场中的部分回路的磁感强度积分等于穿过该部分的所有电流的代数和乘以 μ_0；

（D）整个回路的磁感强度积分等于穿过整个回路的所有电流的代数和乘以 μ_0.

26. 在一个复杂的电磁场环境中，如果应用安培环路定理来计算某闭合路径上的磁场分布，需要考虑的因素为[　　]

（A）仅需考虑闭合路径内的电流；

（B）需要考虑闭合路径内外的所有电流；

（C）仅需考虑闭合路径外的电流；

（D）无需考虑电流，仅需考虑磁感强度.

27. 已知两长直细导线 A、B 通有电流 $I_A=1$ A，$I_B=2$ A，电流流向和放置位置如图所示. 设 I_A 与 I_B 在 P 点产生的磁感强度大小分别为 B_A 和 B_B，则 B_A 与 B_B 之比为[　　]

（A）1/2；　　（B）2/3；

（C）1/1；　　（D）5/4.

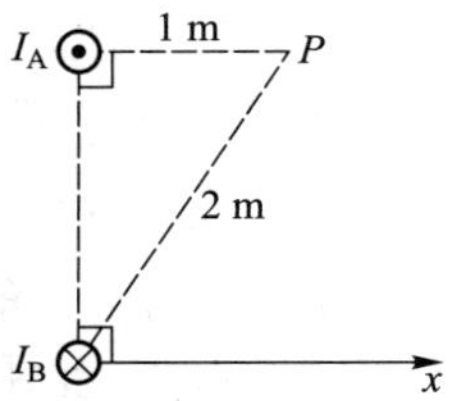

习题 4-27 图

28. 关于安培环路定理，以下说法中正确的是［　　］

（A）安培环路定理只适用于无限长直载流导线；

（B）安培环路定理中的磁感强度是穿过闭合环路的净磁通量；

（C）在应用安培环路定理时，闭合环路必须是圆形；

（D）安培环路定理适用于任何恒定电流产生的磁场.

29. 有一 N 匝细导线绕成的平面正三角形线圈，边长为 a，通有电流 I，置于均匀外磁场 $\boldsymbol{B}$ 中，当线圈平面的法向与外磁场成 60°角，该线圈所受的磁力矩的值 M 为［　　］

（A）$\sqrt{3}Na^2IB/2$；　　（B）$\sqrt{3}Na^2IB/4$；

（C）$\sqrt{3}Na^2IB\sin 60°$；　　（D）$3Na^2IB/8$.

二、填空题

30. 一无限长载流为 I 的导线，中部弯成如图所示的 1/4 圆周 AB，圆心为 O，半径为 R，则在 O 点处的磁感强度的大小为________，方向为________.

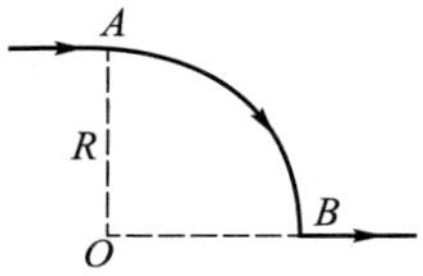

习题 4-30 图

31. 一磁场的磁感强度为 $\boldsymbol{B}=a\boldsymbol{i}+b\boldsymbol{j}+c\boldsymbol{k}$，则通过一半径为 R、开口向 z 轴正方向的半球壳表面的磁通量的大小为________ Wb.

32. 在匀强磁场 $\boldsymbol{B}$ 中，取一半径为 R 的圆，圆面的法线方向 $\boldsymbol{e}_n$ 与 $\boldsymbol{B}$ 成 60°角，如图所示，则通过以该圆周为边线的任意曲面 S 的磁通量 $\Phi_m=\int_S \boldsymbol{B}\cdot d\boldsymbol{S}=$________.

33. 一半径为 a 的无限长直载流导线，沿轴向均匀地流有电流 I. 若作一个半径为 $R=5a$、高为 l 的圆柱形曲面，已知此圆柱形曲面的轴与载流导线的轴平行且相距 $3a$，如图所示. 则 $\boldsymbol{B}$ 在圆柱侧面 S 上的积分 $\int_S \boldsymbol{B}\cdot d\boldsymbol{S}=$________.

34. 如图所示，边长为 a 的正方形的四个角上固定有四个电荷均为 q 的点电荷. 此正方形以角速度 ω 绕 AC 轴旋转时，在中心 O 点产生的磁感强度大小为 B_1，此正方形同样以角速度 ω 绕过 O 点垂直于正方形平面的轴旋转时，在 O 点产生的磁感强度的大小为 B_2，则 B_1 与 B_2 间的关系为________.

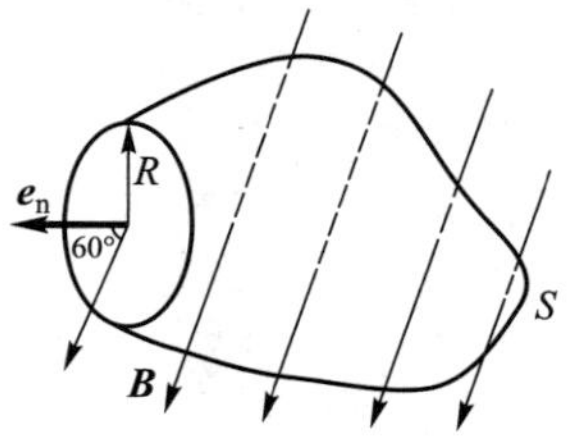

习题 4-32 图

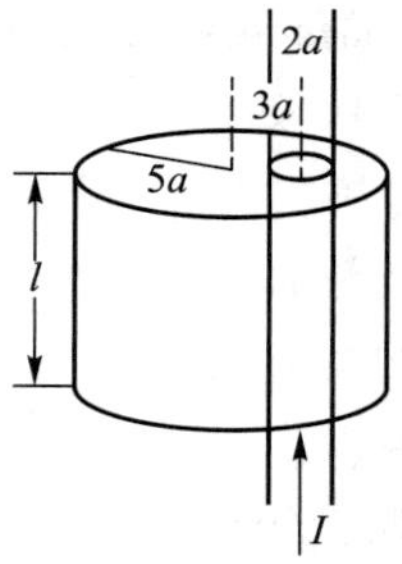

习题 4-33 图

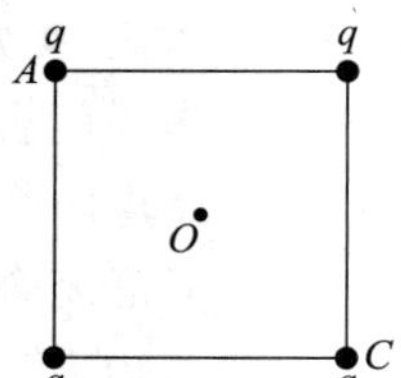

习题 4-34 图

35. 一个均匀磁场 $\boldsymbol{B}=B_0\boldsymbol{k}$（式中 $B_0=2$ T）穿过一个面积为 $A=4\ \mathrm{m}^2$ 的平面，该平面与磁场方向平行，则穿过该平面的磁通量为 $\Phi_m=$________ Wb.

36. 真空中恒定电流 I 流过两个半径分别为 R_1、R_2 的同心半圆形导线，两半圆导线间由沿直径的直导线连接，电流沿直导线流入.（1）如果两个半圆共面［图（a）］，圆心 O 点的磁感强度 $\boldsymbol{B}_0$ 的大小为________，方向为________；（2）如果两个半圆面正交［图（b）］，则圆心 O 点的磁感强度 $\boldsymbol{B}_0$ 的大小为________.

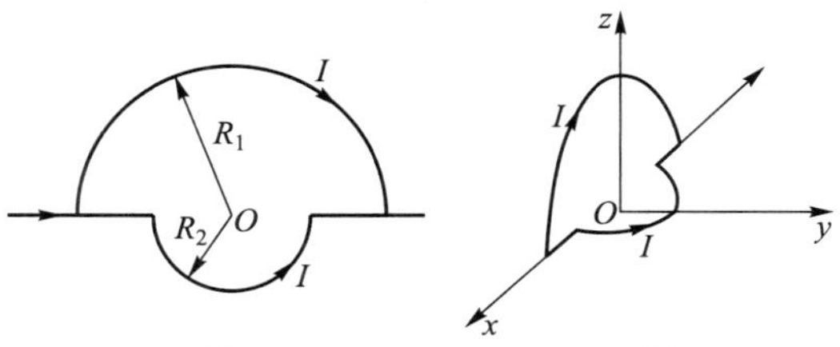

习题 4-36 图

37. 一弯曲的载流导线在同一平面内，形状如图所示（O 点是半径为 R_1 和 R_2 的两个半圆弧的共同圆心，电流自无限远来到无限远去），则 O 点的磁感强度的大小是________________.

38. 半径为 R 的细导线环中的电流为 I，那么离环上所有点的距离皆等于 r 的某点处的磁感强度的大小为 $B=$__________（$r\geqslant R$）.

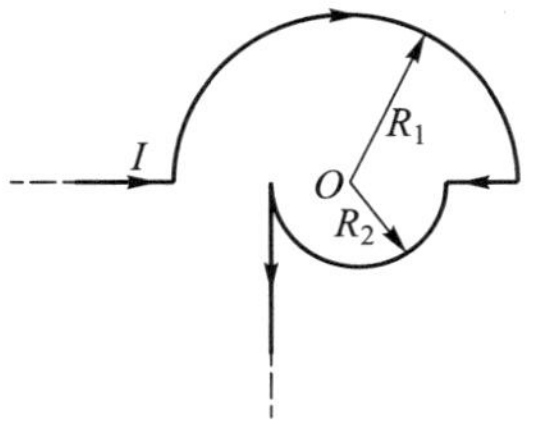

习题 4-37 图

39. 如图所示，球心位于 O 点的球面，在直角坐标系 Oxy 和 Oxz 平面上的两个圆形交线上分别流有相同的电流，其流向各与 y 轴和 z 轴的正方向成右手螺旋关系. 则由此形成的磁场在 O 点的方向为________.

40. 一电流元 $I\mathrm{d}\boldsymbol{l}$ 在磁场中某处沿正东方向放置时不受力，把此电流元转到沿正北方向放置时受到的安培力竖直向上. 该电流元所在处 $\boldsymbol{B}$ 的方向为________.

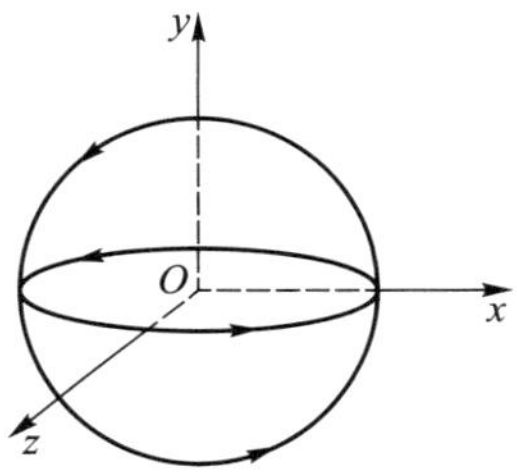

习题 4-39 图

41. 如图所示，两个半径为 R 的相同的金属环在 a、b 两点接触（ab 连线为环直径），并相互垂直放置. 电流 I 沿 ab 连线方向由 a 端流入、b 端流出，则环中心 O 点的磁感强度的大小为________.

42. 三条无限长直导线等距地并排安放，导线Ⅰ、Ⅱ、Ⅲ分别载有 1 A、2 A、3 A 同方向的电流. 由于磁相互作用的结果，导线Ⅰ、Ⅱ、Ⅲ单位长度上分别受力 F_1、F_2 和 F_3，如图所示. 则 F_1 为________，F_2 为________.

43. 如图所示，将同样的几根导线焊成立方体，并在其对顶角 A、B 上接上电源，则立方体框架中的电流在其中心处所产生的磁感强度为________.

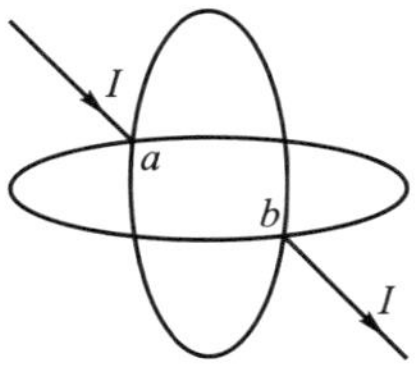

习题 4-41 图

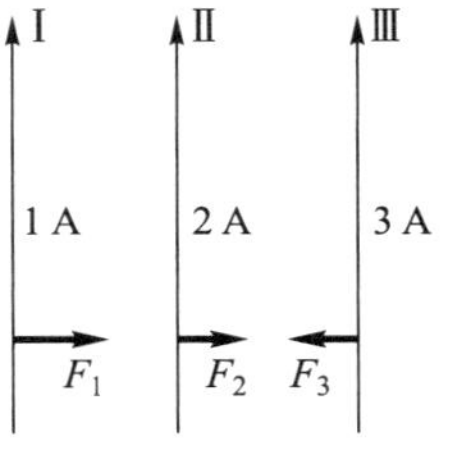

习题 4-42 图

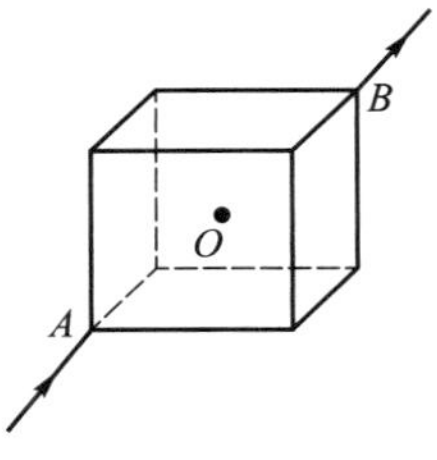

习题 4-43 图

44. 一电子以速度 $v=10^{7}\ \mathrm{m\cdot s^{-1}}$ 做直线运动. 在电子产生的磁场中与电子相距为 $d=10^{-9}\ \mathrm{m}$ 处,磁感强度最大值 $B_{\max}=$________.

45. 图中所示的一无限长直圆筒,沿圆周方向上的电流密度(垂直电流方向、单位宽度流过的电流)为 i,则圆筒内部的磁感强度大小为________,方向为________.

46. 如图所示,在无限长直载流导线的右侧有面积为 S_1 和 S_2 的两个矩形回路. 两回路与长直载流导线共面,且矩形回路的一边与长直载流导线平行. 则通过面积为 S_1 的矩形回路的磁通量与通过面积为 S_2 的矩形回路的磁通量之比为________.

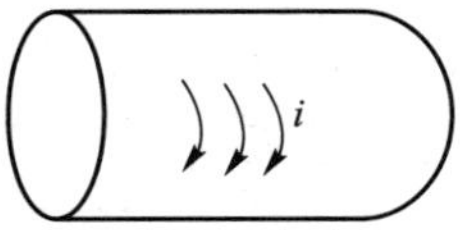

习题 4-45 图

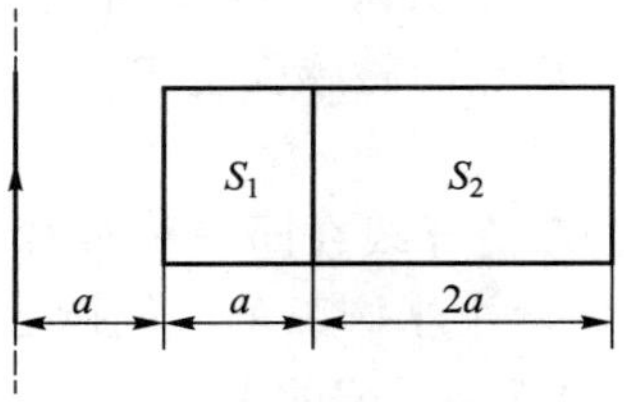

习题 4-46 图

47. 有一同轴电缆,其尺寸如图所示,它的内外两导体中的电流均为 I,且在横截面上均匀分布,但二者电流的流向正相反,则(1) 在 $r<R_1$ 处磁感强度大小为________;(2) 在内导体与外导体之间($R_1<r<R_2$)________;(3) 在 $r>R_3$ 处磁感强度大小为________.

48. 两根长直导线通有电流 I,图示有三种环路;在每种情况下,$\oint_L \boldsymbol{B}\cdot \mathrm{d}\boldsymbol{l}$ 等于:________(对环路 a);________(对环路 b);________(对环路 c).

习题 4-48 精解

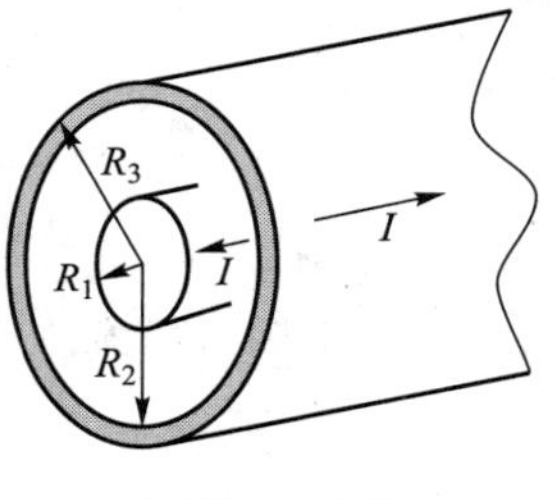

习题 4-47 图

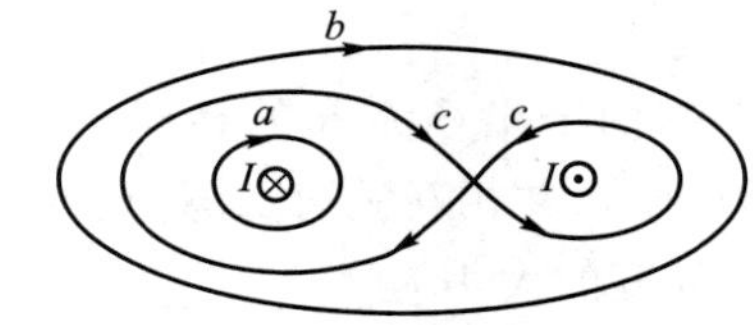

习题 4-48 图

49. 有一长直金属圆筒,沿长度方向有横截面上均匀分布的恒定电流 I 流过. 筒内空腔各处的磁感强度为________,筒外空间中离轴线 r 处的磁感强度为________.

50. 将半径为 R 的无限长导体薄壁管(厚度忽略)沿轴向割去一宽度为 $\mathrm{d}l$($\mathrm{d}l\ll R$)的无限长狭缝后,再沿轴向流有在管壁上均匀分布的电流,其电流面密度为 $\boldsymbol{j}$(如图所示),则非闭合无限长导体轴线处磁感强度的大小是________.

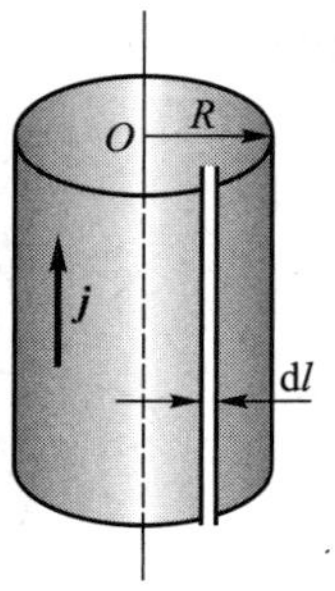

习题 4-50 图

51. 如图所示,在宽度为 d 的导体薄片上有电流 I 沿导体长度方向流过,电流在导体宽度方向均匀分布. 导体外在导体中线附近处 P 点的磁感强度 $\boldsymbol{B}$ 的大小为________.

52. 如图所示,均匀电场 $\boldsymbol{E}$ 沿 x 轴正方向,均匀磁场 $\boldsymbol{B}$ 沿 z 轴正方向,今有一电子在 Oyz 平面沿着与 y 轴正方向成 135°角的方向以恒定速

度 $\boldsymbol{v}$ 运动,则电场 $\boldsymbol{E}$ 与磁场 $\boldsymbol{B}$ 在数值上应满足的关系式是________.

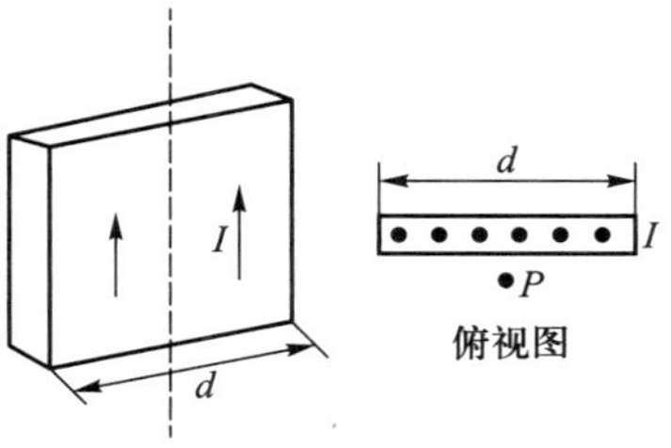

习题 4-51 图

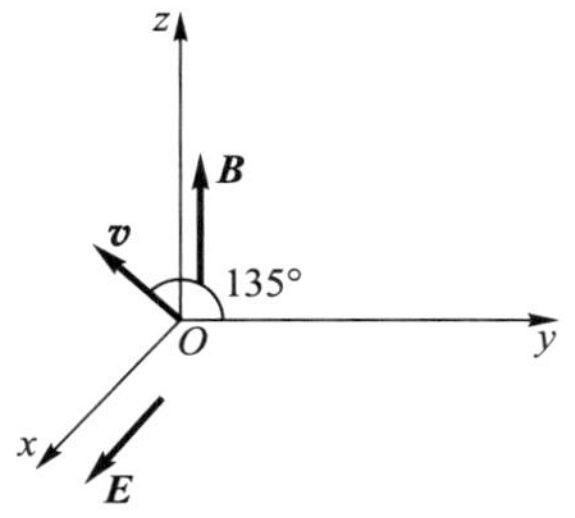

习题 4-52 图

53. 磁场中某点的磁感强度为 $\boldsymbol{B}=(0.40\boldsymbol{i}-0.20\boldsymbol{j})$ T,一电子以速度 $\boldsymbol{v}=(0.50\times10^6\boldsymbol{i}+1.0\times10^6\boldsymbol{j})$ $\mathrm{m\cdot s^{-1}}$ 通过该点,则作用于该电子上的磁场力 $\boldsymbol{F}$ 为________.

54. 如图所示,一根通有电流 I 的导线,被折成长度分别为 a、b,夹角为 120° 的两段,并置于均匀磁场 $\boldsymbol{B}$ 中,若导线的长度为 b 的一段与 $\boldsymbol{B}$ 平行,则 a、b 两段载流导线所受的合磁力的大小为________.

55. 如图所示,一根载流导线被弯成半径为 R 的 1/4 圆弧,放在磁感强度为 $\boldsymbol{B}$ 的均匀磁场中,则载流导线 ab 所受磁场的作用力的大小为________,方向________.

习题 4-55 精解

56. 有一半径为 a,流过恒定电流为 I 的 1/4 圆弧形载流导线 bc,按图示方式置于均匀外磁场 $\boldsymbol{B}$ 中,则该载流导线所受的安培力大小为________.

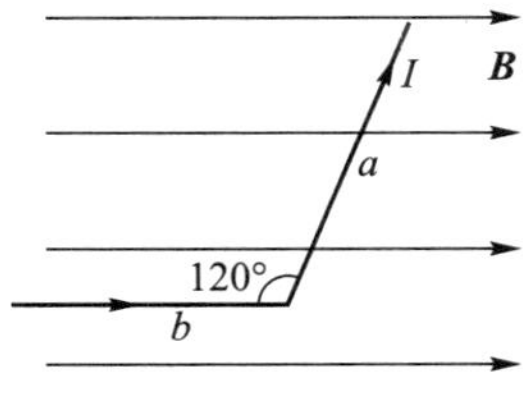

习题 4-54 图

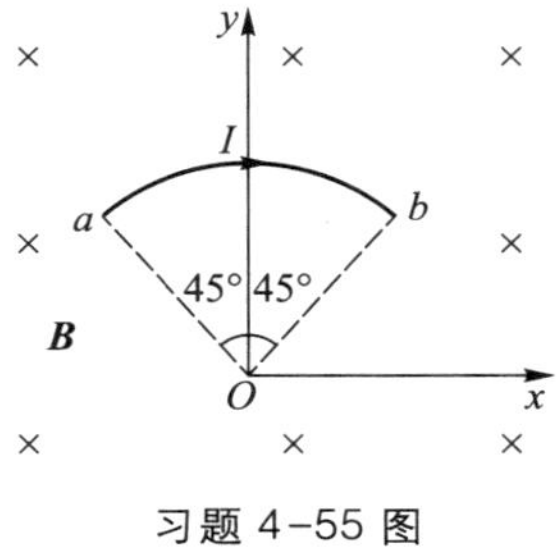

习题 4-55 图

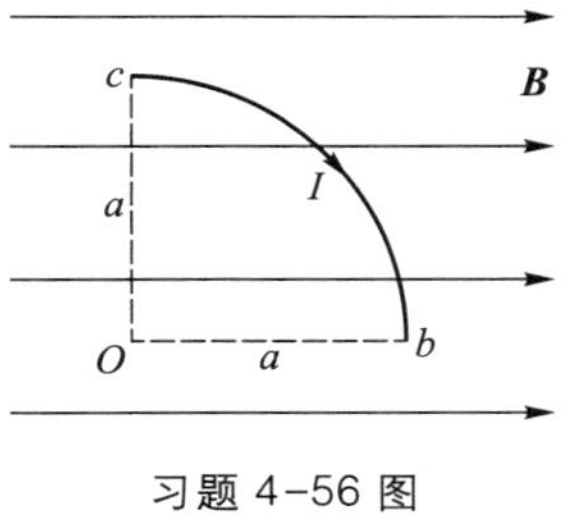

习题 4-56 图

57. 如图所示,A、B、C 为三根共面的长直导线,各通有 10 A 的同方向电流,导线间距 $d=10$ cm,那么每根导线每厘米所受的力的大小分别为________;________;________.

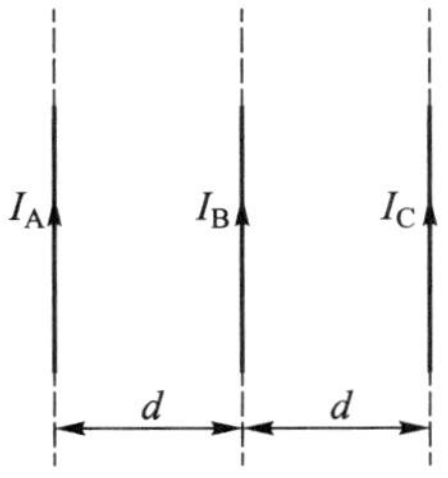

习题 4-57 图

58. 一质子沿着与磁场垂直的方向运动,在某点它的速率为 3.1×10^6 $\mathrm{m\cdot s^{-1}}$. 由实验测得这时质子所受的洛伦兹力为 7.4×10^{-14} N,则该点的磁感强度的大小为________.

59. 如图所示,在真空中有一半径为 a 的 3/4 圆弧形的导线,其中通以恒定电流 I,导线置于均匀外磁场 $\boldsymbol{B}$ 中,且 $\boldsymbol{B}$ 与导线所在平面垂直. 则该载流导线 bc 所受磁力的大小为________.

60. 如图所示,在真空中有一半圆形闭合线圈,半径为 a,流过恒定电流 I,则圆心 O 处的电流元 $I\mathrm{d}\boldsymbol{l}$ 所受的安培力 $\mathrm{d}\boldsymbol{F}$ 的大小为________,方向为________.

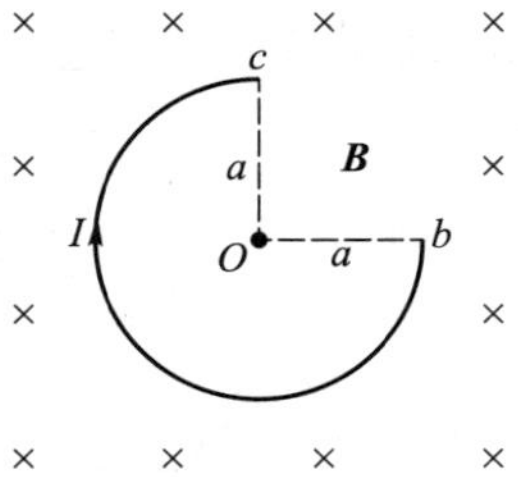

习题 4-59 图

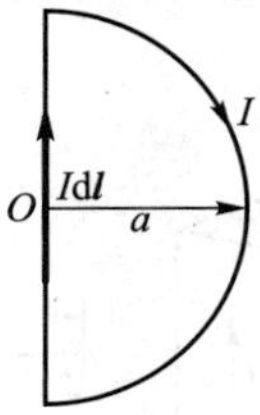

习题 4-60 图

三、计算题

61. 如图所示，一无限长直导线通有电流 $I=10$ A，在一处折成夹角 $\theta=60°$的折线，求角平分线上与导线的垂直距离均为 $r=0.1$ cm 的 P 点处的磁感强度.

62. 长直载流导线经过原点沿 Oy 轴放置，电流 I 指向 y 轴正向，试计算在原点 O 处的电流元 $I\mathrm{d}\boldsymbol{l}$ 产生的磁场中在$(a,0,0)$，$(0,a,0)$，$(0,0,a)$各点处的磁感强度.

63. 如图所示，1、3 为半无限长直载流导线，它们与半圆形载流导线 2 相连. 导线 1 在 Oxy 平面内，导线 2、3 在 Oyz 平面内. 试指出电流元 $I\mathrm{d}\boldsymbol{l}_1$、$I\mathrm{d}\boldsymbol{l}_2$、$I\mathrm{d}\boldsymbol{l}_3$ 在 O 点产生的 $\mathrm{d}\boldsymbol{B}$ 的方向，并写出此载流导线在 O 点的总磁感强度（包括大小与方向）.

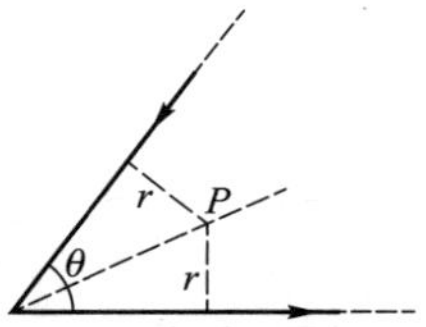

习题 4-61 图

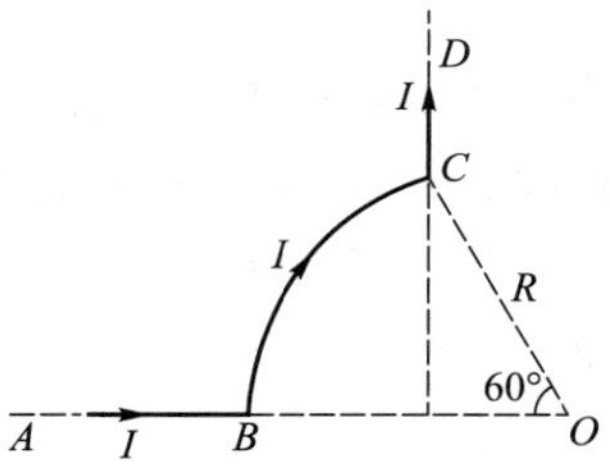

习题 4-62 图

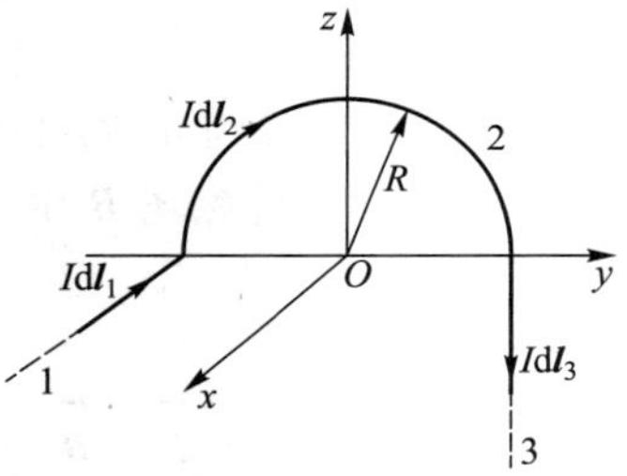

习题 4-63 图

64. 已知半径为 R 的载流圆线圈与边长为 a 的载流正方形线圈的磁矩之比为 2∶1，且载流圆线圈在中心 O 处产生的磁感强度为 B_0，求在正方形线圈中心 O'处的磁感强度的大小.

65. 如图所示，AA'和 CC'为两个正交地放置的圆形线圈，其圆心相重合. AA'线圈的半径为 20.0 cm，共 10 匝，通有电流 10.0 A；而 CC'线圈的半径为 10.0 cm，共 20 匝，通有电流 5.0 A. 求两线圈公共中心 O 点的磁感强度的大小和方向.

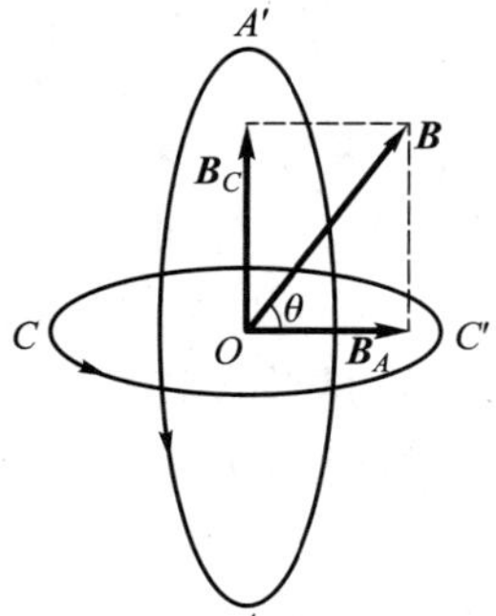

习题 4-65 图

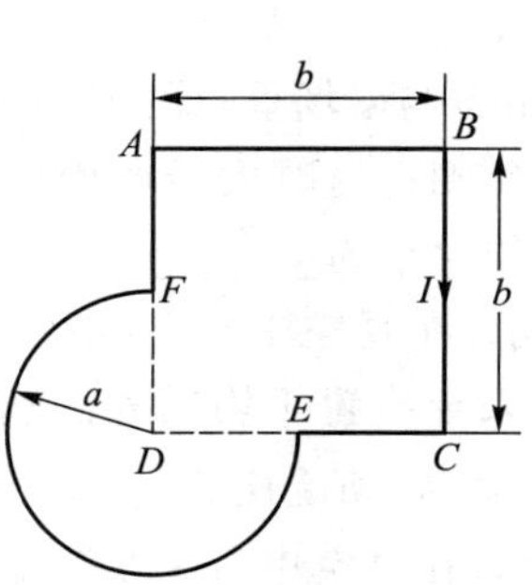

习题 4-66 图

66. 将通有电流 I 的导线在同一平面内弯成如图所示的形状,求 D 点的磁感强度 $\boldsymbol{B}$ 的大小.

67. 用两根彼此平行的半无限长直导线 L_1、L_2 把半径为 R 的均匀导体圆环连到电源上,如图所示. 已知直导线中的电流为 I,求圆环中心 O 点的磁感强度.

68. 如图所示,有两根平行放置的长直载流导线,它们的直径为 a,通以等大反向的电流 I,电流在导线内均匀分布. 试在图示的坐标系中求出 x 轴上两导线之间区域 $\left[\frac{1}{2}a,\frac{5}{2}a\right]$ 内磁感强度的分布.

69. 如图所示,一半径 $R=1.0$ cm 的无限长 1/4 圆筒形金属薄片,沿轴向通有电流 $I=10.0$ A 的电流,设电流在金属片上均匀分布,试求圆筒轴线上任一点 P 的磁感强度.

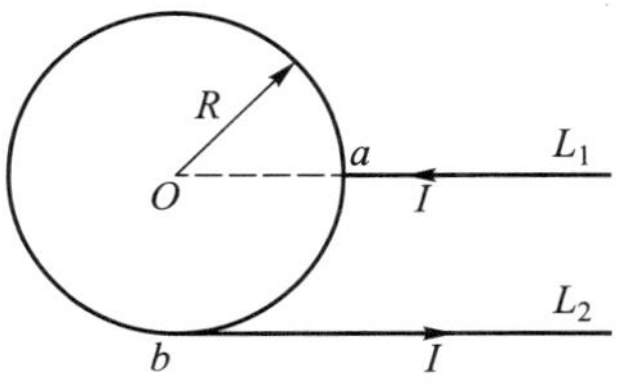

习题 4-67 图

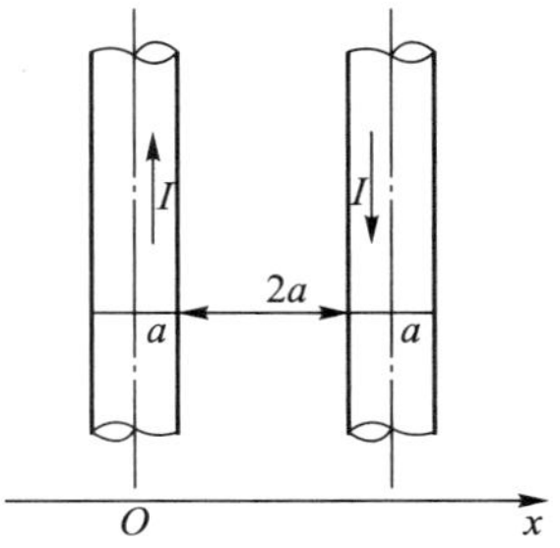

习题 4-68 图

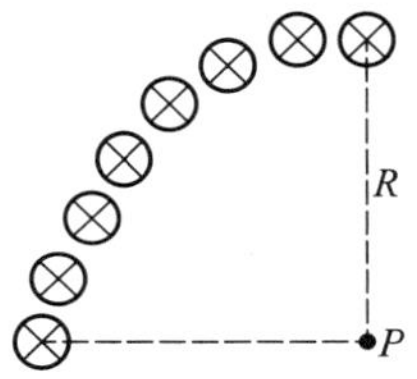

习题 4-69 图

70. 如图所示,在一半径 $R=1.0$ cm 的无限长半圆筒形金属薄片中,沿长度方向有在横截面上均匀分布的电流 $I=5.0$ A 通过. 试求圆筒轴线任一点的磁感强度.

71. 在一无限长、半径为 R 的半圆筒形金属薄片中,沿轴向流有电流,在垂直电流方向上单位长度的电流为 $i=k\sin\theta$,式中 k 为常量,θ 如图所示. 求半圆筒轴线上任一点的磁感强度.

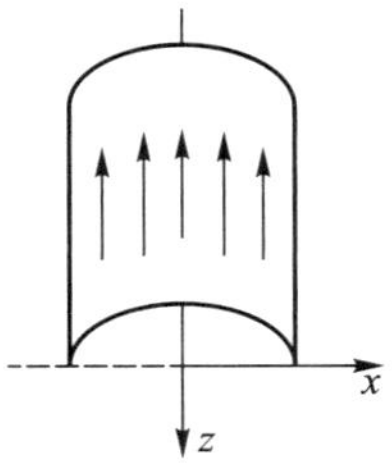

习题 4-70 图

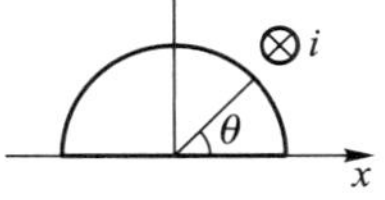

习题 4-71 图

72. 如图所示,载有电流 I_1 和 I_2 的长直导线 ab 和 cd 相互平行,相距为 $3r$. 今有载有电流 I_3 的导线($|MN|=r$)水平放置,且其两端 M、N 分别与 I_1、I_2 的距离都是 r,ab、cd 和 MN 共面,求导线 MN 所受磁力的大小和方向.

73. 如图所示,半径为 R 的半圆线圈 ACD 通有电流 I_2,置于电流为 I_1 的无限长直线电流的磁场中,直线电流 I_1 恰好经过半圆线圈的直径,两导线相互绝缘. 求半圆线圈受到直线电流 I_1 的磁力.

74. 如图所示,在长直导线 AB 内通以电流 $I_1=20$ A,在矩形线圈 $CDEF$ 中通有电流 $I_2=$

10 A，导线与线圈共面，且 CD、EF 都与 AB 平行. 已知 $a=9.0$ cm，$b=20.0$ cm，$d=1.0$ cm，求：

（1）导线 AB 的磁场对矩形线圈每边所作用的力；

（2）矩形线圈所受的合力.

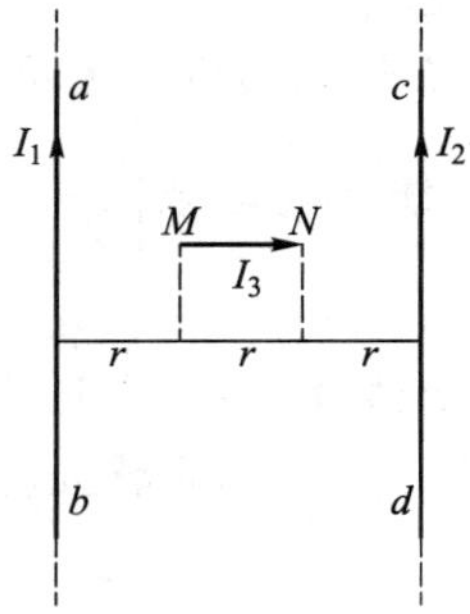

习题 4-72 图

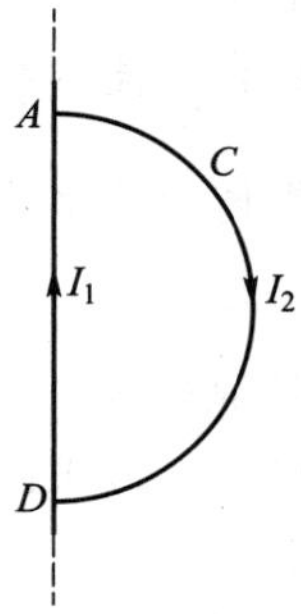

习题 4-73 图

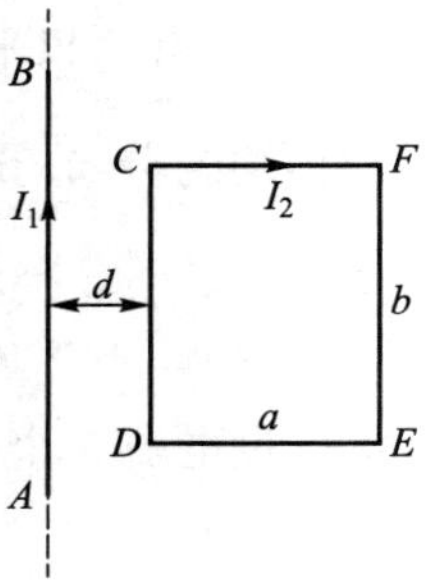

习题 4-74 图

第四章习题参考答案

拓展习题

第五章　变化的电磁场

知识导航

1. **电磁感应**

电磁感应定律　$\mathscr{E}_i=-\dfrac{d\Phi_m}{dt}$

楞次定律:感应电流的方向总是反抗引起感应电流的原因.

2. **动生电动势**

$$\mathscr{E}_i=\int \boldsymbol{v}\times\boldsymbol{B}\cdot d\boldsymbol{l}$$

3. **感生电动势**

$$\mathscr{E}_i=\oint_L \boldsymbol{E}_k\cdot d\boldsymbol{l}=-\int_S \frac{\partial \boldsymbol{B}}{\partial t}\cdot d\boldsymbol{S}$$

4. **自感**

自感系数　$L=\dfrac{\Psi}{I}$

自感电动势　$\mathscr{E}_L=-L\dfrac{dI}{dt}$

5. **互感**

互感系数　$M_{21}=\dfrac{\Psi_{21}}{I_1}, M_{12}=\dfrac{\Psi_{12}}{I_2}$,

$$M_{12}=M_{21}=M$$

互感电动势　$\mathscr{E}_{21}=-M\dfrac{dI_1}{dt}, \mathscr{E}_{12}=-M\dfrac{dI_2}{dt}$

6. **磁场的能量**

自感磁能　$W_{自}=\dfrac{1}{2}LI^2$

互感磁能　$W_{互}=MI_1I_2$

磁能密度　$w_m=\dfrac{1}{2}\dfrac{B^2}{\mu}=\dfrac{1}{2}\mu H^2=\dfrac{1}{2}BH$

磁场能量　$W_m=\int_V w_m dV$

7. **位移电流**

表征变化电场在其周围空间激发磁场而引入的等效电流.

位移电流密度　$\boldsymbol{j}_d=\dfrac{d\boldsymbol{D}}{dt}$

位移电流　$I_d=\dfrac{d\Psi}{dt}=\int_S \dfrac{\partial \boldsymbol{D}}{\partial t}\cdot d\boldsymbol{S}$

8. **麦克斯韦方程组**(电磁场基本方程,据此预言了电磁波的存在)

积分形式　$\oint_S \boldsymbol{D}\cdot d\boldsymbol{S}=\int_V \rho dV$

$$\oint_L \boldsymbol{E}\cdot d\boldsymbol{l}=-\int_S \frac{\partial \boldsymbol{B}}{\partial t}\cdot d\boldsymbol{S}$$

$$\oint_S \boldsymbol{B}\cdot d\boldsymbol{S}=0$$

$$\oint_L \boldsymbol{H}\cdot d\boldsymbol{l}=\int_S\left(\boldsymbol{j}+\frac{\partial \boldsymbol{D}}{\partial t}\right)\cdot d\boldsymbol{S}$$

*微分形式　$\nabla\cdot\boldsymbol{D}=\rho$

$$\nabla\times\boldsymbol{E}=-\frac{\partial \boldsymbol{B}}{\partial t}$$

$$\nabla\cdot\boldsymbol{B}=0$$

$$\nabla\times\boldsymbol{H}=\boldsymbol{j}+\frac{\partial \boldsymbol{B}}{\partial t}$$

介质性质方程

$$\boldsymbol{D}=\varepsilon\boldsymbol{E},\quad \boldsymbol{B}=\mu\boldsymbol{H}$$

视频导学

例题详解

例 1　长直导线中通有电流 $I=10$ A,有一长 $l=0.2$ m 的金属棒 AC,以 $v=2$ m/s 的速度平行于长直导线做匀速运动,如图所示.棒的近导线端距导线 $a=0.1$ m,求金属棒中的动生

电动势. ($\mu_0=4\pi\times10^{-7}$ N · A^{-2}, ln 3≈1. 1.)

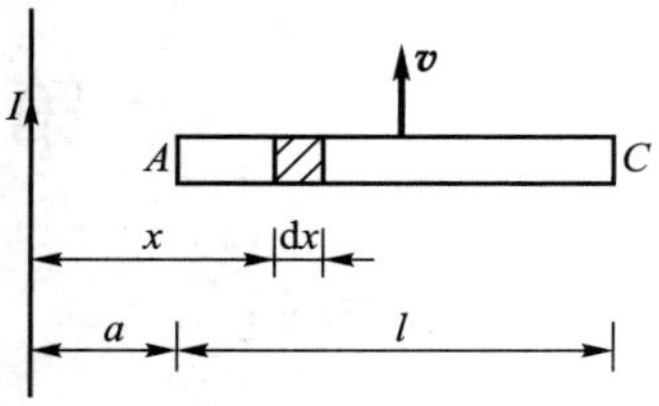

例题 5-1 图

解:导线右侧的磁感强度为 $B=\dfrac{\mu_0 I}{2\pi x}$,方向垂直纸面向里. 将金属棒分成很多长度为 d$x$ 的小段,每一段 dx 处的磁场可看作是均匀的. 规定线元 d$\boldsymbol{x}$ 方向向右,则 dx 上的动生电动势为

$$\mathrm{d}\mathscr{E}=(\boldsymbol{v}\times\boldsymbol{B})\cdot\mathrm{d}\boldsymbol{x}=-vB\mathrm{d}x=\frac{-\mu_0 I}{2\pi x}v\mathrm{d}x$$

且所有线元上产生的动生电动势的方向相同,故金属棒中的总电动势为

$$\mathscr{E}_{AC}=\int\mathrm{d}\mathscr{E}=-\int_a^{a+l}\frac{\mu_0 I}{2\pi x}v\mathrm{d}x=\frac{-\mu_0 I}{2\pi}v\ln\frac{a+l}{a}$$

代入数值,计算得

$$\mathscr{E}_{AC}=-4.4\times10^{-6}\ \mathrm{V}$$

电动势为负,表示方向与规定的 d$\boldsymbol{x}$ 方向相反,所以它的方向由 C 指向 A.

例 2 如图所示,长直导线中电流为 i,矩形线框 $abcd$ 与长直导线共面,且 $ad/\!/AB$,dc 边固定,ab 边沿 da 及 cb 以速度 $\boldsymbol{v}$ 无摩擦地匀速平动. 当 $t=0$ 时,ab 边与 cd 边重合. 设线框自感忽略不计. 若 $i=I_0\cos\omega t$,求 ab 边运动到图示位置时线框中的总感应电动势.

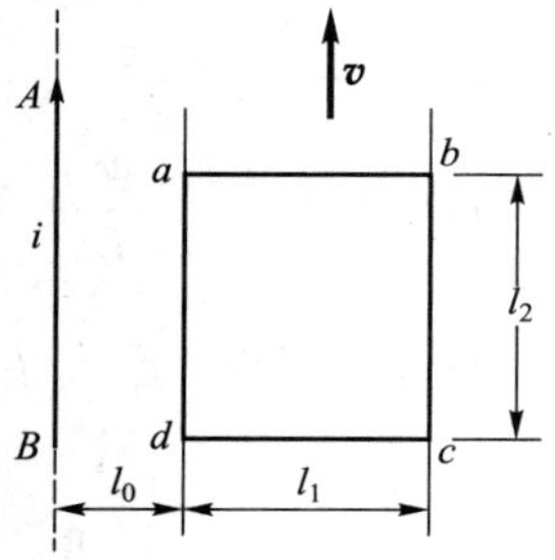

例题 5-2 图

解:取顺时针绕向为正,则

$$\Phi_{\mathrm{m}}=\int Bl_2\mathrm{d}x=\int_{l_0}^{l_0+l_1}\frac{\mu_0 il_2}{2\pi x}\mathrm{d}x=\frac{\mu_0 il_2}{2\pi}\ln\frac{l_0+l_1}{l_0}$$

上式中 $l_2=vt$,则有

$$\mathscr{E}=-\frac{\mathrm{d}\Phi_{\mathrm{m}}}{\mathrm{d}t}=-\frac{\mu_0}{2\pi}\ln\frac{l_0+l_1}{l_0}\frac{\mathrm{d}(il_2)}{\mathrm{d}t}=\frac{\mu_0 I_0}{2\pi}\left(\ln\frac{l_0+l_1}{l_0}\right)(\omega l_2\sin\omega t-v\cos\omega t)$$

电动势的方向为顺时针方向.

自测练习

一、选择题

1. 均匀磁场如图所示垂直纸面向里. 在垂直磁场的平面内有一个正方形金属细线框,在周长固定的条件下,正方形变为一个圆,则圆形回路中感应电流的方向为[　　]

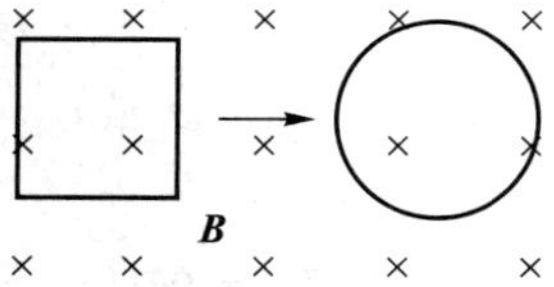

习题 5-1 图

(A) 顺时针;　　(B) 逆时针;

(C) 无电流;　　(D) 无法判定.

2. 一个圆形环,它的一半放在一分布在方形区域的匀强磁场中,另一半位于磁场之外,如图所示. 磁场的方向垂直纸面向里,欲使圆环中产生逆时针方向的感应电流,应使[　　]

（A）圆环向右平移；（B）圆环向上平移；（C）圆环向左平移；（D）磁感强度变弱.

3. 如图所示,长度为 l 的直导线 ab 在均匀磁场 $\boldsymbol{B}$ 中以速度 $\boldsymbol{v}$ 移动,直导线 ab 中的电动势为[　　]

（A）Blv;　　（B）$Blv\sin\alpha$;　　（C）$Blv\cos\alpha$;　　（D）0.

4. 如图所示,半径为 r 的小导线圆环,置于半径为 R 的大导线圆环中心,二者在同一平面内,且 $r \ll R$. 在大圆环中通有正弦电流(取逆时针方向为正)$I = I_0\sin\omega t$,式中 ω、I_0 为常量,则任一时刻小圆环中的感应电动势(取逆时针方向为正)为[　　]

（A）$\dfrac{\mu_0 I_0 \pi r^2 \omega\cos\omega t}{2R}$;　　（B）$-\dfrac{\mu_0 I_0 \pi r^2 \omega\cos\omega t}{2R}$;

（C）$\dfrac{\mu_0 I_0 \pi r^2 \omega\sin\omega t}{2R}$;　　（D）$-\dfrac{\mu_0 I_0 \pi r^2 \omega\sin\omega t}{2R}$.

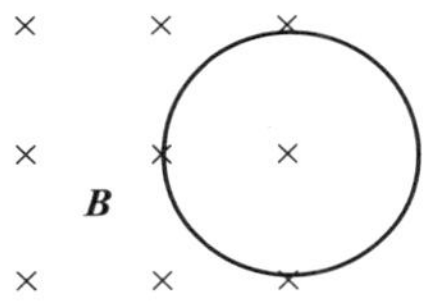

习题 5-2 图

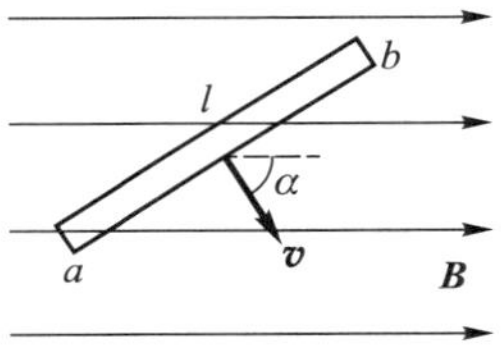

习题 5-3 图

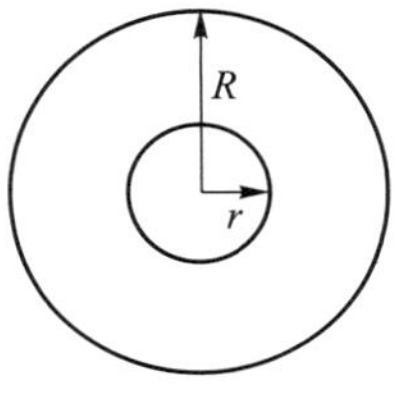

习题 5-4 图

5. 如图所示,导体棒 AB 在均匀磁场 B 中绕通过 C 点的垂直于棒长且沿磁场方向的轴 OO' 转动(角速度 $\boldsymbol{\omega}$ 与 $\boldsymbol{B}$ 同方向),AC 的长度为棒长的 2/3,则[　　]

（A）A 点比 B 点电势高;

（B）A 点与 B 点电势相等;

（C）A 点比 B 点电势低;

（D）有恒定电流从 A 点流向 B 点.

习题 5-5 精解

6. 如图所示,等边三角形的金属框,边长为 l,放在均匀磁场中,ab 边平行于磁感强度 $\boldsymbol{B}$. 当金属框绕 ab 边以角速度 ω 转动时,金属框内的总电动势(设电动势沿 $abca$ 绕向为正)为[　　]

（A）$\dfrac{3B\omega l^2}{8}$;　　（B）$\dfrac{3B\omega l^2}{4}$;　　（C）$-\dfrac{3B\omega l^2}{8}$;　　（D）0.

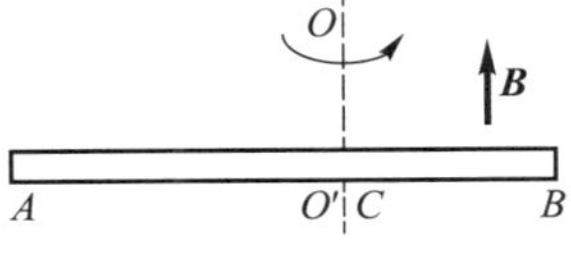

习题 5-5 图

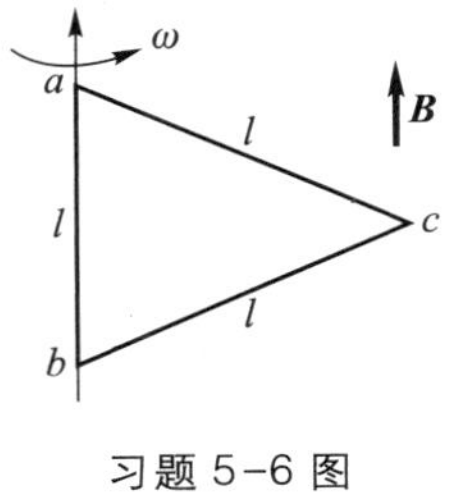

习题 5-6 图

7. 尺寸相同的铁环与铜环所包围的面积中,通以相同变化率的磁通量,当不计环的自感时,环中[　　]

（A）感应电动势不同,感应电流不同;　　（B）感应电动势相同,感应电流相同;

（C）感应电动势不同，感应电流相同；　　（D）感应电动势相同，感应电流不同.

8. 自感为 0.25 H 的线圈中，当电流在$\frac{1}{16}$ s 内由 2 A 均匀减小到零时，线圈中自感电动势的大小为[　　]

（A）7.8×10^{-3} V；　（B）3.1×10^{-2} V；　（C）8.0 V；　（D）12.0 V.

9. 在一个电磁屏蔽装置中，一个闭合线圈被用来检测外部磁场的变化. 当外部磁感强度逐渐增强时，线圈中的感应电流方向将[　　]

（A）与磁场方向相同，以增强磁通量；

（B）与磁场方向相反，以阻碍磁通量的增加；

（C）与磁场方向无关，仅与线圈的运动方向有关；

（D）无法确定.

10. 对于单匝线圈，取自感系数的定义式为 $L=\Phi/I$. 当线圈的几何形状、大小及周围磁介质分布不变，且无铁磁性物质时，若线圈中的电流变小，则线圈的自感系数 L[　　]

（A）变大，与电流成反比关系；　　（B）变小；

（C）不变；　　（D）变大，但与电流不成反比关系.

11. 一条长直导线中通有电流 $I(t)=I_0\mathrm{e}^{-\alpha t}(\alpha>0)$，在其附近放置一个矩形线圈. 若线圈与导线共面，则线圈中感应电流的方向为[　　]

（A）顺时针；　（B）逆时针；　（C）无感应电流；　（D）无法确定.

12. 一个半径为 R 的圆形线圈置于均匀磁场 $\boldsymbol{B}$ 中，磁场方向垂直于线圈平面. 若磁场随时间的变化率为$\frac{\mathrm{d}B}{\mathrm{d}t}=k$（$k$ 为常量），则线圈中感应电动势的大小为[　　]

（A）$\pi R^2 k$；　（B）$2\pi Rk$；　（C）$\frac{1}{2}\pi R^2 k$；　（D）πRk；

13. 电磁炉利用高频电流通过线圈产生交变磁场. 当磁场的频率为 f，线圈的匝数为 N，磁感强度为 B，线圈的面积为 S 时，线圈中的感应电动势为[　　]

（A）$2\pi fNBS$；　（B）$NBS\sin(2\pi ft)$；　（C）$NBS\cos(2\pi ft)$；　（D）NBS.

14. 真空中两个长长度相等的直螺线管 1 和 2，单层密绕匝数相同. 若两者直径之比 $d_1/d_2=1/4$，当它们通以相同电流时，两螺线管储存的磁能之比 W_{m1}/W_{m2} 为[　　]

（A）1∶1；　（B）1∶2；　（C）1∶4；　（D）1∶16.

15. 在一自感线圈中通过的电流 I 随时间 t 的变化规律如图（a）所示，若以 I 的正流向作为 $\mathscr{E}$ 的正方向，则代表线圈内自感电动势 $\mathscr{E}$ 随时间 t 变化规律的曲线应为图（b）中（A）、（B）、（C）、（D）中的哪一个？[　　]

习题 5-15 精解

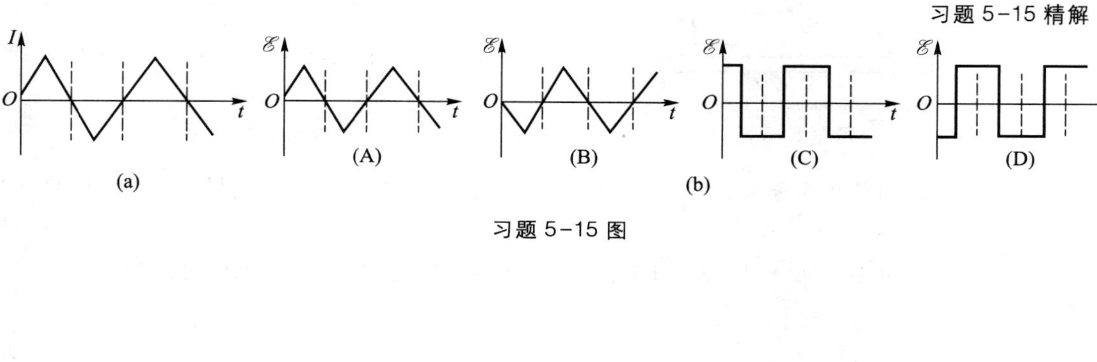

习题 5-15 图

16. 磁换能器常用来检测微小的振动. 如图所示,在振动杆的一端固接一个 N 匝的矩形线圈,线圈的一部分在匀强磁场 $\boldsymbol{B}$ 中,设杆的微小振动规律为 $x=A\cos\omega t$,线圈随杆振动时,线圈中的感应电动势为[　　]

(A) $-NAB\omega\sin\omega t$;　(B) $-NAB\omega\cos\omega t$;　(C) $-NAB\omega\sin 2\omega t$;　(D) $-NAB\omega\cos 2\omega t$.

17. 如图所示,一个有弹性的金属圆环被一根橡皮绳吊于通电直导线的正下方,直导线与圆环在同一竖直面内,当通电直导线中电流增大时,弹性圆环的面积 S 和橡皮绳的长度 l 将[　　]

(A) S 增大,l 变长;　(B) S 减小,l 变短;　(C) S 增大,l 变短;　(D) S 减小,l 变长.

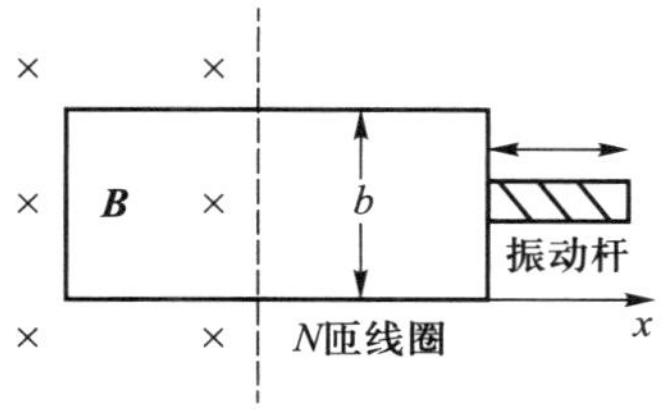

习题 5-16 图

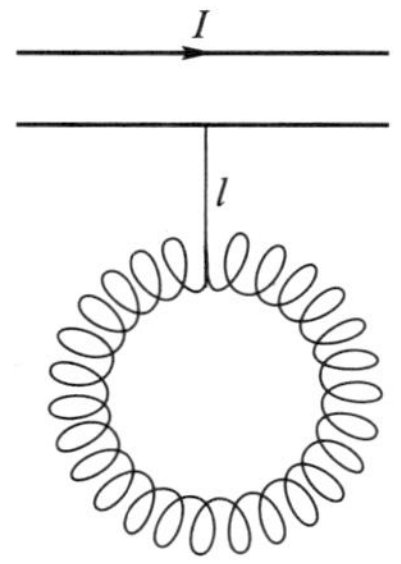

习题 5-17 图

18. 将形状完全相同的铜环和木环静止放置在交变磁场中,并假设通过两环面的磁通量随时间的变化率相等,不计自感时则[　　]

(A) 铜环中有感应电流,木环中无感应电流;

(B) 铜环中有感应电流,木环中有感应电流;

(C) 铜环中感应电动势大,木环中感应电动势小;

(D) 铜环中感应电动势小,木环中感应电动势大.

19. 用线圈的自感系数 L 来表示载流线圈磁场能量的公式 $W_m=\frac{1}{2}LI^2$[　　]

(A) 只适用于无限长密绕螺线管;

(B) 只适用于单匝圆线圈;

(C) 只适用于一个匝数很多且密绕的螺绕环;

(D) 适用于自感系数 L 一定的任意线圈.

20. 有两个长直密绕螺线管,长度及线圈匝数均相同,半径分别为 r_1 和 r_2. 管内充满均匀介质,其磁导率分别为 μ_1 和 μ_2. 设 $r_1:r_2=1:2$,$\mu_1:\mu_2=2:1$,当将两只螺线管串联在电路中通电稳定后,其自感系数之比 $L_1:L_2$ 与磁能之比 $W_{m1}:W_{m2}$ 分别为[　　]

(A) $L_1:L_2=1:1$, $W_{m1}:W_{m2}=1:1$;　(B) $L_1:L_2=1:2$, $W_{m1}:W_{m2}=1:1$;

(C) $L_1:L_2=1:2$, $W_{m1}:W_{m2}=1:2$;　(D) $L_1:L_2=2:1$, $W_{m1}:W_{m2}=2:1$.

21. 在真空中,一根无限长直细导线上通有电流 I. 根据安培环路定理,导线周围会产生磁场,则距离导线垂直距离为 a 的空间某点处的磁能密度为[　　]

(A) $\frac{1}{2}\mu_0\left(\frac{\mu_0 I}{2\pi a}\right)^2$;　(B) $\frac{1}{2\mu_0}\left(\frac{\mu_0 I}{2\pi a}\right)^2$;

习题 5-21 精解

(C) $\frac{1}{2}\left(\frac{2\pi a}{\mu_0 I}\right)^2$；　　(D) $\frac{1}{2\mu_0}\left(\frac{\mu_0 I}{2a}\right)^2$.

22. 一台直流电动机的线圈在磁场中转动，线圈的面积为 S，磁感强度为 B，线圈的角速度为 ω. 当线圈从垂直于磁场的位置开始转动时，线圈中的感应电动势为[　　]

(A) $BS\omega$；　(B) $BS\omega\sin\omega t$；　(C) $BS\omega\cos\omega t$；　(D) $BS\omega t$.

23. 在圆柱形空间内有一磁感强度为 $\boldsymbol{B}$ 的均匀磁场，如图所示，$\boldsymbol{B}$ 的大小以速率 $\mathrm{d}B/\mathrm{d}t$ 变化. 有一长度为 l_0 的金属棒先后放在磁场的两个不同位置 1(ab) 和 2($a'b'$)，则金属棒在这两个位置时棒内的感应电动势的大小关系为[　　]

(A) $\mathscr{E}_2=\mathscr{E}_1\neq 0$；　(B) $\mathscr{E}_2>\mathscr{E}_1$；

(C) $\mathscr{E}_2<\mathscr{E}_1$；　(D) $\mathscr{E}_2=\mathscr{E}_1=0$.

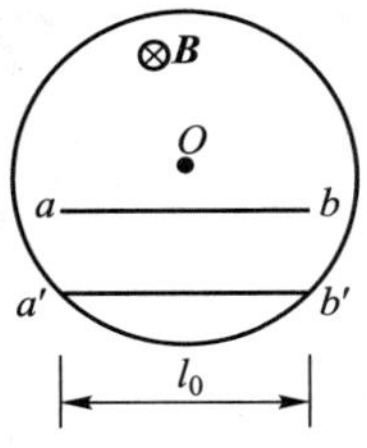

习题 5-23 图

24. 在圆柱形空间内有一磁感强度为 $\boldsymbol{B}$ 的均匀磁场，如图所示，$\boldsymbol{B}$ 的大小以速率 $\mathrm{d}B/\mathrm{d}t$ 变化. 在磁场中有 A、B 两点，其间可放直导线 AB 和弯曲的导线 $\widehat{AB}$，则[　　]

(A) 电动势只在弯曲导线 $\widehat{AB}$ 中产生；

(B) 电动势只在直导线 AB 中产生；

(C) 电动势在直导线 AB 和弯曲导线 $\widehat{AB}$ 中都产生，且两者大小相等；

(D) 直导线 AB 中的电动势小于弯曲导线 $\widehat{AB}$ 中的电动势.

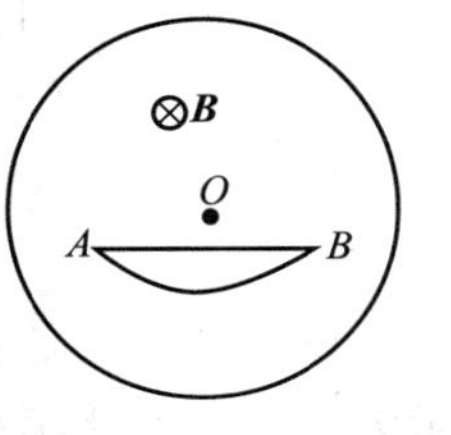

习题 5-24 图

二、填空题

25. 如图所示，一段长度为 l 的直导线 MN，水平放置在载电流为 I 的竖直长导线旁与竖直导线共面，并从静止由图示位置自由下落，则经过时间 t 后导线两端的电势差 U_{MN} = ________.

习题 5-25 精解

26. 如图所示是电子计算机内作为存储元件的环形磁芯，磁芯是用矩形磁滞回线的铁氧体材料制成的. 环形磁芯上绕有两个截面积均为 $S=4.5\times10^{-2}\ \mathrm{mm}^2$ 的线圈 a_1 和 a_2. 当线圈 a_1 中有脉冲电流 i 通过时，在 $\Delta t=0.45\times10^{-6}$ s 的时间内，磁芯内的磁感强度由 $+B$ 转为 $-B$. 设 $B=0.17$ T，线圈 a_2 的匝数 $N=2$. 求在磁芯内的磁感强度翻转过程中，线圈 a_2 中产生的感应电动势为________.

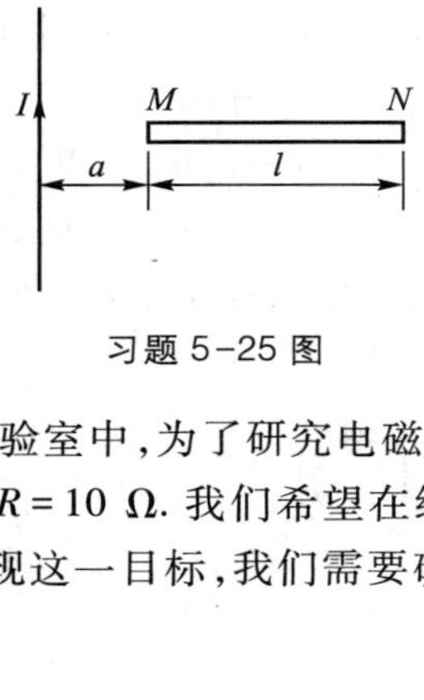

习题 5-25 图

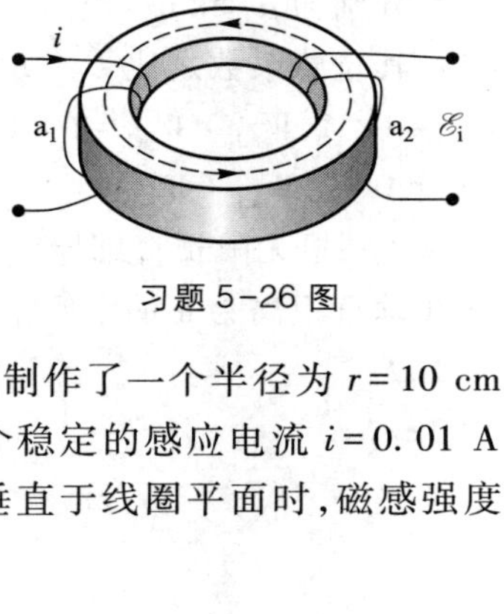

习题 5-26 图

27. 在实验室中，为了研究电磁感应现象，我们制作了一个半径为 $r=10$ cm 的闭合圆形线圈，其电阻 $R=10\ \Omega$. 我们希望在线圈中产生一个稳定的感应电流 $i=0.01$ A 以便观察和测量，为了实现这一目标，我们需要确定均匀磁场垂直于线圈平面时，磁感强度 B 的变化率

应为 $\mathrm{d}B/\mathrm{d}t=$________.

28. 一半径 $r=10\ \mathrm{cm}$ 的圆形闭合导线回路置于均匀磁场 $\boldsymbol{B}(B=0.80\ \mathrm{T})$ 中，$\boldsymbol{B}$ 与回路平面正交. 若圆形回路的半径从 $t=0$ 开始以恒定速率 $\mathrm{d}r/\mathrm{d}t=-80\ \mathrm{cm/s}$ 收缩，则在 $t=0$ 时刻，闭合回路中的感应电动势大小为________；若要求感应电动势保持这一数值，则闭合回路面积应以 $\mathrm{d}S/\mathrm{d}t=$________的恒定速率收缩.

29. 如图所示，面积为 S 和 $2S$ 的两圆线圈 1、2 如图所示放置，通有相同的电流 I. 线圈 1 的电流所产生的通过线圈 2 的磁通量用 Φ_{m21} 表示，线圈 2 的电流所产生的通过线圈 1 的磁通量用 Φ_{m12} 表示，则 Φ_{m21} 和 Φ_{m12} 的大小关系为________.

30. 一根长度为 L 的铜棒在均匀磁场 $\boldsymbol{B}$ 中以匀角速度 ω 绕通过其一端 O 的定轴旋转着，$\boldsymbol{B}$ 的方向垂直铜棒转动的平面，如图所示. 设 $t=0$ 时，铜棒与 Ob 成 θ 角（b 为铜棒转动的平面上的一个固定点），则在任一时刻 t 这根铜棒两端之间的感应电动势是________.

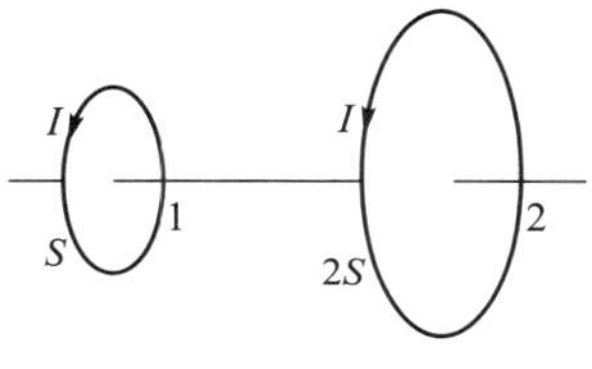

习题 5-29 图

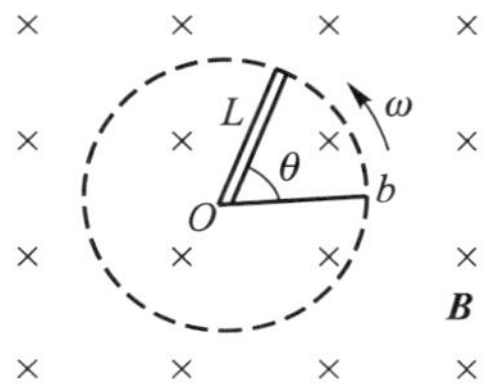

习题 5-30 图

31. 一面积为 S 的平面导线闭合回路，置于载流长螺线管中，回路的法向与螺线管轴线平行. 设长螺线管单位长度上的匝数为 n，通过的电流为 $I=I_m\sin\omega t$（电流的正向与回路的正法线方向成右手螺旋关系），式中 I_m 和 ω 为常量，t 为时间，则该导线回路中的感生电动势为________.

32. 如图所示，直角三角形金属框架 abc 放在均匀磁场中，磁场 $\boldsymbol{B}$ 平行于 ab 边，bc 的长度为 l. 当框架绕 ab 边以匀角速度 ω 转动时，abc 回路中的感应电动势 $\mathscr{E}$ 为________，a、c 两点间的电势差 U_a-U_c 为________.

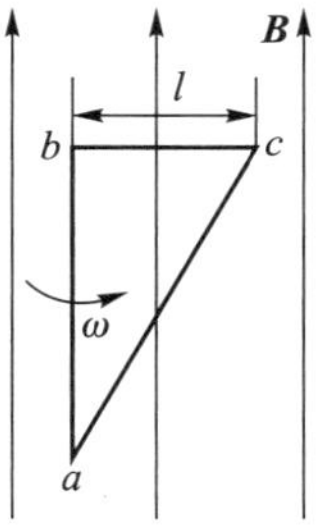

习题 5-32 图

33. 如图所示，aOc 为一折成∠形的金属导线（$|Oa|=|Oc|=L$），位于 xy 平面中；磁感强度为 $\boldsymbol{B}$ 的匀强磁场垂直于 xy 平面. 当 aOc 以速度 $\boldsymbol{v}$ 沿 x 轴正向运动时，导线上 a、c 两点间电势差 $U_{ac}=$________；当 aOc 以速度 $\boldsymbol{v}$ 沿 y 轴正向运动时，a、c 两点间的电势相比较，________点电势高.

34. 一导线被弯成如图所示形状，acb 为半径为 R 的 3/4 圆周，直线段 Oa 长为 R. 若此导线放在匀强磁场 $\boldsymbol{B}$ 中，$\boldsymbol{B}$ 的方向垂直纸面向里. 导线以角速度 ω 在纸面内绕 O 点匀速转动，则此导线中的动生电动势 $\mathscr{E}_i=$________，电势最高的点是________.

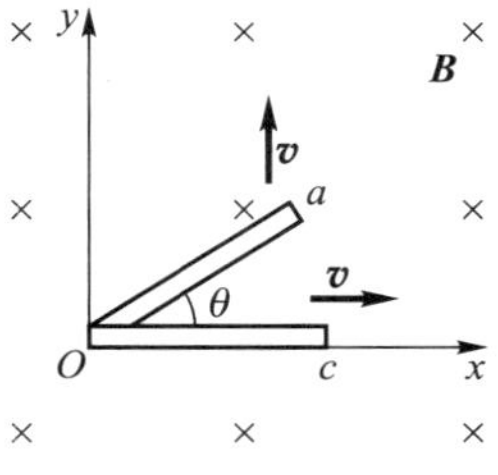

习题 5-33 图

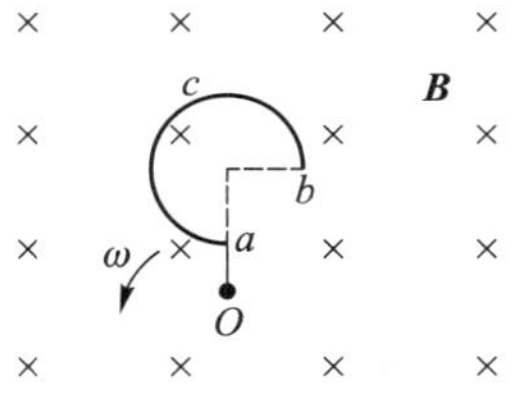

习题 5-34 图

习题 5-34 精解

35. 载有恒定电流 I 的长直导线旁有一半圆环导线 cd，半圆环半径为 b，环面与直导线垂直，且半圆环两端点连线的延长线与直导线相交，如图所示. 当半圆环以速度 $\boldsymbol{v}$ 沿平行于直导线的方向平移时，半圆环上的感应电动势的大小是________.

36. 金属圆板在均匀磁场中以角速度 ω 绕中心轴旋转，均匀磁场的方向平行于转轴，如图所示. 这时板中由中心至同一边缘点的不同曲线上总感应电动势的大小________，方向________.

37. 半径为 L 的均匀导体圆盘绕通过中心 O 的垂直轴转动，角速度为 ω，盘面与均匀磁场 $\boldsymbol{B}$ 垂直，如图所示. (1) 图上 Oa 线段中动生电动势的方向为________. (2) 填写下列电势差的值(设 ca 段长度为 d)：$U_a-U_O=$________；$U_a-U_b=$________；$U_a-U_c=$________.

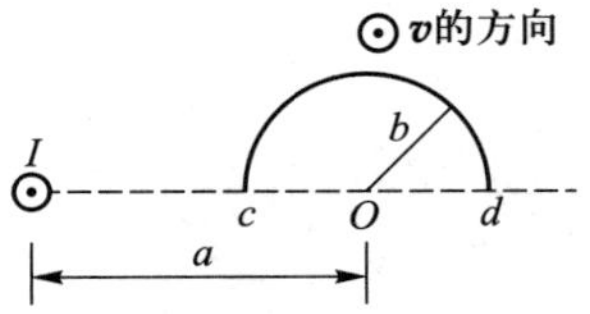

习题 5-35 图

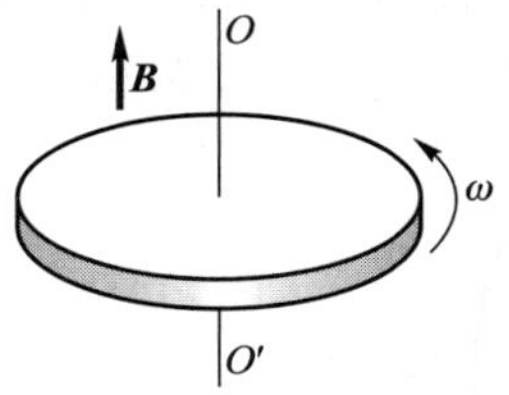

习题 5-36 图

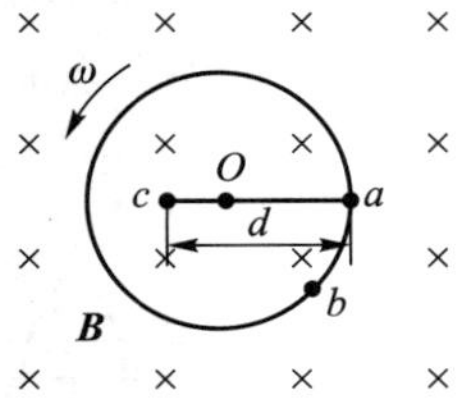

习题 5-37 图

38. 长为 l 的金属直导线在垂直于均匀磁场的平面内以角速度 ω 转动. 如果转轴在导线上的位置是在________，整个导线上的电动势最大，其值为________；如果转轴位置是在________，整个导线上的电动势最小，其值为________.

39. 一自感线圈中，电流大小在 0.004 s 内均匀地由 16 A 增加到 20 A，此过程中线圈内的自感电动势为 400 V，则线圈的自感系数为 $L=$________.

40. 有两个长度相同、匝数相同、截面积不同的长直螺线管，通以大小相同的电流. 现在将小螺线管完全放入大螺线管里(两者轴线重合)，且使两者产生的磁场方向一致，则小螺线管内的磁能密度是原来的________倍；若使两螺线管产生的磁场方向相反，则小螺线管中的磁能密度为________(忽略边缘效应).

41. 自感系数 $L=0.3$ H 的螺线管中通以 $I=8$ A 的电流时，螺线管内储存的磁场能量 $W_m=$________.

42. 一个电阻为 R、自感系数为 L 的线圈，将它接在一个电动势为 $\mathscr{E}(t)$ 的交变电源上，线圈的自感电动势为 $\mathscr{E}_L=-L\dfrac{\mathrm{d}I}{\mathrm{d}t}$，则流过线圈的电流为________.

43. 反映电磁场基本性质和规律的积分形式的麦克斯韦方程组为

$$\oint_S \boldsymbol{D}\cdot\mathrm{d}\boldsymbol{S}=\int_V \rho\mathrm{d}V \quad ① \qquad \oint_L \boldsymbol{E}\cdot\mathrm{d}\boldsymbol{l}=-\int_S \frac{\partial \boldsymbol{B}}{\partial t}\cdot\mathrm{d}\boldsymbol{S} \quad ②$$

$$\oint_S \boldsymbol{B}\cdot\mathrm{d}\boldsymbol{S}=0 \quad ③ \qquad \oint_L \boldsymbol{H}\cdot\mathrm{d}\boldsymbol{l}=\int_S\left(\boldsymbol{J}+\frac{\partial \boldsymbol{D}}{\partial t}\right)\cdot\mathrm{d}\boldsymbol{S} \quad ④$$

试判断下列结论是包含于或等效于哪一个麦克斯韦方程式的. 将你确定的方程式用代号填在相应结论后的空白处. (1) 变化的磁场一定伴随有电场；________ (2) 磁感线是无头无尾的；________ (3) 电荷总伴随有电场. ________

44. 平行板电容器的电容 C 为 20.0 μF，两板上的电压变化率为 $\mathrm{d}U/\mathrm{d}t=1.50\times10^5$ V/s，则

该平行板电容器中的位移电流为________.

45. 加在平行板电容器极板上的电压变化率 1.0×10^6 V/s,在电容器内产生 1.0 A 的位移电流,则该电容器的电容为________ μF.

46. 如图所示,A、B 两个线圈在同一平面内,A 线圈通有顺时针方向的电流,则穿过 B 线圈的磁通量方向为垂直纸面向________(选填"里"或"外");当 A 内电流增大时,B 线圈会产生________(选填"顺"或"逆")时针方向的感应电流.

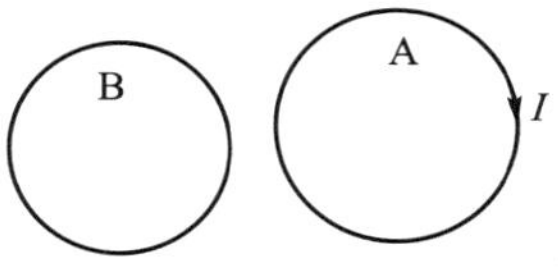

习题 5-46 图

三、计算题

47. 长度为 $2b$ 的金属杆位于两无限长导线平面的正中间,并以速度 $\boldsymbol{v}$ 平行于两直导线运动,两直导线中通以大小相同、方向相反的电流 I,相距为 $2a$,如图所示. 求金属杆两端的电势差及其方向.

48. 如图所示,无限长直导线通以恒定电流 I,有一与之共面的直角三角形线圈 ABC. 已知 AC 边长为 b,且与长直导线平行,BC 边长为 a. 若线圈以垂直于导线方向的速度 $\boldsymbol{v}$ 向右平移,当 B 点与长直导线的距离为 d 时,求线圈 ABC 内的感应电动势的大小和方向.

49. 如图所示,有一弯成 θ 角的金属架 COD 放在磁场中,磁感强度 $\boldsymbol{B}$ 的方向垂直于金属架 COD 所在平面. 一导体杆 MN 垂直于 OD 边,并在金属架上以恒定速度 $\boldsymbol{v}$ 向右滑动,$\boldsymbol{v}$ 与 MN 垂直. 设 $t=0$ 时,$x=0$. 求下列两种情况下,框架内的感应电动势 $\mathscr{E}_i$.

(1) 磁场分布均匀,且 $\boldsymbol{B}$ 不随时间改变;

(2) 非均匀的时变磁场 $B=Kx\cos\omega t$.

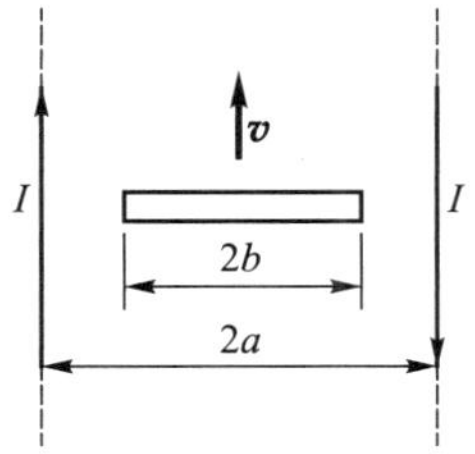

习题 5-47 图

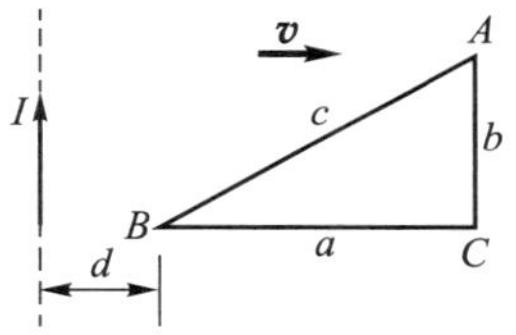

习题 5-48 图

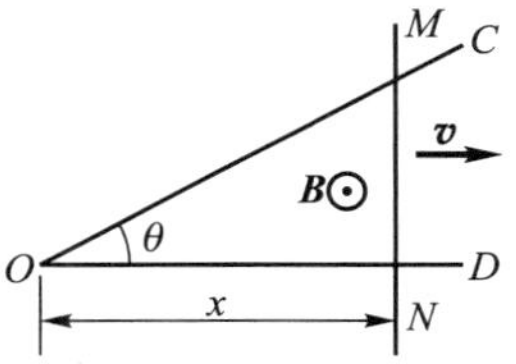

习题 5-49 图

50. 如图所示,两条平行长直导线和一个矩形导线框共面,且导线框的一个边与长直导线平行,它到两长直导线的距离分别为 r_1、r_2. 已知两导线中电流都为 $I=I_0\sin\omega t$,式中 I_0 和 ω 为常量,t 为时间. 导线框长为 a、宽为 b,求导线框中的感应电动势.

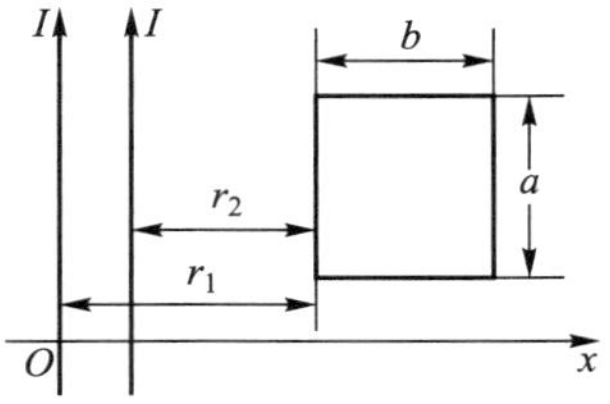

习题 5-50 图

51. 均匀磁场 $\boldsymbol{B}$ 被限制在半径 $R=10$ cm 的无限长圆柱空间内,方向垂直纸面向里. 取一固定的等腰梯形回路 $abcd$,梯形所在平面的法向与圆柱空间的轴平行,位置如图所示. 设磁感强度以 $\mathrm{d}B/\mathrm{d}t=1$ T/s 的匀速率增加,已知 $\theta=\pi/3$,$Oa=Ob=6$ cm,求等腰梯形回路中感生电动势的大小和方向.

52. 如图所示,一长直导线中通有电流 I,有一垂直于导线、长度为 l 的金属棒 AB 在包含导线的平面内,以恒定的速度 $\boldsymbol{v}$ 沿与棒成 θ 角的方向移动. 开始时,棒的 A 端到导线的距离

为 a,求任意时刻金属棒中的动生电动势,并指出棒哪端的电势高.

53. 如图所示,长直导线中电流为 i,矩形线框 $abcd$ 与长直导线共面,且 $ad//AB$,dc 边固定,ab 边沿 da 及 cb 以速度 $\boldsymbol{v}$ 无摩擦地匀速平动. 当 $t=0$ 时,ab 边与 cd 边重合. 设线框自感忽略不计.

(1) 如 $i=I_0$,求 ab 中的感应电动势. a、b 两点哪点电势高?

(2) 如 $i=I_0\cos\omega t$,求 ab 边运动到图示位置时线框中的总感应电动势.

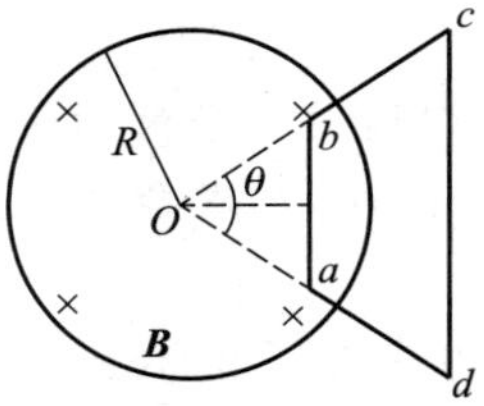

习题 5-51 图

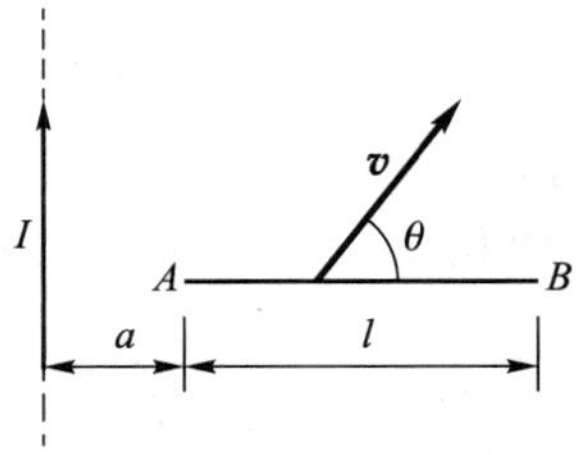

习题 5-52 图

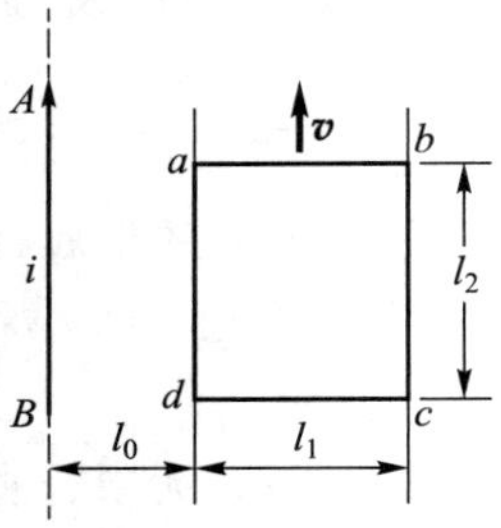

习题 5-53 图

54. 如图所示,载有电流 I 的长直导线附近,放一导体半圆环 MeN 并与长直导线共面,且端点 MN 的连线与长直导线垂直. 半圆环的半径为 b,环心 O 与导线相距 a. 设半圆环以速度 $\boldsymbol{v}$ 平行导线平移,求半圆环内感应电动势的大小和方向,以及 MN 两端的电势差 U_M-U_N.

55. 载流长直导线与矩形回路 $ABCD$ 共面,导线平行于 AB,如图所示. 求下列情况下 $ABCD$ 中的感应电动势:

(1) 长直导线中电流 $I=I_0$ 不变,$ABCD$ 以垂直于导线的速度 $\boldsymbol{v}$ 匀速远离导线至某一位置时(t 时刻),初始位置如图所示;

(2) 长直导线中电流 $I=I_0\sin\omega t$,$ABCD$ 不动;

(3) 长直导线中电流 $I=I_0\sin\omega t$,$ABCD$ 以垂直于导线的速度 $\boldsymbol{v}$ 匀速远离导线,初始位置也如图所示.

56. 如图所示,有一矩形回路,边长分别为 a 和 b,它在 Oxy 平面内以匀速度 $\boldsymbol{v}$ 沿 x 轴方向移动,磁场的磁感强度 $\boldsymbol{B}$ 与回路平面垂直,且为位置 x 和时间 t 的函数,即 $\boldsymbol{B}(x,t)=\boldsymbol{B}_0\sin\omega t\sin kx$,式中 $\boldsymbol{B}_0$、ω、k 均为常量. 设在 $t=0$ 时,回路在 $x=0$ 处,求回路中感应电动势与时间的关系.

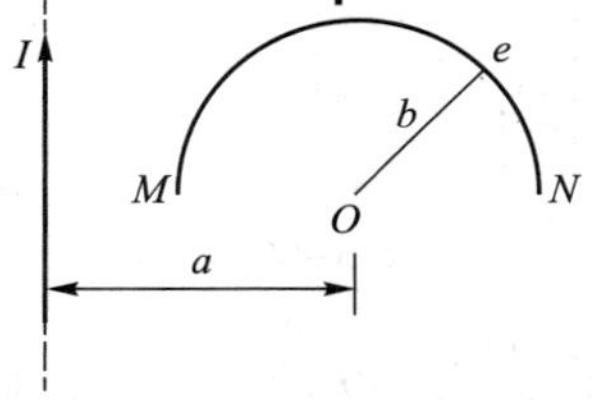

习题 5-54 图

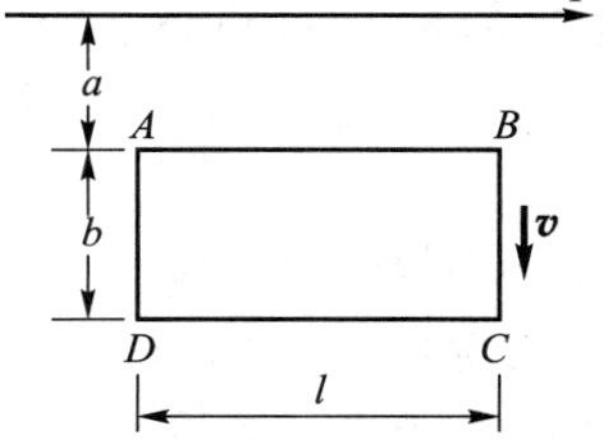

习题 5-55 图

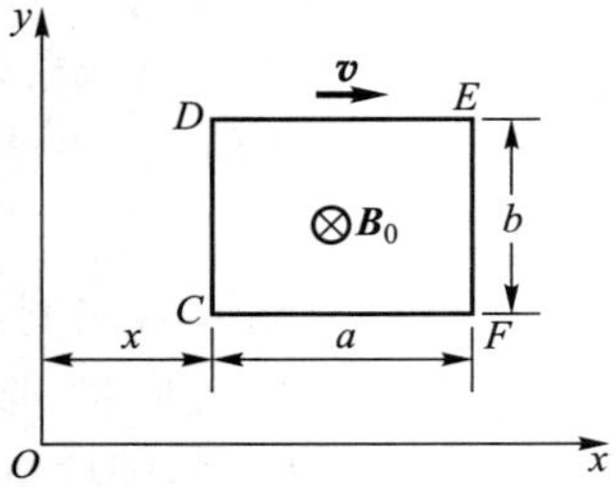

习题 5-56 图

57. 一无限长竖直导线中通有稳定电流 I,电流方向向上. 导线旁有一与导线共面、长度为 L 的金属棒,绕其一端 O 在该平面内顺时针匀速转动,如图所示. 转动角速度为 ω,O 点到

导线的垂直距离为 r_0($r_0>L$). 试求金属棒转到与水平面成 θ 角时,棒内感应电动势的大小和方向.

58. 如图所示,两平行载流无限长直导线平面内有一矩形线圈,两导线中电流大小相等、方向相反,且以$\dfrac{\mathrm{d}I}{\mathrm{d}t}$的变化率增长. 求:

(1) 任一时刻通过线圈的磁通量;

(2) 线圈中的感生电动势.

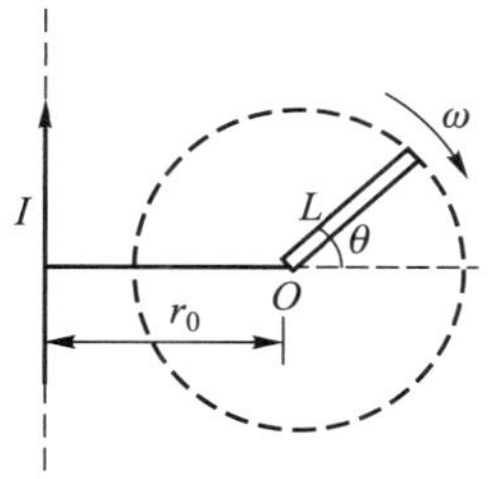

习题 5-57 图

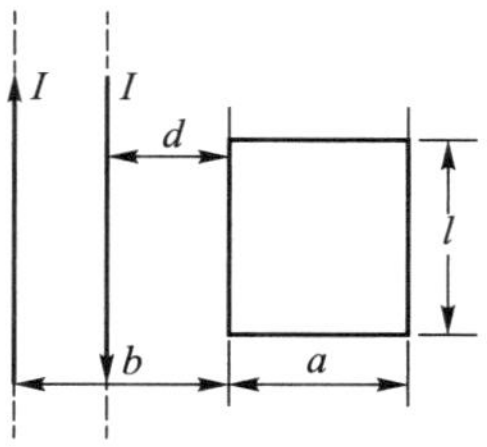

习题 5-58 图

第五章习题参考答案

拓展习题

第三单元　振动和波动

第六章　振　　动

知识导航

1. 振动

（1）机械振动：物体在其平衡位置附近所做的周期性往复运动，称为**机械振动**.

（2）简谐振动：一个做往复运动的物体，如果在其平衡位置附近的位移按余弦函数（或正弦函数）的规律随时间变化，这种运动称为**简谐振动**.

2. 简谐振动的特征

（1）简谐振动的动力学特征：

$$F=-kx \quad 或 \quad \frac{\mathrm{d}^2x}{\mathrm{d}t^2}+\omega^2x=0$$

（2）简谐振动的运动学特征：

$$x=A\cos(\omega t+\varphi)$$

振动速度为

$$v=-A\omega\sin(\omega t+\varphi)$$

振动加速度为

$$a=-A\omega^2\cos(\omega t+\varphi)$$

3. 简谐振动的特征物理量

（1）振幅 A：　$A=\sqrt{x_0^2+\dfrac{v_0^2}{\omega^2}}$

（2）周期 T、频率 ν 和角频率 ω：

$$\omega=\frac{2\pi}{T}=2\pi\nu$$

（3）相位 $\omega t+\varphi$ 及初相位 φ：

$$\varphi=\arctan\left(-\frac{v_0}{\omega x_0}\right)$$

4. 简谐振动的旋转矢量法

将简谐振动与一旋转矢量对应，使矢量做逆时针匀速转动，其长度等于简谐振动的振幅 A，其角速度等于简谐振动的角频率 ω，且 $t=0$ 时，它与参考坐标轴的夹角为简谐振动的初相位 φ，t 时刻它与参考坐标轴的夹角为简谐振动的相位 $\omega t+\varphi$，旋转矢量 $\boldsymbol{A}$ 的末端在参考坐标轴上的投影点的运动即代表质点的简谐振动.

5. 简谐振动的能量

动能：$E_\mathrm{k}=\dfrac{1}{2}mv^2=\dfrac{1}{2}mA^2\omega^2\sin^2(\omega t+\varphi)$

势能：$E_\mathrm{p}=\dfrac{1}{2}kx^2=\dfrac{1}{2}kA^2\cos^2(\omega t+\varphi)$

机械能：$E=E_\mathrm{k}+E_\mathrm{p}=\dfrac{1}{2}mA^2\omega^2=\dfrac{1}{2}kA^2$

6. 简谐振动的合成

（1）同方向、同频率简谐振动的合成：

振幅：　$A=\sqrt{A_1^2+A_2^2+2A_1A_2\cos(\varphi_2-\varphi_1)}$

初相位：　$\varphi=\arctan\dfrac{A_1\sin\varphi_1+A_2\sin\varphi_2}{A_1\cos\varphi_1+A_2\cos\varphi_2}$

当两个简谐振动的初相位差为 $\varphi_2-\varphi_1=2k\pi$ 时，合振动振幅最大，即 $A=A_1+A_2$.

当两个简谐振动的初相位差为 $\varphi_2-\varphi_1=(2k+1)\pi$ 时，合振动振幅最小，即 $A=|A_2-A_1|$.

（2）同方向、不同频率的简谐振动的合成：当两振动的频率差与它们的频率相比很小时，合成后产生拍现象，拍频 ν' 等于两振动的频率差，即 $\nu'=|\nu_2-\nu_1|$.

（3）相互垂直的两个同频率简谐振动的合成：合运动的轨迹通常为椭圆，其具体形状取决于两个分振动的相位差和振幅.

（4）相互垂直的两个不同频率简谐振动的合成：两个分振动的频率为简单整数比

时，合运动轨迹为李萨如图形.

7. **阻尼振动**

当振动系统受到各种阻尼作用时，系统的机械能将不断减少，振幅也随时间增加而不断减小. 这种系统能量(或振幅)随时间增加而减小的振动称为阻尼振动.

8. **受迫振动**

振动系统在周期性外力的持续作用下的振动称为受迫振动. 这种周期性外力称为驱动力. 稳态时，振动频率等于驱动力的频率. 当驱动力的频率等于振动系统的固有频率时，将发生共振现象.

视频导学

例题详解

例 某质点做简谐振动，周期为 2 s，振幅为 0.06 m. $t=0$ 时刻，质点恰好处在负向最大位移处，求：

(1) 该质点的振动方程；

(2) 此振动以波速 $u=2$ m/s 沿 x 轴正方向传播时，形成的一维简谐波的波函数(以该质点的平衡位置为坐标原点).

解：(1) 由题意知，$A=0.06$ m，$y_0=-0.06$ m$=A\cos\varphi$，由此得 $\varphi=\pi$. 因此振动方程为

$$y=0.06\cos\left(\frac{2\pi t}{2}+\pi\right)=0.06\cos(\pi t+\pi)\quad(\text{SI 单位})$$

(2) 波函数为

$$y=0.06\cos\left[\pi\left(t-\frac{x}{u}\right)+\pi\right]$$

$$=0.06\cos\left[\pi\left(t-\frac{1}{2}x\right)+\pi\right]\quad(\text{SI 单位})$$

自测练习

一、选择题

1. 一质量为 m 的滑块两边分别与弹性系数为 k_1 和 k_2 的轻弹簧连接，两弹簧的另外两端分别固定在墙上. 滑块 m 可在光滑的水平面上滑动，O 点为系统平衡位置. 将滑块 m 向右移动到 x_0，由静止释放并开始计时. 取坐标系如图所示，则其振动方程为[　　]

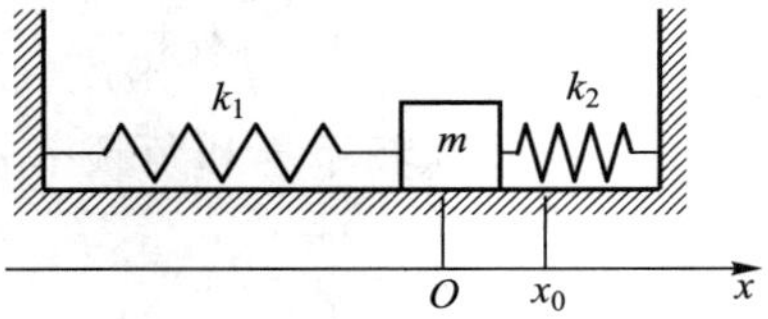

习题 6-1 图

(A) $x=x_0\cos\left(\sqrt{\frac{k_1+k_2}{m}}t\right)$；

(B) $x=x_0\cos\left[\sqrt{\frac{k_1k_2}{m(k_1+k_2)}}t\right]$；

(C) $x=x_0\cos\left(\sqrt{\frac{k_1+k_2}{m}}t+\pi\right)$；

(D) $x=x_0\cos\left[\sqrt{\frac{k_1k_2}{m(k_1+k_2)}}t+\pi\right]$；

2. 如图所示，弹性系数分别为 k_1 和 k_2 的两个轻弹簧串联在一起，下面挂着质量为 m 的物体，构成一个竖挂的弹簧振子，则该系统的振动周期为 [　　]

(A) $T=2\pi\sqrt{\dfrac{m(k_1+k_2)}{k_1k_2}}$;　　(B) $T=2\pi\sqrt{\dfrac{m}{k_1+k_2}}$;

(C) $T=2\pi\sqrt{\dfrac{m(k_1+k_2)}{2k_1k_2}}$;　　(D) $T=2\pi\sqrt{\dfrac{2m}{k_1+k_2}}$.

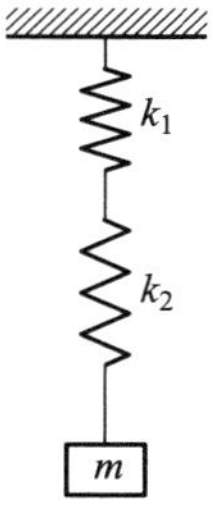

习题 6-2 图

3. 一个质点做简谐振动,振幅为 A,在初始时刻质点的位移为 $-\dfrac{A}{2}$,且向 x 轴的负方向运动,代表此简谐振动的旋转矢量图为[　　]

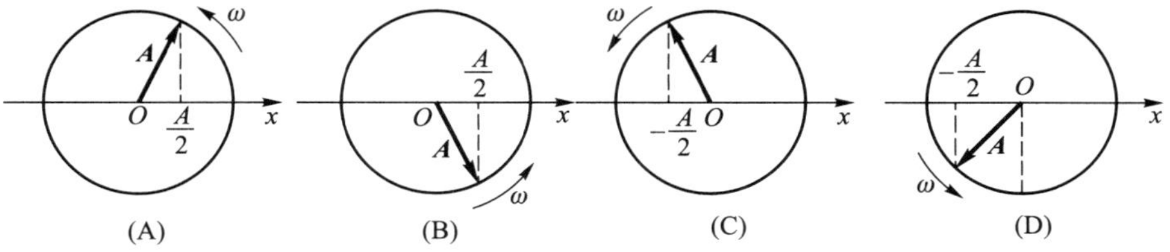

习题 6-3 图

4. 一质点在 x 轴上做简谐振动,振幅为 4 cm,周期为 3 s,取其平衡位置为坐标原点. 若 $t=0$ 时,质点第一次通过 $x=-2$ cm 处,且向 x 轴负方向运动,则质点第二次通过 $x=-2$ cm 处的时刻为[　　]

(A) 2 s;　　(B) 1 s;

(C) $\dfrac{2}{3}$ s;　　(D) $\dfrac{4}{3}$ s.

习题 6-4 精解

5. 一质点沿 x 轴做简谐振动,振动方程为 $x=4\times10^{-2}\cos\left(4\pi t+\dfrac{\pi}{3}\right)$ (SI 单位). 从 $t=0$ 时刻起,到质点位置在 $x=-2$ cm 且向 x 轴正向运动的最短时间间隔为[　　]

(A) $\dfrac{1}{8}$ s;　　(B) $\dfrac{1}{6}$ s;　　(C) $\dfrac{1}{4}$ s;　　(D) $\dfrac{1}{2}$ s;

6. 两个同周期的简谐振动曲线如图所示. x_2 的相位比 x_1 的相位 [　　]

(A) 落后 $\pi/2$;　　(B) 超前 $\pi/2$;

(C) 落后 π;　　(D) 超前 π.

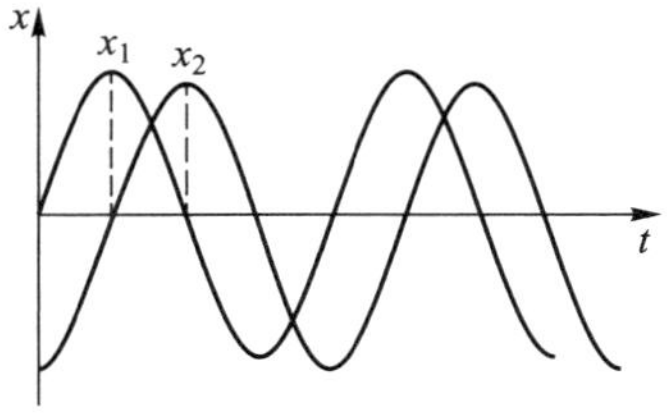

习题 6-6 图

7. 一质点做简谐振动,周期为 T. 当它由平衡位置向 x 轴正方向运动时,从 $\dfrac{1}{2}$ 最大位移处到最大位移处这段路程所需要的时间为[　　]

(A) $T/4$;　　(B) $T/12$;

(C) $T/8$;　　(D) $T/6$.

8. 一简谐振动曲线如图所示,则振动的角频率是[　　]

(A) $\pi/6$;　　(B) $\pi/3$;

(C) $5\pi/6$;　　(D) $2\pi/3$.

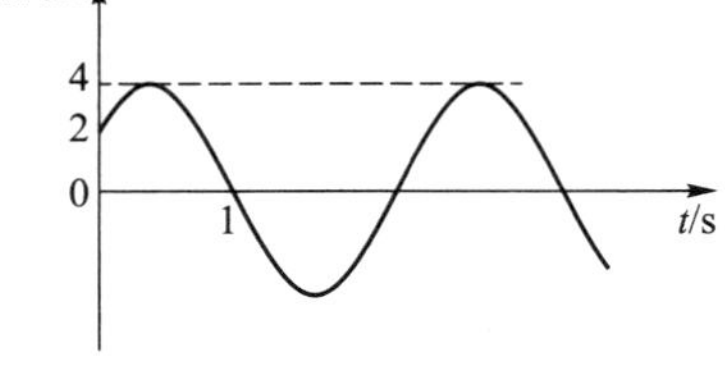

习题 6-8 图

9. 用余弦函数描述一简谐振子的振动. 若其速度-时间(v-t)关系曲线如图所示,则振动的初相位为 [ ]

(A) $\pi/6$; (B) $\pi/3$; (C) $5\pi/6$; (D) $2\pi/3$.

10. 已知某简谐振动的振动曲线如图所示,位移的单位为 cm,时间的单位为 s. 则此简谐振动的振动方程为[ ]

(A) $x=2\cos\left(\frac{2}{3}\pi t+\frac{2}{3}\pi\right)$; (B) $x=2\cos\left(\frac{2}{3}\pi t-\frac{2}{3}\pi\right)$;

(C) $x=2\cos\left(\frac{4}{3}\pi t+\frac{2}{3}\pi\right)$; (D) $x=2\cos\left(\frac{4}{3}\pi t-\frac{2}{3}\pi\right)$.

习题 6-10 精解

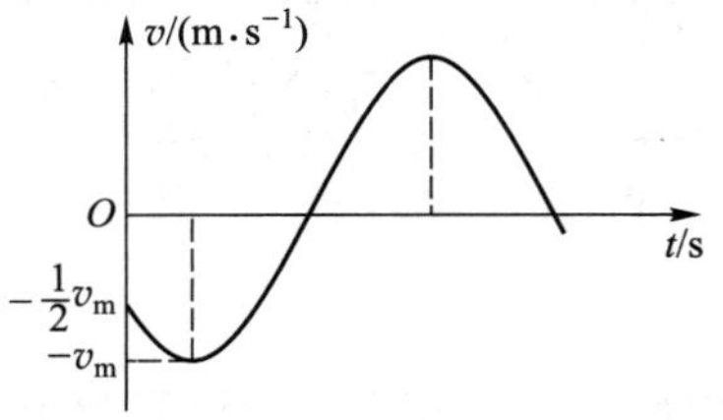

习题 6-9 图

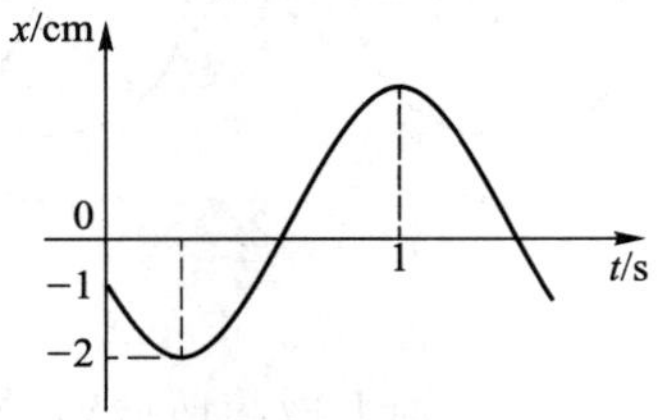

习题 6-10 图

11. 一质点做简谐振动,振动方程为 $x=A\cos(\omega t+\varphi)$,当时间 $t=T/4$(T 为周期)时,质点的速度为[ ]

(A) $A\omega\sin\varphi$; (B) $-A\omega\sin\varphi$; (C) $-A\omega\cos\varphi$; (D) $A\omega\cos\varphi$.

12. 一物体做简谐振动,振动方程为 $x=A\cos\left(\omega t+\frac{\pi}{4}\right)$,在 $t=3T/4$(T 为周期)时刻,物体的加速度为[ ]

(A) $-\frac{\sqrt{2}}{2}A\omega^2$; (B) $-\frac{\sqrt{3}}{2}A\omega^2$; (C) $\frac{\sqrt{2}}{2}A\omega^2$; (D) $\frac{\sqrt{3}}{2}A\omega^2$.

13. 图中三条曲线分别表示简谐振动中的位移 x、速度 v 和加速度 a. 下列说法中哪一个是正确的? [ ]

(A) 曲线 2、1、3 分别表示 x-t、v-t、a-t 曲线;

(B) 曲线 1、3、2 分别表示 x-t、v-t、a-t 曲线;

(C) 曲线 2、3、1 分别表示 x-t、v-t、a-t 曲线;

(D) 曲线 1、2、3 分别表示 x-t、v-t、a-t 曲线.

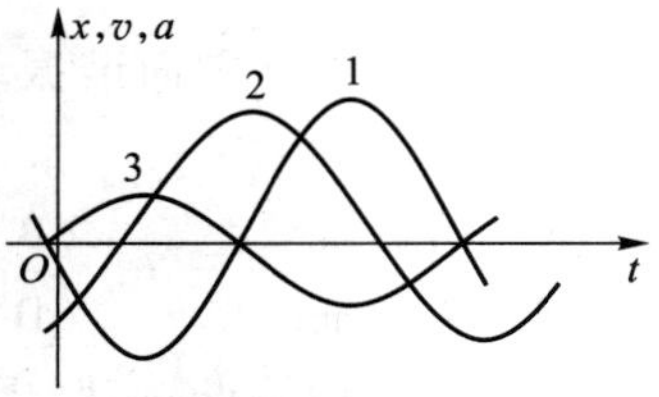

习题 6-13 图

14. 一质点做简谐振动,其振动方程为 $x=A\cos(\omega t+\varphi)$. 在求质点的振动动能时,得出下面 4 个表达式. 其中 m 是质点的质量,k 是弹簧的弹性系数,T 是振动的周期. 这些表达式中正确的是[ ]

(A) $\frac{1}{2}m\omega^2A^2\sin^2(\omega t+\varphi)$; (B) $\frac{1}{2}m\omega^2A^2\cos^2(\omega t+\varphi)$;

(C) $\frac{1}{2}kA^2\sin(\omega t+\varphi)$; (D) $\frac{1}{2}kA^2\cos^2(\omega t+\varphi)$.

15. 一弹簧振子做简谐振动,当位移为振幅的一半时,其动能为总能量的[ ]

(A) 1/4；　　(B) 1/2；　　(C) $1/\sqrt{2}$；　　(D) 3/4.

16. 一物体做简谐振动，总能量为 E_1. 若物体的振幅增加为原来的 2 倍，物体的质量增加为原来的 4 倍，则它的总能量 E_2 变为[　　]

(A) $E_1/4$；　　(B) $E_1/2$；　　(C) $4E_1$；　　(D) $2E_1$.

17. 当质点以频率 ν 做简谐振动时，它的动能的变化频率为[　　]

(A) 4ν；　　(B) 2ν；　　(C) ν；　　(D) $\nu/2$.

18. 为了测定音叉 c 的振动频率，可另选两个和 c 频率相近的音叉 a 和 b，已知 $\nu_a=500$ Hz，$\nu_b=493$ Hz. 先使音叉 a 和 c 同时振动，测得声响每秒加强 3 次，然后使音叉 b 和 c 同时振动，测得声响每秒加强 4 次，则音叉 c 的频率为[　　]

(A) 502 Hz；　　(B) 492 Hz；　　(C) 498 Hz；　　(D) 497 Hz.

19. 如图所示是两个简谐振动的振动曲线. 这两个简谐振动合成的余弦振动的初相位为[　　]

(A) $\frac{3}{2}\pi$；　　(B) π；

(C) $\frac{\pi}{2}$；　　(D) 0.

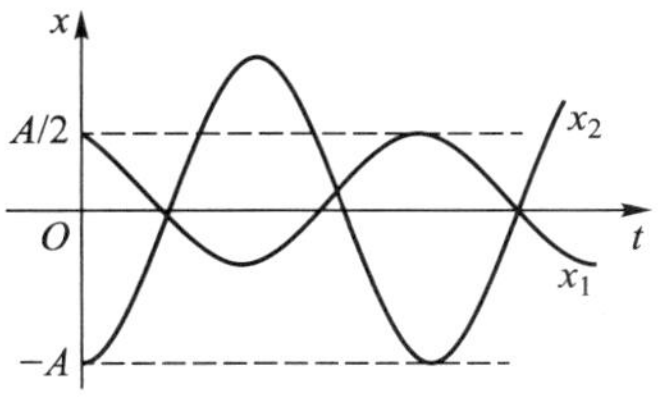

习题 6-19 图

二、填空题

20. 一质点做简谐振动，速度最大值 $v_m=7$ cm/s，振幅 $A=3$ cm. 若令速度具有正最大值的那一时刻为 $t=0$，则振动方程为__________________.

21. 无阻尼自由简谐振动的周期和频率由____________决定. 对于给定的简谐振动系统，其振幅、初相位由________决定.

22. 一质点沿 x 轴做简谐振动，振动范围的中心点为 x 轴的原点. 已知周期为 T，振幅为 A.

(1) 若 $t=0$ 时，质点过 $x=0$ 处，且向 x 轴负方向运动，则振动方程为 $x=$________；

习题 6-22 精解

(2) 若 $t=0$ 时，质点处于 $x=A/2$ 处，且向 x 轴正方向运动，则振动方程为 $x=$________.

23. 一简谐振动用余弦函数表示，其振动曲线如图所示，则此简谐振动的三个特征量为 $A=$________，$\omega=$________，$\varphi=$________.

24. 已知三个简谐振动曲线如图所示，则振动方程分别为：$x_1=$________，$x_2=$________，$x_3=$________.

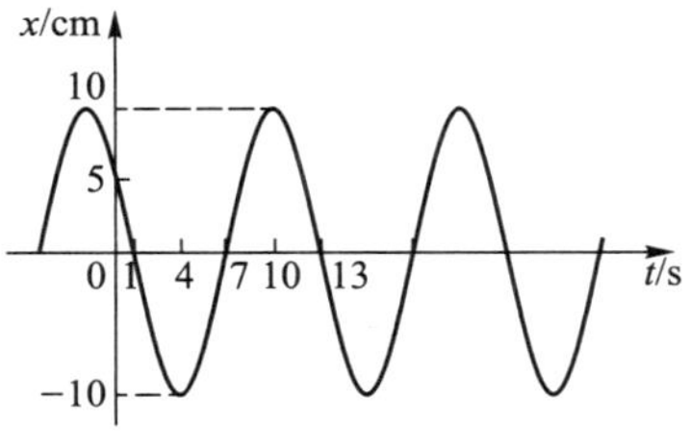

习题 6-23 图

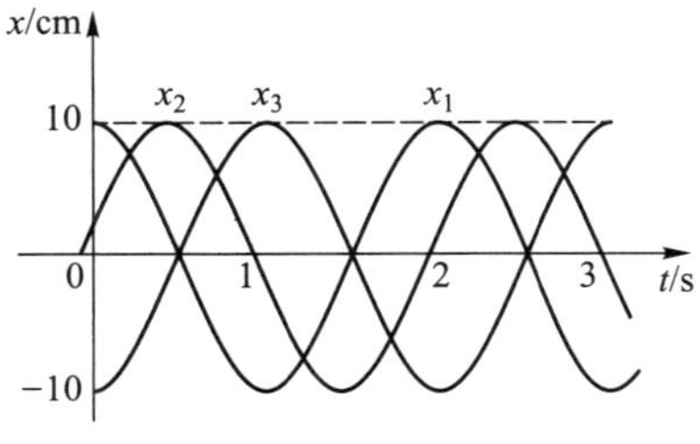

习题 6-24 图

25. 有简谐振动方程为 $x=2\cos\left(\dfrac{\pi}{2}t+\varphi\right)$（SI 单位），初相位分别为 $\varphi_1=\pi/2$，$\varphi_2=\pi$，$\varphi_3=-\pi/2$ 的三个振动. 试在同一个坐标图上画出上述三个振动曲线.

26. 一质点做简谐振动，其振动曲线如图所示. 根据此图，它的周期 $T=$________；用余弦函数描述时，初相位 $\varphi=$________.

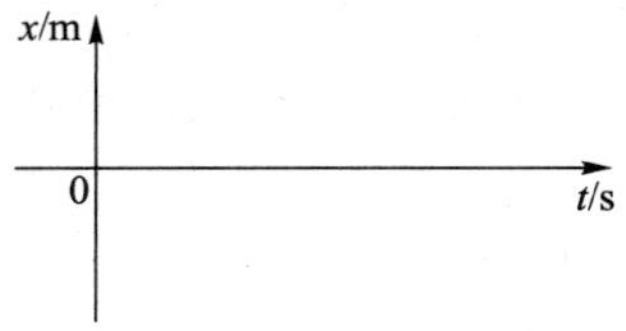

习题 6-25 图

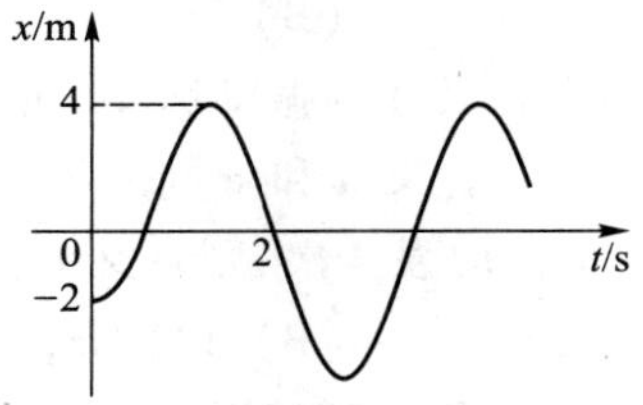

习题 6-26 图

27. 已知两个简谐振动的振动曲线如图所示，两简谐振动的最大速率之比为________.

28. 一简谐振动的旋转矢量图如图所示，振幅矢量长 4 cm，则该简谐振动的初相位为________，振动方程为________.

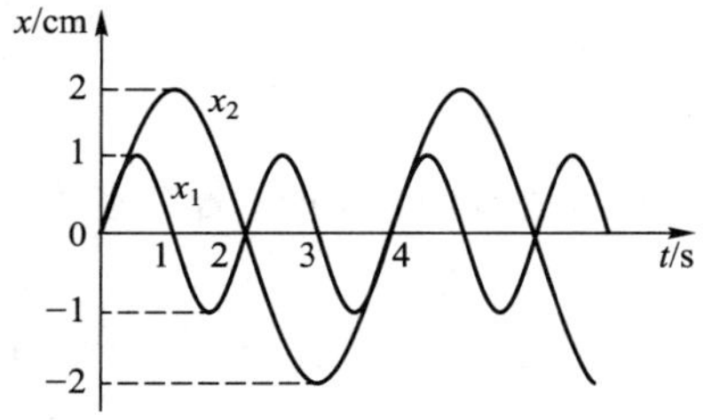

习题 6-27 图

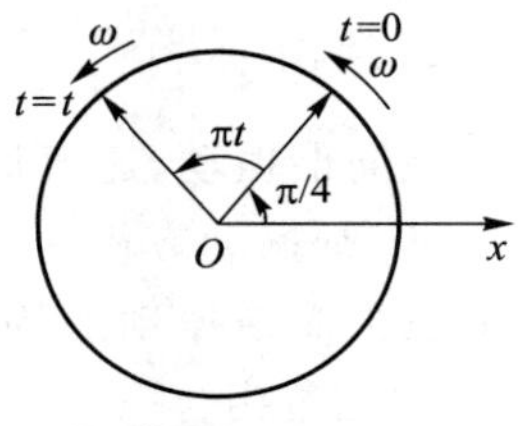

习题 6-28 图

29. 一弹簧振子系统具有 1.0 J 的振动能量、0.10 m 的振幅和 1.0 m/s 的最大速率，则弹簧的弹性系数为________，振子的振动周期为________.

30. 质量 $m'=1.2$ kg 的物体挂在一个轻弹簧上振动. 用秒表测得此系统在 45 s 内振动了 90 次. 若在此弹簧上再加挂质量 $m=0.4$ kg 的物体，而弹簧所受的力未超过弹性限度，则该系统新的振动周期为________.

习题 6-30 精解

31. 在两个相同的弹簧下各悬挂一物体，两物体的质量之比为 4 : 1，则二者做简谐振动的周期之比为____________.

32. 一做简谐振动的振动系统，振子质量为 1 kg，振动频率为 1 000 Hz，振幅为 0.5 cm，则其振动能量为________.

33. 两个同方向、同频率的简谐振动，其振动方程分别为

$$x_1=6\times10^{-2}\cos(5t+\pi/2)\ (\text{SI 单位}),\quad x_2=2\times10^{-2}\cos(\pi-5t)\ (\text{SI 单位})$$

它们的合振动的振幅为________，初相位为________.

34. 一物体同时参与同一直线上的两个简谐振动：$x_1=0.05\cos\left(4\pi t+\dfrac{\pi}{3}\right)$（SI 单位），$x_2=0.02\cos\left(4\pi t-\dfrac{2}{3}\pi\right)$（SI 单位），则合振动的振幅为________ m.

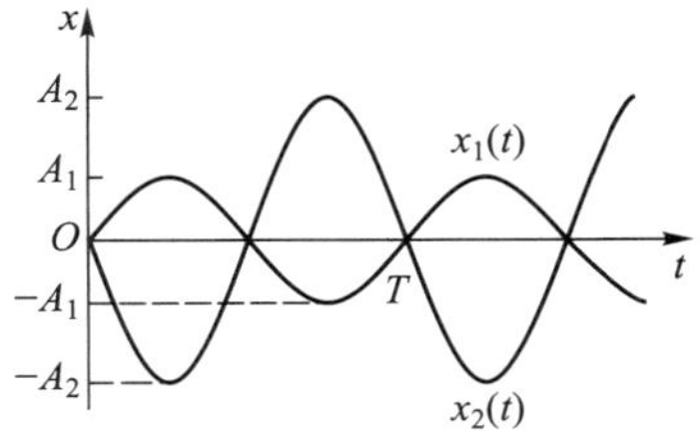

习题 6-36 图

35. 做简谐振动的物体的振幅为 A，其动能和势能相等的位置为________，弹性力在半个周期内所做的功为________.

36. 两个同方向的简谐振动曲线如图所示. 合振动的振幅为________，合振动的振动方程为________________.

37. 一质点同时参与了三个简谐振动，它们的振动方程分别为 $x_1 = A\cos\left(\omega t+\dfrac{\pi}{3}\right)$，$x_2 = A\cos\left(\omega t+\dfrac{5}{3}\pi\right)$，$x_3 = A\cos(\omega t+\pi)$. 其合振动的振动方程为 $x=$________.

三、计算题

习题 6-38 图

38. 如图所示，一质点沿 x 轴做简谐振动，选取该质点向右运动通过 A 点时作为计时起点（$t=0$），经过 3 s 后质点第一次经过 B 点，再经过 3 s 后质点第二次经过 B 点. 若已知该质点在 A、B 两点具有相同的速率，且 $AB=12$ cm，求：

（1）质点的振动方程；

（2）质点在 A 点处的速率.

39. 一质点按如下规律沿 x 轴做简谐振动：$x=0.2\cos\left(4\pi t+\dfrac{2}{3}\pi\right)$（SI 单位）. 求此振动的周期、振幅、初相位、速度最大值和加速度最大值.

40. 一质量为 10 g 的物体做简谐振动，其振幅为 2 cm，频率为 8 Hz，$t=0$ 时位移为 −2 cm，初速度为零. 求：

（1）物体的振动方程；

（2）$t=\dfrac{1}{4}$ s 时物体所受的作用力.

41. 一物体竖直悬挂在弹性系数为 k 的弹簧上做简谐振动. 设振幅 $A=0.24$ m，周期 $T=4.0$ s，开始时在平衡位置下方 0.12 m 处向上运动. 求：

（1）物体做简谐振动的振动方程；

（2）物体从初始位置运动到平衡位置上方 0.12 m 处所需的最短时间.

（3）物体在平衡位置下方 0.12 m 处所受到的合外力的大小及方向（设质量 $m=1.0$ kg）.

42. 一物体沿 x 轴做简谐振动. 已知物体的最大位移为 $x_m=0.2$ m，最大回复力为 $F_m=0.8$N，最大速度为 $v_m=0.8\pi$ m/s. 又知 $t=0$ 时的位移为 0.1 m，且初速度与所选 x 轴正方向相反.

（1）求振动能量；

（2）求此振动的振动方程.

43. 一物体放在水平木板上，这木板以 $\nu=1$ Hz 的频率沿水平直线做简谐运动，物体和水平木板之间的静摩擦因数 $\mu_s=0.50$，求物体在木板上不滑动时的最大振幅 A_{max}.

44. 一质量 $m=1.00\times10^{-2}$ kg 的质点做振幅为 $A=5.00\times10^{-2}$ m 的简谐振动，初始位置在位移 $A/2$ 处并向着平衡位置运动，它通过平衡位置时的动能 E_k 为 3.08×10^{-5} J.

（1）写出质点的振动方程；

（2）求出初始位置的势能.

第六章习题参考答案

拓展习题

第七章　波　　动

知识导航

1. 波动

振动的传播过程称为波动.波动通常分为两大类:一类是变化的电场和变化的磁场在空间的传播,称为电磁波;一类是机械振动在介质中的传播,称为机械波.机械波的产生必须具备两个条件:一是要有做机械振动的物体,称为波源;一是要有传播振动的弹性介质.

2. 描述波动的几个物理量

(1) 波速 u

波动是振动状态(即相位)的传播,振动状态在单位时间内传播的距离称为波速,也称相速.对于机械波,波速由介质的性质决定.

(2) 波动的周期 T 和频率 ν

波动的周期是指一个完整的波形通过介质中某一固定点所需的时间.周期的倒数称为频率,波动的频率是指单位时间内通过介质中某固定点完整波的数目.

(3) 波长 λ

同一波线上相邻的相位差为 2π 的两质点之间的距离.$\lambda=uT=\dfrac{u}{\nu}$.

3. 平面简谐波

平面简谐波的波函数:

$$y=A\cos\left[\omega\left(t\mp\frac{x}{u}\right)+\varphi\right]$$

波函数的物理意义:

(1) 当 x 一定时,波函数表示在波线上的 x 处,质点简谐振动的振动方程.

(2) 当 t 一定时,波函数表示 t 时刻波线上各质点离开各自平衡位置的分布情况,即 t 时刻的波形.

(3) 当 x、t 都变化时,波函数表示任一质点在任一时刻离开平衡位置的位移,即代表一列行波.

4. 波的能量

(1) 介质中质元的能量

动能:

$$\mathrm{d}E_{\mathrm{k}}=\frac{1}{2}\rho\mathrm{d}VA^2\omega^2\sin^2\left[\omega\left(t-\frac{x}{u}\right)+\varphi\right]$$

势能:

$$\mathrm{d}E_{\mathrm{p}}=\frac{1}{2}\rho\mathrm{d}VA^2\omega^2\sin^2\left[\omega\left(t-\frac{x}{u}\right)+\varphi\right]$$

机械能:

$$\mathrm{d}E=\mathrm{d}E_{\mathrm{k}}+\mathrm{d}E_{\mathrm{p}}=\rho\mathrm{d}VA^2\omega^2\sin^2\left[\omega\left(t-\frac{x}{u}\right)+\varphi\right]$$

(2) 波的能量密度和平均能量密度

波的能量密度:

$$w=\frac{\mathrm{d}E}{\mathrm{d}V}=\rho A^2\omega^2\sin^2\left[\omega\left(t-\frac{x}{u}\right)+\varphi\right]$$

波的平均能量密度:

$$\overline{w}=\frac{1}{2}\rho A^2\omega^2$$

(3) 波的平均能流:

$$\overline{P}=\overline{w}u\Delta S$$

(4) 波的平均能流密度 :

$$I=\frac{1}{2}\rho A^2\omega^2u$$

5. 惠更斯原理

介质中波前上的各点,都可以看作发射子波的波源,其后任一时刻这些子波的包迹就是新的波前.

6. 波的叠加原理

几列波相遇时保持各自的特点通过介质中波的叠加区域;在它们重叠的区域内,每一质点的振动都是各个波单独引起的振动的合成.

7. 波的干涉

(1) 干涉现象

当两列(或几列)波在空间某一区域同

时传播时，叠加后波的强度在空间这一区域内重新分布，形成有的地方强度始终加强，另一些地方强度始终减弱，整个区域中强度有一稳定分布的现象，这种现象称为波的干涉.

(2) 干涉条件

相干波条件：频率相同、振动方向相同、相位差恒定.

干涉加强（相长干涉）：

$$\Delta\varphi=\varphi_1-\varphi_2+2\pi\frac{r_2-r_1}{\lambda}=\pm 2k\pi \quad (k=0,1,2,\cdots)$$

$$A=A_1+A_2$$

干涉减弱（相消干涉）：

$$\Delta\varphi=\varphi_1-\varphi_2+2\pi\frac{r_2-r_1}{\lambda}=\pm(2k+1)\pi \quad (k=0,1,2,\cdots)$$

$$A=|A_1-A_2|$$

8. 驻波

波动方程：

$$y=2A\cos 2\pi\frac{x}{\lambda}\cos 2\pi\nu t,$$

其振幅 $\left|2A\cos 2\pi\frac{x}{\lambda}\right|$ 随 x 作周期性变化.

波节位置：

$$x=\pm(2k+1)\frac{\lambda}{4} \quad (k=0,1,2,\cdots)$$

波腹位置：

$$x=\pm k\frac{\lambda}{2} \quad (k=0,1,2,\cdots)$$

9. 半波损失

波由波疏介质射向波密介质，在两种介质的分界面反射时会形成波节，相当于反射波在反射点损失了半个波长的波程，这种现象称为半波损失.

视频导学

例题详解

例 1 如图所示为一平面简谐波在 $t=0$ 时刻的波形图，设此简谐波的频率为 250 Hz，且此时质点 P 的运动方向向下，求：

(1) 该波的波函数；

(2) 在距原点 O 为 100 m 处质点的振动方程与振动速度表达式.

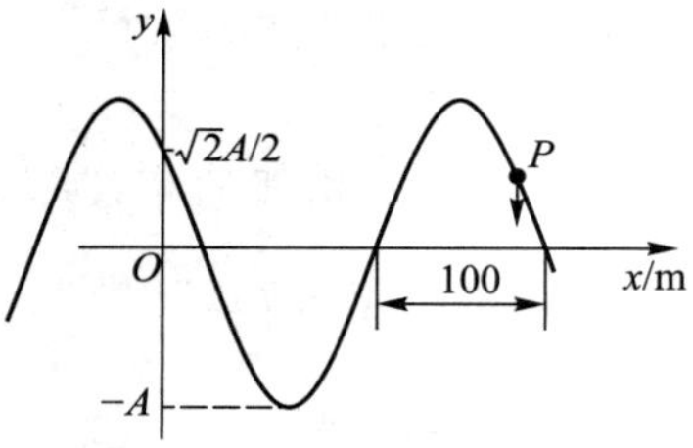

例题 7-1 图

解：(1) 由 P 点的运动方向，可判定该波沿 x 轴负方向传播. O 处的质点，当 $t=0$ 时

$$x_0=A\cos\varphi=\sqrt{2}A/2$$

$$v_0=-A\omega\sin\varphi<0$$

解得

$$\varphi=\pi/4$$

O 处质点的振动方程为

$$y_0=A\cos\left(500\pi t+\frac{\pi}{4}\right) \quad (\text{SI 单位})$$

由图可知 $\lambda=200$ m，故波函数为

$$y=A\cos\left[2\pi\left(250t+\frac{x}{200}\right)+\frac{\pi}{4}\right] \quad (\text{SI 单位})$$

(2) 把 $x=100$ m 代入上式，得距 O 点 100 m 处质点的振动方程为

$$y_1=A\cos\left(500\pi t+\frac{5}{4}\pi\right)\quad (\text{SI 单位})$$

则
$$v=-500\pi A\sin\left(500\pi t+\frac{5}{4}\pi\right)\quad (\text{SI 单位})$$

例 2　图示为一平面简谐波在 $t=0$ 时刻的波形图，求：

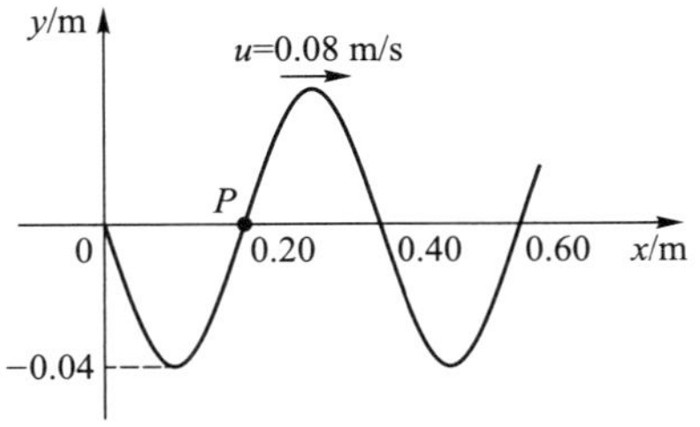

例题 7-2 图

（1）该波的波函数；

（2）P 处质点的振动方程.

解：（1）O 处的质点，当 $t=0$ 时

$$y_0=A\cos\varphi=0$$
$$v_0=-A\omega\sin\varphi>0$$

解得
$$\varphi=\frac{3}{2}\pi$$

由图知 $\lambda=0.40$ m，又 $T=\lambda/u=(0.40/0.08)$ s $=5$ s，故波函数为

$$y=0.04\cos\left[2\pi\left(\frac{t}{5}-\frac{x}{0.4}\right)+\frac{3\pi}{2}\right]\quad (\text{SI 单位})$$

（2）把 $x=0.2$ m 代入上式，得 P 处质点的振动方程为

$$y_P=0.04\cos\left[2\pi\left(\frac{t}{5}-\frac{0.2}{0.4}\right)+\frac{3\pi}{2}\right]=0.04\cos\left(0.4\pi t+\frac{\pi}{2}\right)\quad (\text{SI 单位})$$

自测练习

一、选择题

1. 一沿 x 轴负方向传播的平面简谐波在 $t=2$ s 时的波形曲线如图所示，则原点 O 的振动方程为[　　]

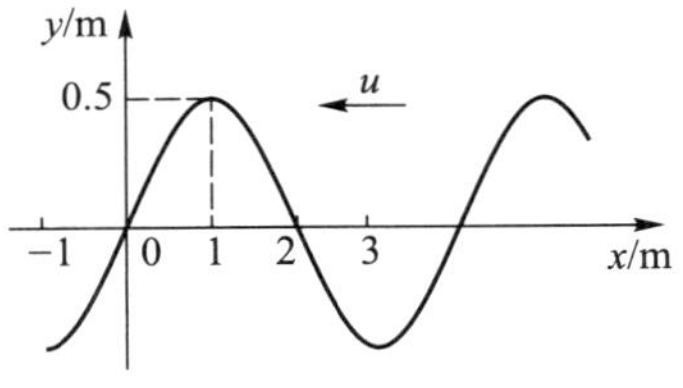

习题 7-1 图

（A）$y=0.50\cos\left(\frac{\pi}{2}t+\frac{\pi}{2}\right)$（SI 单位）；

（B）$y=0.50\cos\left(\pi t+\frac{\pi}{2}\right)$（SI 单位）；

（C）$y=0.50\cos\left(\frac{\pi}{4}t+\frac{\pi}{2}\right)$（SI 单位）；

（D）$y=0.50\cos\left(\frac{\pi}{2}t-\frac{\pi}{2}\right)$（SI 单位）.

2. 波由一种介质进入另一种介质时，其传播速度、频率和波长[　　]

（A）三量都会发生变化；　（B）三量都不发生变化；

（C）速度和频率变，波长不变；　（D）速度和波长变，频率不变.

3. 若一平面简谐波的波函数为 $y=A\cos(Bt-Cx)$，式中 A、B、C 为正值常量，则[　　]

（A）角频率为 $2\pi/B$；（B）波长为 $2\pi/C$；　（C）周期为 $1/B$；　（D）波速为 C.

4. 频率为 100 Hz、传播速度为 150 m/s 的平面简谐波，波线上距离小于波长的两点振动的相位差为 $\pi/3$，则此两点相距[　　]

(A) 0.5 m; (B) 0.25 m; (C) 2.86 m; (D) 2.19 m.

5. 波速为 2 m/s 的平面余弦波沿 x 轴负方向传播，如果这列波使位于原点的质元做 $y=3\cos\dfrac{\pi}{2}t$ 的振动，那么位于 $x=2$ m 处质元的振动方程为[　　]

(A) $y=3\cos\dfrac{\pi}{2}t$; (B) $y=-3\cos\dfrac{\pi}{2}t$; (C) $y=3\sin\dfrac{\pi}{2}t$; (D) $y=-3\sin\dfrac{\pi}{2}t$.

6. 如图所示，一平面简谐波沿 x 轴正方向传播，已知 P 点的振动方程为 $y=A\cos(\omega t+\varphi_0)$，则波函数为 [　　]

(A) $y=A\cos\omega(t-x/u)$;

(B) $y=A\cos\{\omega[t-(x-l)/u]+\varphi_0\}$;

(C) $y=A\cos\{\omega[t+(x-l)/u]+\varphi_0\}$;

(D) $y=A\cos\{\omega[t-(x/u)]+\varphi_0\}$.

7. 一平面简谐波的波函数为 $y=0.1\cos(3\pi t-\pi x+\pi)$ (SI 单位)，$t=0$ 时的波形曲线如图所示，则[　　]

(A) 波长为 3 m; (B) 波速为 9 m/s;

(C) O 点的振幅为 -0.1 m; (D) a、b 两点间相位差为 $\pi/2$.

8. 图示为一简谐波在 $t=0$ 时刻的波形图，波速 $u=100$ m/s，则 P 处质点的振动速度表达式为[　　]

(A) $v=-0.1\pi\cos(\pi t-\pi)$ (SI 单位);

(B) $v=-0.2\pi\cos(2\pi t-\pi)$ (SI 单位);

(C) $v=0.2\pi\cos(2\pi t-\pi/2)$ (SI 单位);

(D) $v=0.1\pi\cos(\pi t-3\pi/2)$ (SI 单位).

习题 7-8 精解

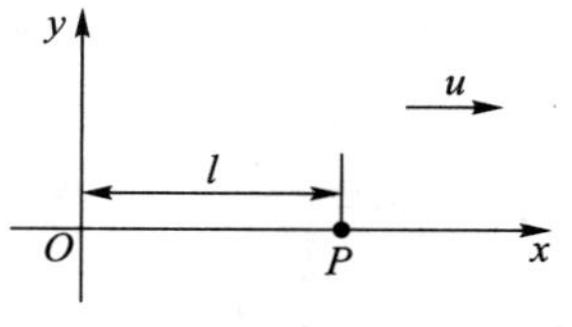

习题 7-6 图

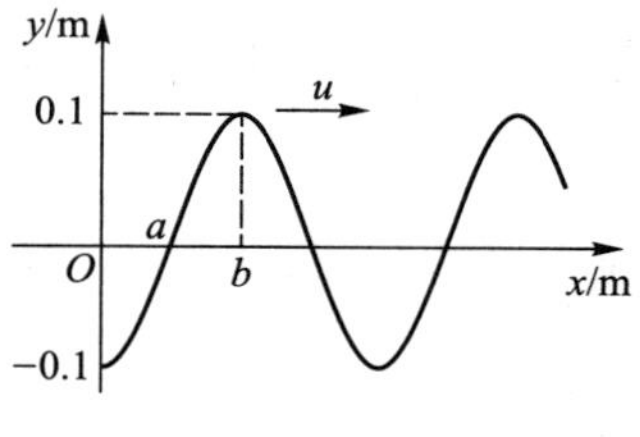

习题 7-7 图

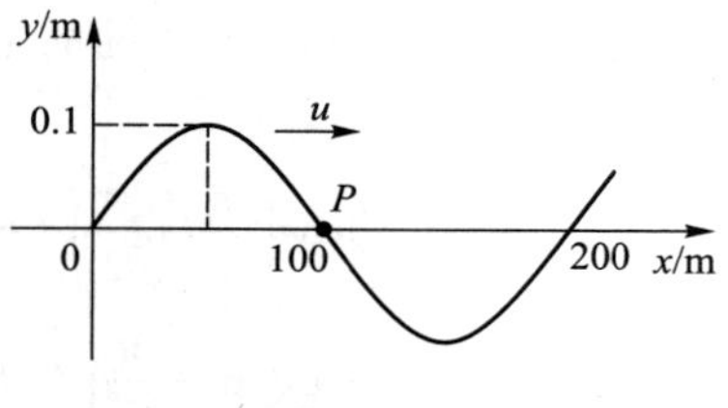

习题 7-8 图

9. 一平面简谐波以速度 u 沿 x 轴正方向传播，在 $t=t'$ 时刻波形曲线如图所示. 则坐标原点 O 的振动方程为[　　]

(A) $y=a\cos\left[\dfrac{u}{b}(t-t')+\dfrac{\pi}{2}\right]$;

(B) $y=a\cos\left[\pi\dfrac{u}{b}(t-t')-\dfrac{\pi}{2}\right]$;

(C) $y=a\cos\left[2\pi\dfrac{u}{b}(t-t')-\dfrac{\pi}{2}\right]$;

(D) $y=a\cos\left[\pi\dfrac{u}{b}(t+t')+\dfrac{\pi}{2}\right]$.

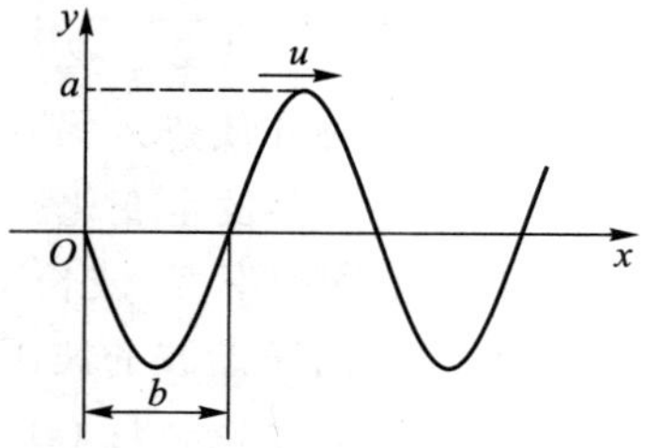

习题 7-9 图

10. 图示为一沿 x 轴正方向传播的平面简谐波在 $t=0$ 时刻的波形曲线. 若振动以余弦函数表示，且此题各点振动初相位取 $-\pi$ 到 π 之间的值，则[　　]

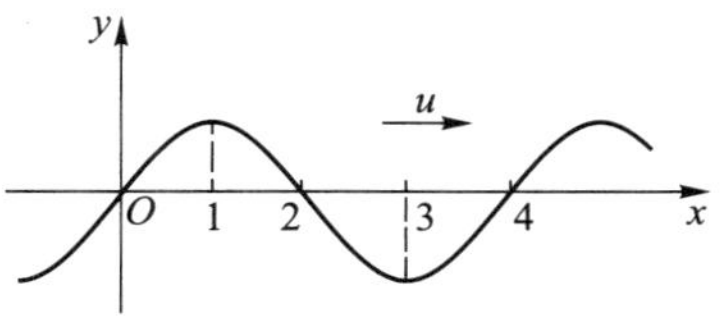

习题 7-10 图

(A) O 点的初相位为 $\varphi_0=-\pi/2$；

(B) 3 点的初相位为 $\varphi_3=0$；

(C) 2 点的初相位为 $\varphi_2=0$；

(D) 1 点的初相位为 $\varphi_1=0$.

11. 一平面简谐波沿 x 轴正方向传播，$t=0$ 时刻的波形曲线如图所示，则 P 处质点的振动在 $t=0$ 时刻的旋转矢量图是[　　]

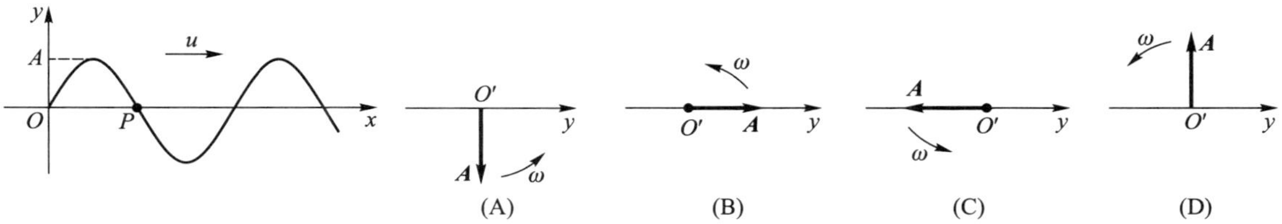

习题 7-11 图

12. 一角频率为 ω 的简谐波沿 x 轴的正方向传播，$t=0$ 时刻的波形曲线如图所示. 则 $t=0$ 时刻，x 轴上各质点的振动速度 v 与 x 坐标的关系图应为[　　]

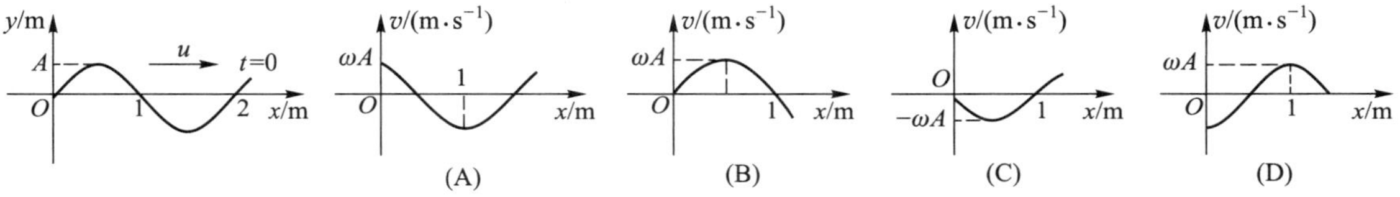

习题 7-12 图

13. 在同一介质中两列相干的平面简谐波的强度之比是 $I_1/I_2=16$，则两列波的振幅之比是[　　]

(A) $A_1/A_2=2$；　　(B) $A_1/A_2=16$；　　(C) $A_1/A_2=4$；　　(D) $A_1/A_2=1/4$.

14. 一平面简谐波在弹性介质中传播，在介质质元从最大位移处回到平衡位置的过程中[　　]

(A) 它的动能转化成势能；

(B) 它从相邻的一段介质质元获得能量，其能量逐渐增加；

(C) 它把自己的能量传给相邻的一段介质质元，其能量逐渐减小；

(D) 它的势能转化成动能.

15. 一平面简谐波在弹性介质中传播，在某一瞬时，介质中某质元正处于平衡位置，此时它的能量是[　　]

(A) 动能为零，势能最大；　　(B) 动能最大，势能最大；

(C) 动能为零，势能为零；　　(D) 动能最大，势能为零.

16. 如图所示，两列波长为 λ 的相干波在 P 点相遇. 波在 S_1 点振动的初相位是 φ_1，S_1 到 P 点的距离是 r_1；波在 S_2 点的初相位是 φ_2，S_2 到 P 点的距离是 r_2. 以 k 代表零或正、负整数，

则 P 点是干涉极小的条件为[　　]

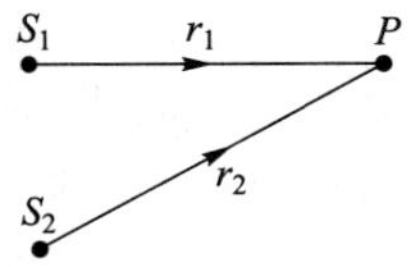

习题 7-16 图

(A) $r_2-r_1=(2k+1)\dfrac{\lambda}{2}$;

(B) $\varphi_1-\varphi_2+2\pi(r_1-r_2)/\lambda=(2k+1)\pi$;

(C) $\varphi_1-\varphi_2=(2k+1)\pi$;

(D) $\varphi_1-\varphi_2+2\pi(r_2-r_1)/\lambda=(2k+1)\pi$.

17. S_1 和 S_2 是波长均为 λ 的两列相干波的波源,相距 $3\lambda/4$,S_1 的相位比 S_2 超前$\dfrac{\pi}{2}$. 若两波单独传播时,在过 S_1 和 S_2 的直线上各点的强度相同且不随距离变化,设两波的强度都是 I_0,则在 S_1、S_2 连线上 S_1 外侧和 S_2 外侧各点,合成波的强度分别是[　　]

(A) 0,0;　　(B) $0,4I_0$;　　(C) $4I_0,0$;　　(D) $4I_0,4I_0$.

18. 如图所示,S_1 和 S_2 为两相干波源,发出两列波长为 λ 的简谐波,P 点是两列波相遇区域中的一点. 已知 $S_1P=2\lambda$,$S_2P=2.3\lambda$,两列波在 P 点发生相消干涉. 若 S_1 的振动方程为 $y_1=A\cos(2\pi t+\pi/2)$(SI 单位),则 S_2 的振动方程为[　　]

(A) $y_2=A\cos(2\pi t+\pi/2)$;

(B) $y_2=A\cos(2\pi t-0.1\pi)$;

(C) $y_2=A\cos(2\pi t-\pi/2)$;

(D) $y_2=A\cos(2\pi t+0.1\pi)$.

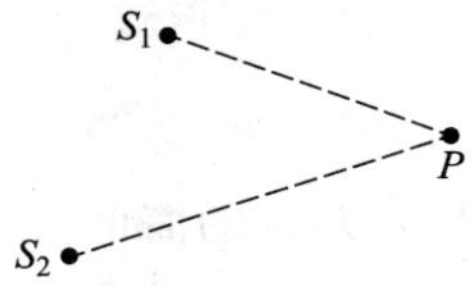

习题 7-18 图　　习题 7-18 精解

19. 在驻波中,两个相邻波节间各质元的振动[　　]

(A) 振幅不同,相位不同;　　(B) 振幅相同,相位不同;

(C) 振幅不同,相位相同;　　(D) 振幅相同,相位相同.

20. 在波长为 λ 的驻波中,两个相邻波腹之间的距离为[　　]

(A) $\lambda/4$;　　(B) $3\lambda/4$;　　(C) λ;　　(D) $\lambda/2$.

21. 一驻波在某时刻的波形曲线如图所示,在图中 a、b、c 三处质元振动的相位关系为[　　]

(A) a 与 b 相位相同,b 与 c 相位相同

(B) a 与 b 相位相同,b 与 c 相位相反

(C) a 与 b 相位相反,b 与 c 相位相同

(D) a 与 b 相位相反,b 与 c 相位相反.

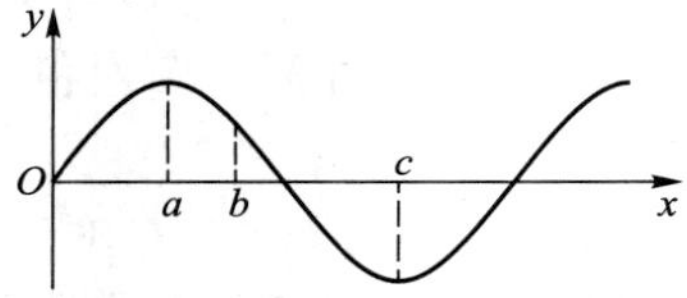

习题 7-21 图

22. 沿着相反方向传播的两列相干波,其波函数分别为 $y_1=A\cos2\pi(\nu t-x/\lambda)$ 和 $y_2=A\cos2\pi(\nu t+x/\lambda)$. 在叠加后形成的驻波中,波节的位置坐标为[　　]

(A) $x=\pm(2k+1)\dfrac{\lambda}{2}$;　　(B) $x=\pm(2k+1)\dfrac{\lambda}{4}$;

(C) $x=\pm k\lambda$;　　(D) $x=\pm k\dfrac{\lambda}{2}$.　(其中 $k=0,1,2,3,\cdots$)

二、填空题

23. 一声波在空气中的波长是 0.25 m,传播速度是 340 m/s,当它进入另一介质时,波长变成了 0.35 m,它在该介质中的传播速度为________.

24. 一个余弦横波以速度 u 沿 x 轴正方向传播，t 时刻波形曲线如图所示. 试分别指出图中 A、B、C 各质点在该时刻的运动方向. A ________，B ________，C ________.

25. 一平面简谐波沿 x 轴正方向传播，波速 $u=200\ \mathrm{m/s}$，$t=0$ 时刻的波形曲线如图所示，可知波长 $\lambda=$________，振幅 $A=$________，频率 $\nu=$________.

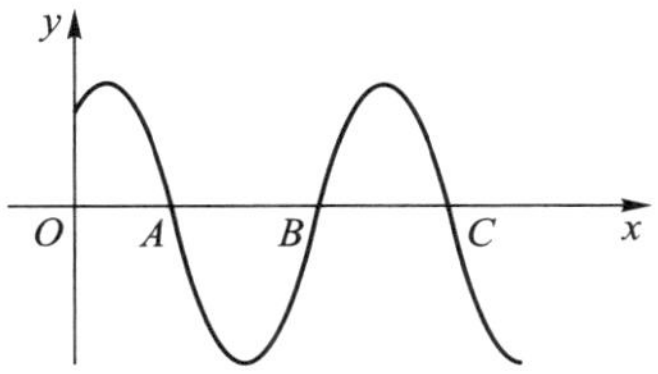

习题 7-24 图

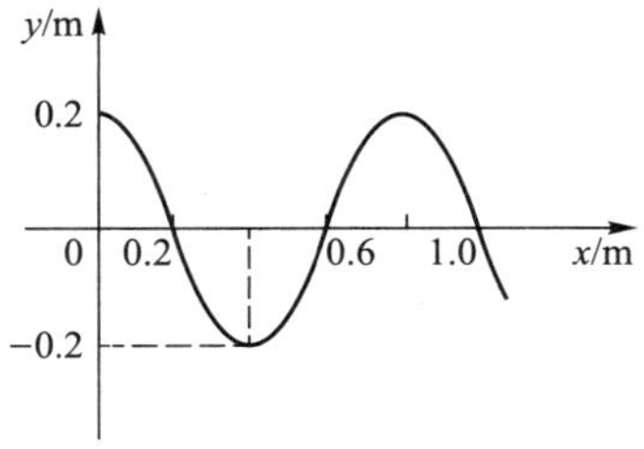

习题 7-25 图

26. 一平面简谐波的波函数为 $y=0.025\cos\pi(125t-0.37x)$（SI 单位），其角频率 $\omega=$________，波速 $u=$________，波长 $\lambda=$________.

习题 7-26 精解

27. 一平面简谐波沿 Ox 轴传播，波函数为 $y=A\cos[2\pi(\nu t-x/\lambda)+\varphi]$，则 $x_1=L$ 处介质质元振动的初相位是________；与 x_1 处质元振动状态相同的其他质元的位置是________；与 x_1 处质元速度大小相同，但方向相反的其他各质元的位置是________.

28. 一平面简谐波（机械波）沿 x 轴正方向传播，波函数为 $y=0.25\cos\left(\pi t-\dfrac{\pi}{4}x\right)$（SI 单位），则 $x=-3\ \mathrm{m}$ 处介质质元的振动加速度 a 的表达式为________________.

29. 图示为一种声波干涉仪，声波从入口 E 进入仪器，分 B、C 两路在管中传播至喇叭口 A 汇合传出. 弯管 C 可以移动以改变管路长度，当它渐渐移动时，从喇叭口发出的声音周期性地增强或减弱. 设 C 管每移动 10 cm，声音减弱一次，则该声波的频率为________.（空气中的声速为 340 m/s.）

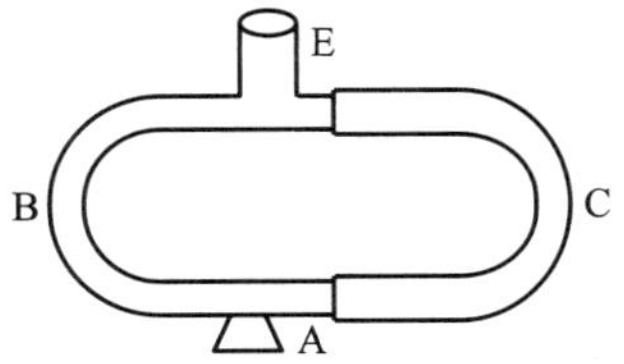

习题 7-29 图

30. 频率为 100 Hz 的波，其波速为 200 m/s. 在同一条波线上，相距为 0.5 m 的两点的相位差为________.

31. 已知波源的振动周期为 4.00×10^{-2} s，波的传播速度为 200 m/s，波沿 x 轴正方向传播，则位于 $x_1=10.0\ \mathrm{m}$ 和 $x_2=14.0\ \mathrm{m}$ 的两质点振动的相位差为________.

32. 在简谐波的一条波线上，相距 0.4 m 的两点的相位差为 $\pi/6$，又知振动周期为 0.4 s，则波长为________，波速为________.

33. 一简谐波沿 BP 方向传播，它在 B 点引起的振动的振动方程为 $y_1=A_1\cos2\pi t$（SI 单位）. 另一简谐波沿 CP 方向传播，它在 C 点引起的振动的振动方程为 $y_2=A_2\cos(2\pi t+\pi)$（SI 单位）. P 点与 B 点相距 0.40 m，与 C 点相距 0.50 m，如图所示. 波速为 $u=0.20\ \mathrm{m/s}$，则两波在 P 点的相位差为________.

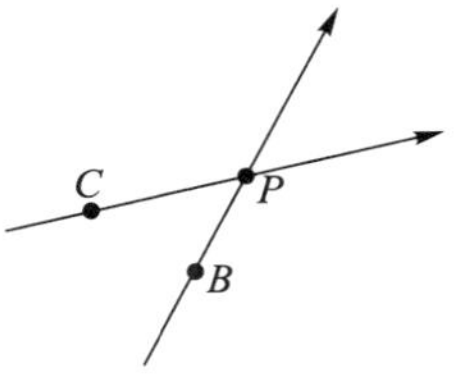

习题 7-33 图

习题 7-33 精解

34. 已知一平面简谐波沿 x 轴正向传播，振动周期 $T=0.5$ s，波长 $\lambda=10$ m，振幅 $A=0.2$ m.

当 $t=0$ 时波源振动的位移恰好为正的最大值. 若波源处为原点，则沿波传播方向距离波源为 $\frac{\lambda}{2}$ 处质点的振动方程为 $y=$________；当 $t=\frac{T}{2}$ 时，$x=\frac{\lambda}{4}$ 处质点的振动速度为________.

35. 如图所示，一平面简谐波沿 Ox 轴负方向传播，波长为 λ，若 P 处质点的振动方程是 $y_P=A\cos\left(2\pi\nu t+\frac{\pi}{2}\right)$，则该波的波函数是________________；P 处质点________时刻的振动状态与 O 处质点 t_1 时刻的振动状态相同.

36. 如图所示为一平面简谐波在 $t=4\ \mathrm{s}$ 时刻的波形图，该简谐波的波函数是________________；P 处质点的振动方程是________________.（该波的振幅 A、波速 u 与波长 λ 为已知量.）

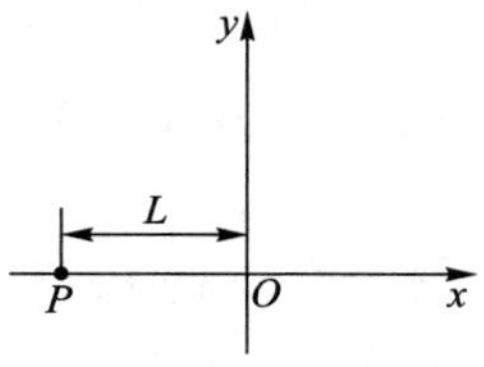

习题 7-35 图

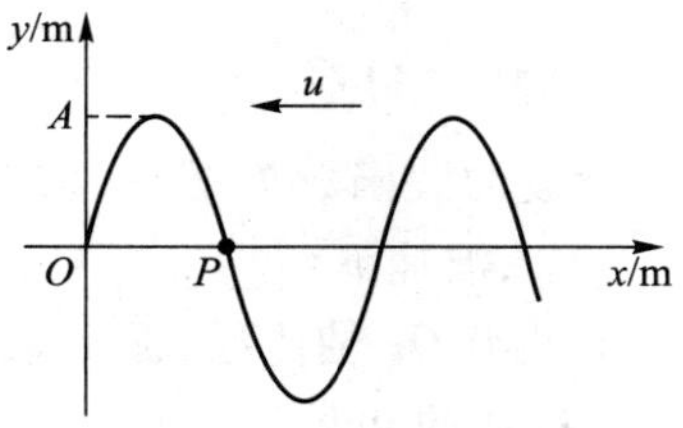

习题 7-36 图

37. 一平面简谐机械波在介质中传播时，若一介质质元在 t 时刻的总机械能是 20 J，则在 $(t+T)$（T 为波的周期）时刻该介质质元的振动动能是________.

38. 一个波源位于 O 点，以 O 为圆心作两个同心球面，它们的半径分别为 R_1 和 R_2. 在两个球面上分别取相等的面积 ΔS_1 和 ΔS_2，则通过它们的平均能流之比 $\bar{P}_1/\bar{P}_2=$________.

39. 在同一介质中两列频率相同的平面简谐波的强度之比 $I_1/I_2=16$，则这两列波的振幅之比 $A_1/A_2=$________.

40. 一列强度为 I 的平面简谐波通过一面积为 S 的平面，波速 $\boldsymbol{u}$ 与该平面的法线方向的夹角为 θ，则通过该平面的能流是________________.

41. 如图所示，S_1 和 S_2 为两同相相干波源，相距为 L，P 点距 S_1 为 r. 波源 S_1 在 P 点引起的振动振幅为 A_1，波源 S_2 在 P 点引起的振动振幅为 A_2，两波的波长都是 λ，则 P 点的合振幅 $A=$________________.

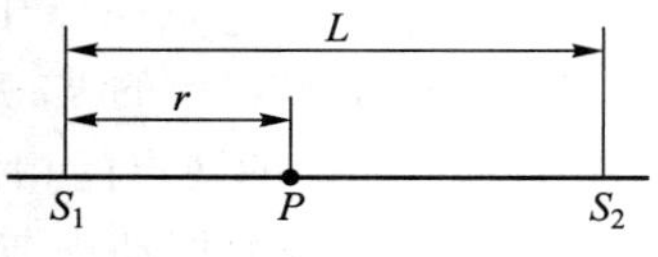

习题 7-41 图

42. 两列波在一根很长的弦线上传播，其波函数为

$$y_1=6.0\times10^{-2}\cos\frac{\pi}{2}(x-40t)\ (\text{SI 单位}),\quad y_1=6.0\times10^{-2}\cos\frac{\pi}{2}(x+40t)\ (\text{SI 单位})$$

则合成波的波函数为________________；在 $x=0$ 至 $x=10.0\ \mathrm{m}$ 内，波节的位置是________________；波腹的位置是________________.

43. 如果入射波的波函数是 $y_1=A\cos2\pi\left(\frac{t}{T}+\frac{x}{\lambda}\right)$，在 $x=0$ 处发生反射后形成驻波，反射点为波腹. 设反射后波的强度不变，则反射波的波函数是 $y_2=$________；在 $x=2\lambda/3$ 处质点合振动的振幅等于________.

44. 一驻波的波函数为 $y=A\cos 2\pi x\cos 100\pi t$(SI 单位)，位于 $x_1=\dfrac{3}{8}$ m 的质元 P_1 与位于 $x_2=\dfrac{5}{8}$ m 处的质元 P_2 的相位差为________________.

三、计算题

45. 一横波沿绳子传播，其波函数为

$$y=0.05\cos(200\pi t-2\pi x)\quad (\text{SI 单位}).$$

(1) 求此波的振幅、波速、频率和波长；

(2) 求绳子上各质点的最大振动速度和最大振动加速度；

(3) 求 $x_1=0.2$ m 处和 $x_2=0.7$ m 处两个质点的相位差.

46. 某质点做简谐振动，周期为 1 s，振幅为 0.06 m，在 $t=0$ 时刻，质点恰好处在负最大位移处.

(1) 求该质点的振动方程；

(2) 以该质点的平衡位置为坐标原点，设振动沿 x 轴正方向传播，波速 $u=2$ m/s，且振幅保持不变，求该波函数；

(3) 该波的波长.

47. 一平面简谐波沿 x 轴正方向传播，波速 $u=200$ m/s，$t=0$ 时的波形曲线如图所示. 根据波形图，求：

(1) 波长 λ、振幅 A、频率 ν、周期 T；

(2) 任一时刻的波函数；

(3) 写出 $x=0.4$ m 处质点的振动方程.

48. 一平面简谐波沿 Ox 轴的负方向传播，波长为 λ，P 处质点的振动规律如图(a)所示.

(1) 求 P 处质点的振动方程；

(2) 求此波的波函数；

(3) 若图(b)中 $d=\lambda/2$，求坐标原点 O 处质点的振动方程.

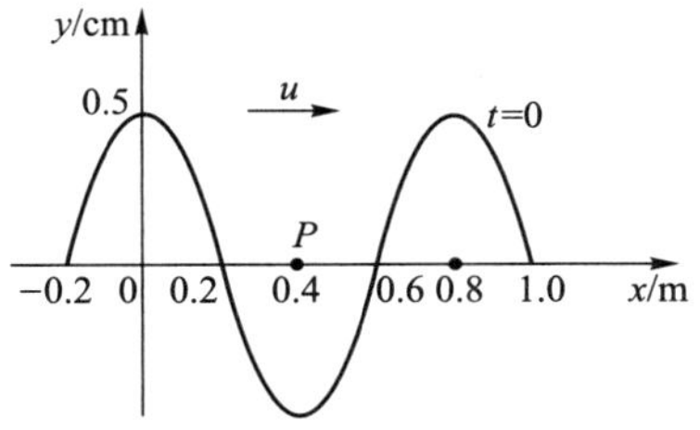

习题 7-47 图

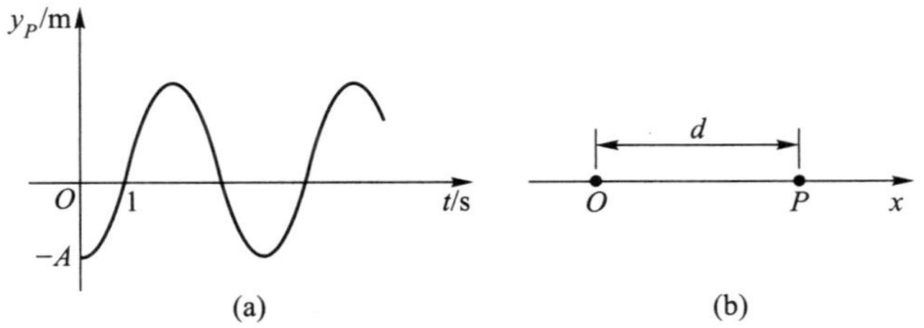

习题 7-48 图

49. 一平面简谐波沿 x 轴正方向传播，其振幅为 A，频率为 ν，波速为 u. 设 $t=t'$ 时刻的波形曲线如图所示. 求：

(1) $x=0$ 处质点的振动方程；

(2) 该波的波函数.

50. 图示为一平面余弦波在 $t=0$ 时刻与 $t=4$ s 时刻的波形图. 已知波速为 u，求：

（1）坐标原点处介质质元的振动方程；

（2）该波的波函数.

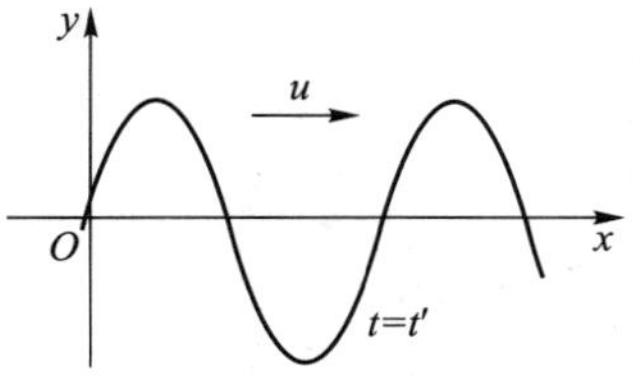

习题 7-49 图

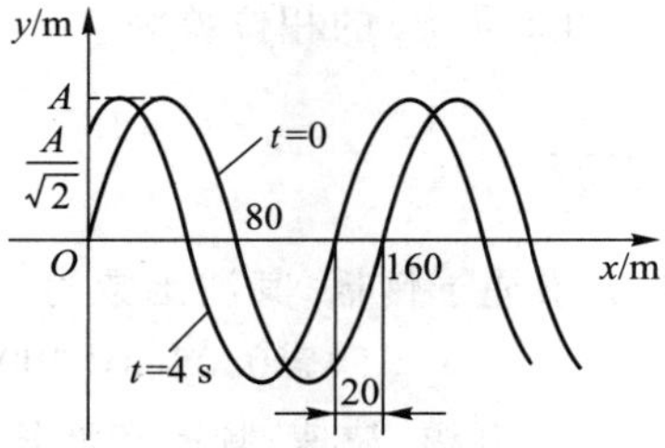

习题 7-50 图

51. 如图所示，一平面简谐波在介质中以速度 $u=10$ m/s 自左向右传播. 已知在传播路径上某点 A 的振动方程为 $y=0.5\cos(2\pi t-\pi)$（SI 单位），另一点 D 在 A 点右方 9 m 处.

（1）若取 x 轴正方向向左，并以 A 为坐标原点，试写出波的波函数，并求出 D 点的振动方程；

（2）若取 x 轴正方向向右，以 A 点左方 5 m 处的 O 点为 x 轴原点，试写出波的波函数，并求出 D 点的振动方程.

52. 一平面简谐波在介质中以速度 u 传播，其传播路径上一点 P 的振动方程为 $y_P=A\cos\omega t$，试按照图示的几种坐标系分别写出波函数（P 点到原点的距离为 L）.

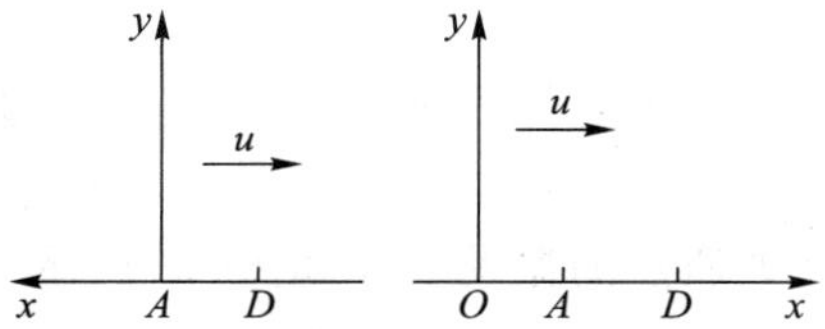

习题 7-51 图

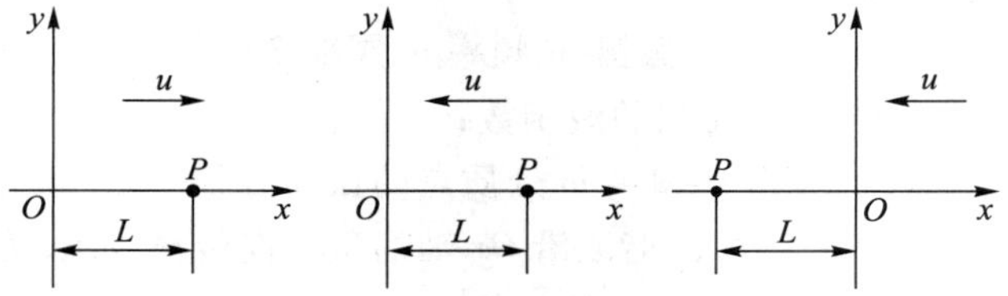

习题 7-52 图

53. 一平面简谐波沿 x 轴正方向传播，波的振幅 $A=10$ cm，波的角频率 $\omega=7\pi$ rad/s. 当 $t=1.0$ s 时，$x=10$ cm 处的 a 质点正通过其平衡位置向 y 轴负方向运动；而 $x=20$ cm 处的 b 质点正通过 $y=5.0$ cm 点向 y 轴正方向运动. 设该波波长 $\lambda>10$ cm，求该平面波的波函数.

第七章习题参考答案

拓展习题

第四单元　光学

第八章　光的干涉

知识导航

光的干涉分类：分波阵面干涉和分振幅干涉.

干涉条件：

$$\delta=n_2r_2-n_1r_1+\frac{\lambda}{2}=\begin{cases}k\lambda, & k=0,\pm1,(\text{明条纹})\\(2k+1)\dfrac{\lambda}{2}, & k=0,\pm1,(\text{暗条纹})\end{cases}$$

（1）杨氏双缝干涉（分波阵面干涉）

$$x=\begin{cases}k\dfrac{D}{d}\lambda, & k=0,\pm1,\pm2,\cdots(\text{明条纹})\\(2k+1)\dfrac{D}{d}\cdot\dfrac{\lambda}{2}, & k=0,\pm1,\pm2,\cdots(\text{暗条纹})\end{cases}$$

条纹间隔　$\Delta x=\dfrac{D}{d}\lambda$

（2）薄膜干涉（分振幅干涉）

① 等倾干涉（厚度 e 均匀，倾角 i 变化）

$$\delta=2e\sqrt{n_2^2-n_1^2\sin^2 i}+\frac{\lambda}{2}=\begin{cases}k\lambda, & k=1,2,3,\cdots(\text{明条纹})\\(2k+1)\dfrac{\lambda}{2}, & k=0,1,2,\cdots(\text{暗条纹})\end{cases}$$

② 等厚干涉（厚度 e 不均匀，垂直入射，$i=0$）

$$\delta=2n_2e+\frac{\lambda}{2}=\begin{cases}k\lambda, & k=1,2,3,\cdots(\text{明条纹})\\(2k+1)\dfrac{\lambda}{2}, & k=0,1,2,\cdots(\text{暗条纹})\end{cases}$$

劈尖：

$l\sin\theta=\dfrac{\lambda}{2n_2}$（楔角 $\theta\uparrow$，条纹间距 $l\downarrow$）

牛顿环：

$$r=\begin{cases}\sqrt{\dfrac{2k-1}{2}R\lambda}, & k=1,2,3,\cdots(\text{明环})\\\sqrt{kR\lambda}, & k=0,1,2,\cdots(\text{暗环})\end{cases}$$

迈克耳孙干涉仪条纹移动：

$$\Delta d=N\frac{\lambda}{2}$$

视频导学

例题详解

例 1　用波长为 500 nm（1 nm＝10^{-9} m）的单色光垂直照射到由两块光学平玻璃构成的空气劈形膜上. 在观察反射光的干涉现象中，距劈形膜棱边 $l=1.56$ cm 的 A 处是从棱边算起的第四条暗条纹中心.（1）求此空气劈形膜的劈尖角 θ；（2）改用 600 nm 的单色光垂直照射到此劈尖上，仍观察反射光的干涉条纹，A 处是明条纹还是暗条纹？（3）在第（2）问的情形中从棱边到 A 处的范围内共有几条明条纹？几条暗条纹？

解：（1）棱边处是第一条暗条纹中心，在膜厚度为 $e_1=\lambda/2$ 处是第二条暗条纹中心，依此

可知在第四条暗条纹中心处,即 A 处膜厚度为 $e_3=3\lambda/2$,所以

$$\theta=e_3/l=3\lambda/(2l)=4.8\times10^{-5}\ \text{rad}$$

(2) 由上问可知 A 处的膜厚度为

$$e_3=3\times500\ \text{nm}/2=750\ \text{nm}$$

对于 $\lambda'=600$ nm 的光,在 A 处两反射光的光程差为 $2e_3+\lambda'/2$,它与波长 λ'之比为 2.5+0.5=3.0,所以 A 处是明条纹.

(3) 棱边处仍是暗条纹,A 处是第三条明条纹,所以共有三条明条纹、三条暗条纹.

例 2 牛顿环装置如图所示. 设平凸透镜中心恰好和平板玻璃接触,透镜凸表面的曲率半径是 $R=400$ cm. 用某单色平行光垂直入射,观察反射光形成的牛顿环. (1) 若测得第 4 个明环的半径是 0.30 cm,求入射光的波长;(2) 若在平凸透镜和平板玻璃间充以某种透明液体,观察到第 k 个明环直径由充液前的 0.80 cm 变成充液后的 0.60 cm,求这种液体的折射率 n.

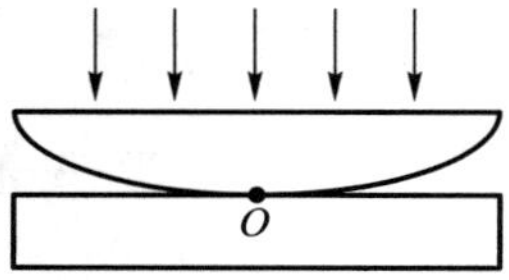

例题 8-2 图

解:(1) 由牛顿环中明环半径公式 $r=\sqrt{\dfrac{(2k-1)R\lambda}{2n}}$ ($n=1$)及已知条件,可得

$$\lambda=\frac{2r^2}{(2k-1)R}=643\ \text{nm}$$

(2) 由明环半径公式得,充入液体前、后第 k 个明环的半径分别应为

$$r_k=\sqrt{\frac{(2k-1)R\lambda}{2}},\quad r_k'=\sqrt{\frac{(2k-1)R\lambda}{2n}}$$

两式相除可得

$$n=\left(\frac{r_k}{r_k'}\right)^2=\left(\frac{D_k}{D_k'}\right)^2=1.78$$

自测练习

一、选择题

1. 在杨氏双缝干涉实验中,欲使干涉条纹变窄,应做怎样的调整?[ ]

(A) 增加双缝的间距; (B) 增加入射波的波长;

(C) 增加双缝至光屏之间的距离; (D) 干涉级次 k 越小则条纹越窄.

2. 在双缝干涉实验中,两条缝的宽度原来是相等的. 若其中一缝的宽度略变宽(缝中心位置不变),则[ ]

(A) 干涉条纹的间距变宽;

(B) 干涉条纹的间距变窄;

(C) 干涉条纹的间距不变,但原极小处的强度不再为零;

(D) 不再发生干涉现象.

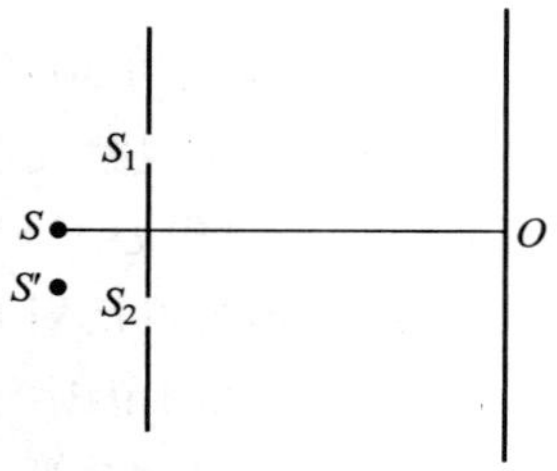

习题 8-3 图

3. 在双缝干涉实验中,若单色光源 S 到两缝 S_1、S_2 距离相等,则观察屏上中央明条纹位于图中 O 处. 现将光源 S 向下移动到示意图中的 S' 位置,则 [ ]

（A）中央明条纹向下移动，条纹间距不变；

（B）中央明条纹向上移动，条纹间距不变；

（C）中央明条纹向下移动，条纹间距增大；

（D）中央明条纹向上移动，条纹间距增大.

4. 在双缝干涉实验中，设缝是水平的. 若双缝所在的平板稍微向下平移，其他条件不变，则屏上的干涉条纹[　　]

（A）向下平移，间距不变；　（B）向上平移，间距不变；

（C）不移动，但间距改变；　（D）向上平移，间距改变.

5. 在双缝装置中，用一折射率为 n 的薄云母片覆盖其中一条狭缝，这时屏幕上的第 6 级明条纹恰好移到屏幕中央原零级明条纹的位置. 若入射光波长为 λ，则云母片的厚度为［　　］

习题 8-5 精解

（A）$6\lambda/(n-1)$；　（B）6λ；

（C）$6\lambda/n$；　（D）$(n-1)\lambda/6$.

6. 在双缝干涉实验中，两缝间距离为 d，双缝与屏幕之间的距离为 D $(D\gg d)$. 波长为 λ 的平行单色光垂直照射到双缝上. 屏幕上干涉条纹中相邻暗条纹之间的距离是[　　]

（A）$2\lambda D/d$；　（B）$\lambda d/D$；　（C）dD/λ；　（D）$\lambda D/d$.

7. 把双缝干涉实验装置放在折射率为 n 的水中，两缝间距离为 d，双缝到屏幕的距离为 $D(D\gg d)$，所用单色光在真空中的波长为 λ，则屏上干涉条纹中相邻明条纹之间的距离是[　　]

（A）$\lambda D/(nd)$；　（B）$n\lambda D/d$；　（C）$\lambda d/(nD)$；　（D）$\lambda D/(2nd)$.

8. 用白光光源进行双缝实验，若用一个纯红色的滤光片遮盖一条缝，用一个纯蓝色的滤光片遮盖另一条缝，则[　　]

（A）干涉条纹的宽度将发生改变；　（B）产生红光和蓝光的两套彩色干涉条纹；

（C）干涉条纹的亮度将发生改变；　（D）不产生干涉条纹.

9. 在双缝干涉实验中，屏幕 E 上的 P 点处是明条纹. 若将缝 S_2 盖住，并在 S_1、S_2 连线的垂直平分面处放一高折射率介质反射面 M，如图所示，则此时[　　]

（A）P 点处仍为明条纹；

（B）P 点处为暗条纹；

（C）不能确定 P 点处是明条纹还是暗条纹；

（D）无干涉条纹.

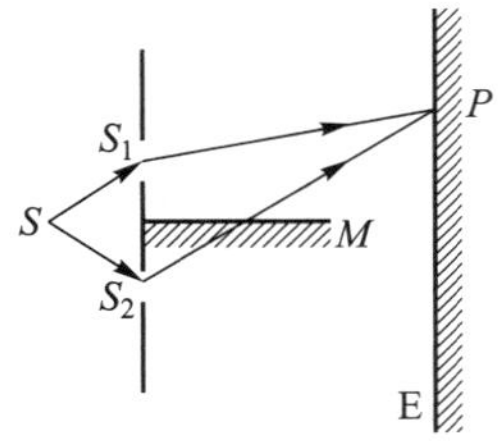

习题 8-9 图

10. 在双缝干涉实验中，入射光的波长为 λ，用玻璃纸遮住双缝中的一个缝. 若玻璃纸中光程比相同厚度的空气的光程大 2λ，则屏上原来的明条纹处[　　]

（A）仍为明条纹；　（B）变为暗条纹；

（C）既非明条纹也非暗条纹；　（D）无法确定是明条纹，还是暗条纹.

11. 单色平行光垂直照射在薄膜上，经上、下两表面反射的两束光发生干涉，如图所示. 若薄膜的厚度为 e，且 $n_1<n_2>n_3$，λ_1 为入射光在 n_1 中的波长，则两束反射光的光程差为[　　]

(A) $2n_2e$;　　(B) $2n_2e-\lambda_1/(2n_1)$;

(C) $2n_2e-n_1\lambda_1/2$;　　(D) $2n_2e-n_2\lambda_1/2$.

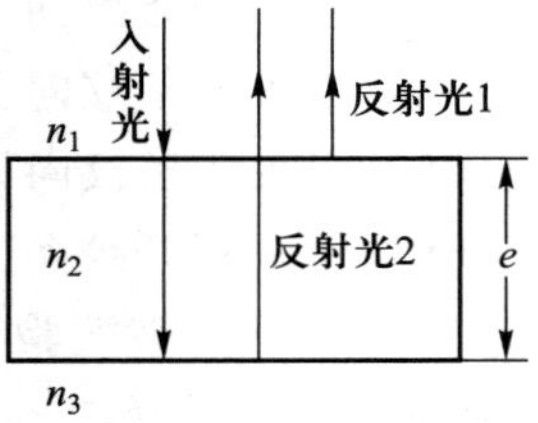

习题 8-11 图

12. 在真空中波长为 λ 的单色光,在折射率为 n 的透明介质中从 A 沿某路径传播到 B. 若 A、B 两点的相位差为 5π,则路径 AB 的光程为[　　]

(A) 2.5λ;　　(B) $2.5\lambda/n$;

(C) $2.5n\lambda$;　　(D) 5λ.

13. 如图所示,折射率为 n_2、厚度为 e 的透明介质薄膜的上方和下方的透明介质的折射率分别为 n_1 和 n_3,已知 $n_1<n_2>n_3$. 若用波长为 λ 的单色平行光垂直入射到该薄膜上,则从薄膜上、下两表面反射的光束①与②的光程差是[　　]

(A) $2n_2e$;　　(B) $2n_2e-\lambda/2$;

(C) $2n_2e-\lambda$;　　(D) $2n_2e-\lambda/(2n_2)$.

14. 如图所示,S_1、S_2 是两个相干光源,它们到 P 点的距离分别为 r_1 和 r_2. 路径 S_1P 垂直穿过一块厚度为 t_1,折射率为 n_1 的介质板,路径 S_2P 垂直穿过厚度为 t_2,折射率为 n_2 的另一介质板,其余部分可看作真空. 这两条路径的光程差等于 [　　]

(A) $(r_2+n_2t_2)-(r_1+n_1t_1)$;　　(B) $[r_2+(n_2-1)t_2]-[r_1+(n_1-1)t_1]$;

(C) $(r_2-n_2t_2)-(r_1-n_1t_1)$;　　(D) $n_2t_2-n_1t_1$.

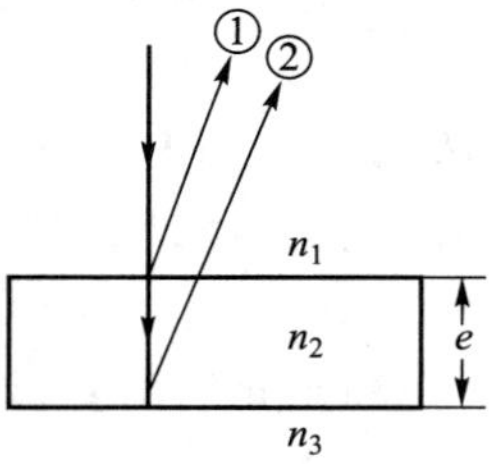

习题 8-13 图

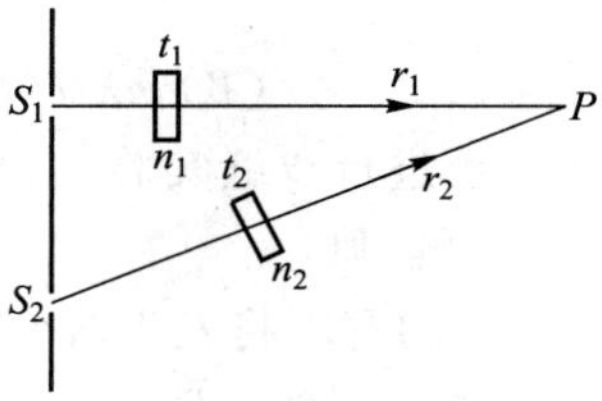

习题 8-14 图

15. 在相同的时间内,一束波长为 λ 的单色光在空气和在玻璃中[　　]

(A) 传播的路程相等,经过的光程相等;

(B) 传播的路程相等,经过的光程不相等;

(C) 传播的路程不相等,经过的光程相等;

(D) 传播的路程不相等,经过的光程不相等.

16. 一束波长为 λ 的单色光由空气垂直入射到折射率为 n 的透明薄膜上,透明薄膜放在空气中,要使反射光得到干涉加强,则薄膜的最小厚度为[　　]

(A) $\lambda/4$;　　(B) $\lambda/(4n)$;　　(C) $\lambda/2$;　　(D) $\lambda/(2n)$.

17. 由两块玻璃片($n_1=1.6$)所形成的空气劈形膜,其一端厚度为零,另一端厚度为 0.002 cm. 现用波长为 700 nm 的单色平行光,沿入射角为 30°的方向射在膜的上表面,则形成的明条纹数为 [　　]

(A) 17;　　(B) 26;　　(C) 34;　　(D) 87.

18. 真空中波长为 λ 的单色光,在折射率为 n 的均匀透明介质中,从 A 点沿某一路径传播到 B 点,路径的长度为 l. A、B 两点光振动的相位差记为 $\Delta\varphi$,则 [　　]

（A）$l=3\lambda/2,\Delta\varphi=3\pi$；　　（B）$l=3\lambda/(2n),\Delta\varphi=3n\pi$；

（C）$l=3\lambda/(2n),\Delta\varphi=3\pi$；　　（D）$l=3n\lambda/2,\Delta\varphi=3n\pi$.

19. 在玻璃（$n_3=1.60$）表面镀一层 MgF_2（$n_2=1.38$）薄膜作为增透膜. 为了使波长为 550 nm 的光从空气（$n_1=1.00$）正入射时尽可能少反射，MgF_2 薄膜的最小厚度应是[　　]

（A）85.9 nm；　（B）99.6 nm；　（C）137.5 nm；　（D）199.3 nm.

20. 两块平玻璃构成空气劈形膜，左边为棱边，用单色平行光垂直入射. 若上面的平玻璃慢慢地向上平移，则干涉条纹[　　]

（A）向棱边方向平移，条纹间隔变小；

（B）向棱边方向平移，条纹间隔变大；

（C）向棱边方向平移，条纹间隔不变；

（D）向远离棱边的方向平移，条纹间隔不变；

（E）向远离棱边的方向平移，条纹间隔变小.

习题 8-20 精解

21. 用劈尖干涉法可检测工件表面缺陷，当波长为 λ 的单色平行光垂直入射时，若观察到的干涉条纹如图所示，每一条纹弯曲部分的顶点恰好与其左边条纹的直线部分的连线相切，则工件表面与条纹弯曲处对应的部分[　　]

（A）凸起，且高度为 $\lambda/4$；　　（B）凸起，且高度为 $\lambda/2$；

（C）凹陷，且深度为 $\lambda/2$；　　（D）凹陷，且深度为 $\lambda/4$.

22. 如图所示，两个直径有微小差别的彼此平行的滚柱之间的距离为 L，夹在两块平晶的中间，形成空气劈形膜. 当单色光垂直入射时，产生等厚干涉纹. 如果滚柱之间的距离 L 变大，则在 L 范围内干涉条纹的[　　]

（A）数目减少，间距变大；　　（B）数目不变，间距变大；

（C）数目增加，间距变小；　　（D）数目减少，间距不变.

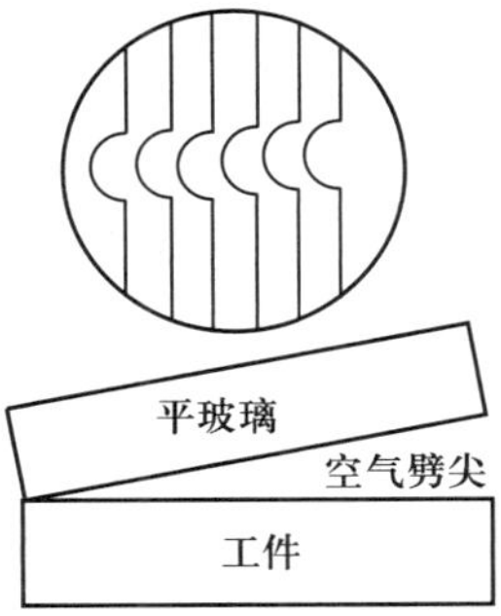

习题 8-21 图

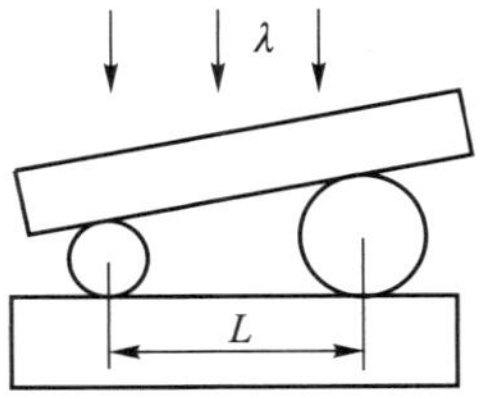

习题 8-22 图

23. 两块平玻璃构成空气劈形膜，左边为棱边，用单色平行光垂直入射. 若上面的平玻璃以棱边为轴，沿顺时针方向做微小转动，则干涉条纹的[　　]

（A）间隔变小，并向棱边方向平移；　　（B）间隔变大，并向远离棱边方向平移；

（C）间隔不变，向棱边方向平移；　　（D）间隔变小，并向远离棱边的方向平移.

24. 检验滚珠大小的干涉装置示意图如图（a）所示. S 为光源，L 为会聚透镜，M 为半透半反镜. 在平晶 T_1、T_2 之间放置 A、B、C 三个滚珠，其中 A 为标准件，直径为 d_0. 用波长为 λ 的单色光垂直照射平晶，在 M 上方观察时观察到等厚条纹如图（b）中直线所示. 轻压 C 端，

条纹间距变大，则 B 珠的直径 d_1、C 珠的直径 d_2 与 d_0 的关系分别为[ ]

(A) $d_1=d_0+\lambda, d_2=d_0+2\lambda$;

(B) $d_1=d_0-\lambda, d_2=d_0-2\lambda$;

(C) $d_1=d_0+\lambda/2, d_2=d_0+\lambda$;

(D) $d_1=d_0-\lambda/2, d_2=d_0-\lambda$.

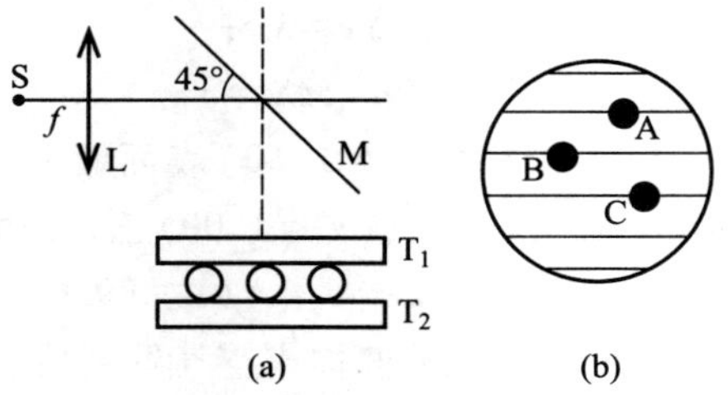

习题 8-24 图

25. 在图示三种透明材料构成的牛顿环装置中，用单色光垂直照射，在反射光中看到干涉条纹，则在接触点 P 处形成的圆斑为[ ]

(A) 全明； (B) 全暗；

(C) 右半部明，左半部暗； (D) 右半部暗，左半部明.

26. 如图所示，用单色光垂直照射在观察牛顿环的装置上. 当平凸透镜垂直向上缓慢平移而远离平面玻璃时，可以观察到这些环状干涉条纹[ ]

(A) 向右平移； (B) 向中心收缩； (C) 向外扩张；

(D) 静止不动； (E) 向左平移.

27. 如图所示牛顿环装置，全部浸入 $n=1.60$ 的液体中，凸透镜可沿 OO' 移动，用波长 $\lambda=600$ nm 的单色光垂直入射. 从上向下观察，看到中心是一个暗斑，此时凸透镜顶点距平板玻璃的距离最少是[ ]

(A) 187.5 nm; (B) 93.8 nm; (C) 94.9 nm;

(D) 89.3 nm; (E) 0.

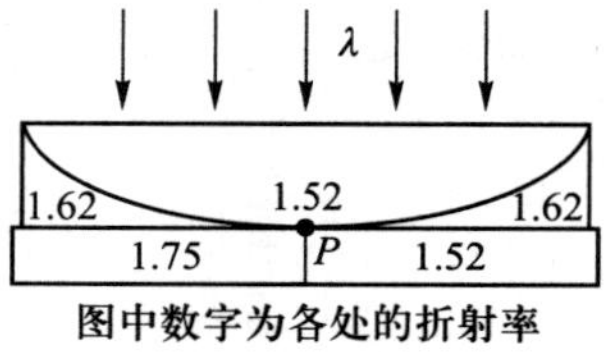

习题 8-25 图

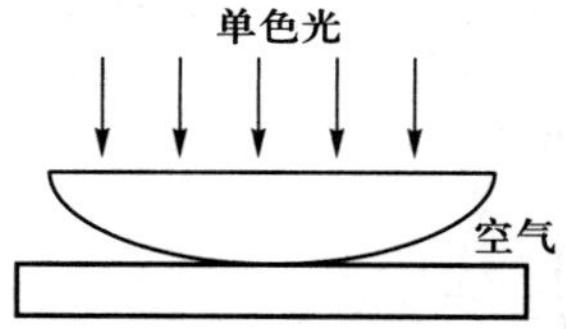

习题 8-26 图

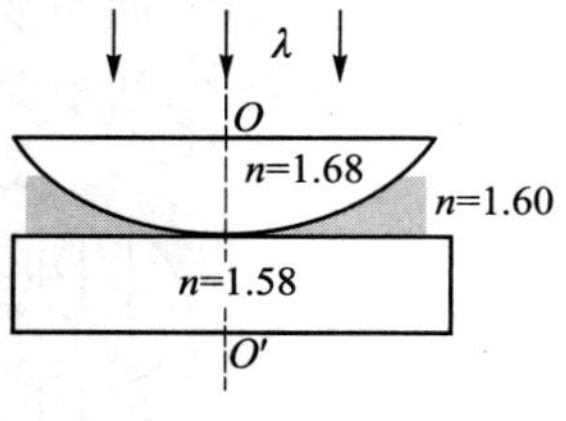

习题 8-27 图

28. 在牛顿环实验装置中，曲率半径为 R 的平凸透镜与平玻璃板在中心恰好接触，它们之间充满折射率为 n 的透明介质，垂直入射到牛顿环装置上的平行单色光在真空中的波长为 λ，则反射光形成的干涉条纹中，暗环半径 r_k 的表达式为[ ]

(A) $r_k=\sqrt{k\lambda R}$; (B) $r_k=\sqrt{k\lambda R/n}$; (C) $r_k=\sqrt{kn\lambda R}$; (D) $r_k=\sqrt{k\lambda/(nR)}$.

29. 在迈克耳孙干涉仪的一条光路中，放入一折射率为 n、厚度为 d 的透明薄片. 放入后，这条光路的光程改变了[ ]

(A) $2(n-1)d$; (B) $2nd$; (C) $2(n-1)d+\lambda/2$;

(D) nd; (E) $(n-1)d$.

二、填空题

30. 若一双缝装置的两个缝分别被折射率为 n_1 和 n_2 的两块厚度均为 e 的透明介质所遮盖，则此时由双缝到屏上原中央极大所在处的两束光的光程差 $\delta=$________.

31. 在双缝干涉实验中，若使两缝之间的距离增大，则屏幕上干涉条纹间距________；若使单色光波长减小，则干涉条纹间距________.

32. 如图所示，假设有两个同相的相干点光源 S_1 和 S_2，发出波长为 λ 的光. A 是它们连线的中垂线上的一点. 若在 S_1 与 A 之间插入厚度为 e、折射率为 n 的薄玻璃片，则两光源发出的光在 A 点的相位差 $\Delta\varphi=$________. 若已知 $\lambda=600$ nm，$n=1.6$，A 点恰为第三级明条纹中心，则 $e=$________ nm.

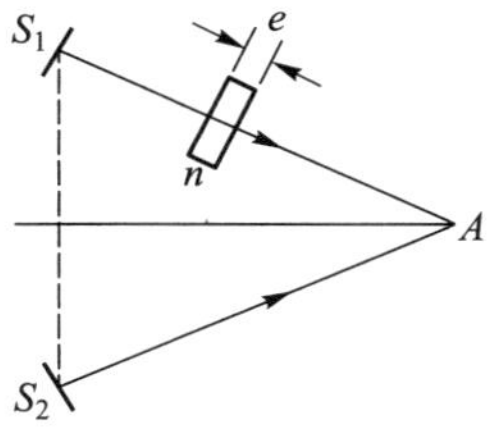

习题 8-32 图

33. 在双缝干涉实验中，所用单色光波长为 $\lambda=487.5$ nm，双缝与观察屏的距离 $D=1.2$ m. 若测得屏上相邻明条纹间距为 $\Delta x=1.3$ mm，则双缝的间距 $d=$________.

34. 一双缝干涉装置，在空气中观察时干涉条纹间距为 1.0 mm. 若整个装置放在折射率为 1.25 的透明溶液中，则干涉条纹间距将为________ mm.

35. 分别用波长 $\lambda=420$ nm 与波长 $\lambda=570$ nm 的平行单色光垂直照射到劈形膜上，劈形膜的折射率为 3，膜两侧是同样的介质，则这两种波长的光分别形成的第六条明条纹所对应的膜的厚度之差为________ nm.

36. 波长为 λ 的平行单色光垂直照射到劈形膜上，劈尖角为 θ，劈形膜的折射率为 n，第二条暗条纹与第五条暗条纹之间的距离是________.

37. 如图所示，单色平行光垂直入射到双缝上，观察屏上 P 点到两缝的距离分别为 r_1 和 r_2. 设双缝和屏之间充满折射率为 n 的介质，则 P 点处两相干光线的光程差为________.

38. 在双缝干涉实验中，所用光波波长 $\lambda=550$ nm，双缝与屏间的距离 $D=500$ mm，双缝间距 $d=0.15$ mm，则中央明条纹两侧的两个第三级明条纹之间的距离为________.

39. 如图所示，波长为 λ 的平行单色光斜入射到距离为 d 的双缝上，入射角为 θ. 在图中的屏中央 O 处（$|S_1O|=|S_2O|$），两束相干光的相位差为________.

40. 用波长为 λ 的单色光垂直照射折射率为 n 的劈形膜形成等厚干涉条纹. 若测得相邻明条纹的间距为 l，则劈尖角 $\theta=$________.

41. 如图所示，在双缝干涉实验中 $|SS_1|=|SS_2|$，用波长为 λ 的光照射双缝 S_1 和 S_2，通过空气后在屏幕 E 上形成干涉条纹. 已知 P 点处为第二级明条纹，则 S_1 和 S_2 到 P 点的光程差为________. 若将整个装置放于某种透明液体中，P 点为第三级明条纹，则该液体的折射率 $n=$________.

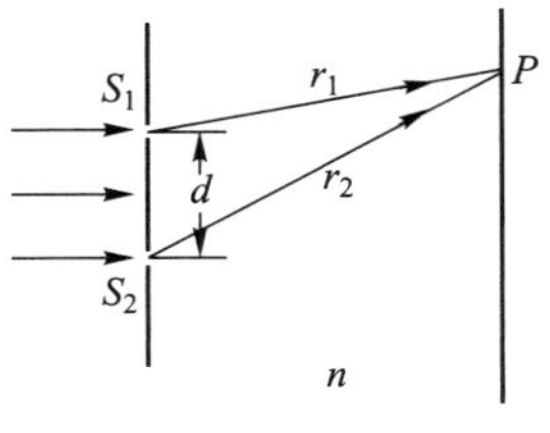

习题 8-37 图

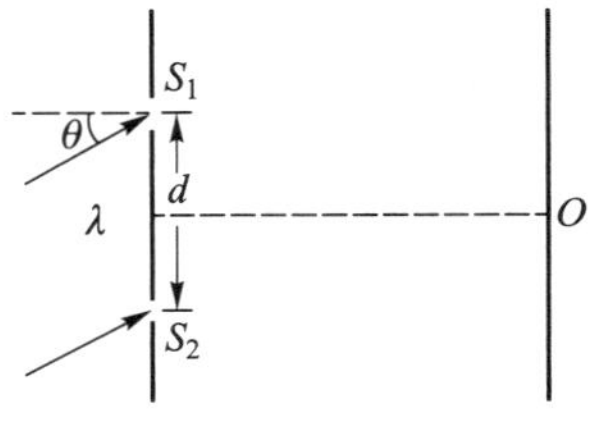

习题 8-39 图

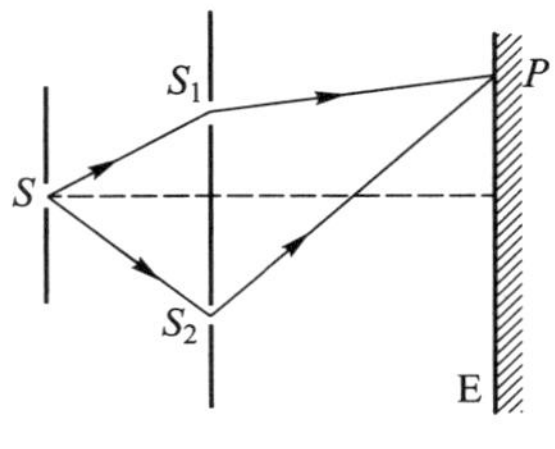

习题 8-41 图

42. 若在迈克耳孙干涉仪的可动反射镜 M 移动 0.322 mm 的过程中，观察到干涉条纹移动了 1024 条，则所用光波的波长为________ nm.

43. 用波长为 λ 的单色光垂直照射折射率为 n_2 的劈形膜，如图所示. 图中各部分折射率的关系是 $n_1<n_2<n_3$. 观察反射光的干涉条纹，从劈形膜顶开始向右数第 6 条暗条纹中心所对应的厚度 $e=$________.

习题 8-43 精解

44. 如图所示，用波长为 λ 的单色光垂直照射到空气劈形膜上，从反射光中观察干涉条纹，距顶点为 L 处是暗条纹. 使劈尖角 θ 连续变大，直到该点处出现明条纹为止. 劈尖角的改变量 $\Delta\theta$ 是________.

45. 波长为 λ 的平行单色光垂直照射到劈形膜上，劈尖角为 θ，劈形膜的折射率为 n，第 k 级明条纹与第 $k+3$ 级明条纹的间距是________.

46. 一平凸透镜凸面朝下放在一平玻璃板上. 透镜刚好与玻璃板接触. 波长分别为 $\lambda=600$ nm 和 $\lambda=500$ nm 的两种单色光垂直入射，观察反射光形成的牛顿环. 从中心向外数的两种光的第六个明环所对应的空气膜厚度之差为________ nm.

习题 8-46 精解

47. 如图所示，波长为 λ 的平行单色光垂直照射到两个劈形膜上，两劈尖角分别为 θ_1 和 θ_2，折射率分别为 n_1 和 n_2. 若二者分别形成的干涉条纹的明条纹间距相等，则 θ_1、θ_2、n_1 和 n_2 之间的关系是________.

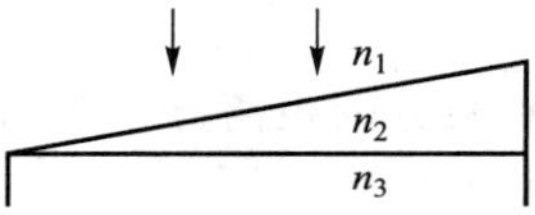

习题 8-43 图

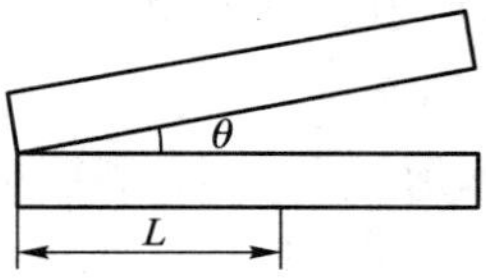

习题 8-44 图

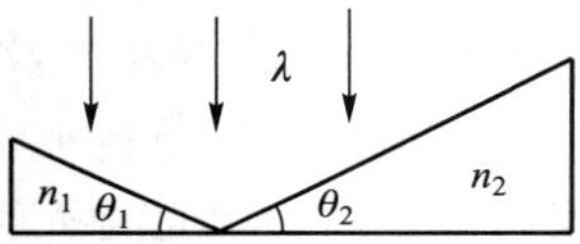

习题 8-47 图

48. 一个平凸透镜的顶点和一平板玻璃接触，用单色光垂直照射，观察反射光形成的牛顿环，测得中央暗斑外第 k 个暗环半径为 r_1. 现将透镜和玻璃板之间的空气换成某种液体（其折射率小于玻璃的折射率），第 k 个暗环的半径变为 r_2，由此可知该液体的折射率为________.

49. 波长为 λ_2 与 λ_1（设 $\lambda_1>\lambda_2$）的两种平行单色光垂直照射到劈形膜上. 已知劈形膜的折射率为 $n(n>1)$，劈形膜放在空气中，在反射光形成的干涉条纹中，这两种单色光从棱边数起第 6 条暗条纹所对应的薄膜厚度之差是________.

50. 一束波长为 $\lambda=550$ nm 的平行单色光垂直入射到折射率为 $n=1.35$ 的透明薄膜上，该薄膜是放在空气中的. 要使反射光得到最大限度的加强，薄膜的最小厚度应为________ nm.

51. 用波长为 λ 的单色光垂直照射如图所示的牛顿环装置，观察从空气膜上下表面反射的光形成的牛顿环. 若使平凸透镜慢慢地垂直向上移动，从透镜顶点与平面玻璃接触到两者距离为 d 的移动过程中，移过视场中某固定观察点的条纹数目等于________.

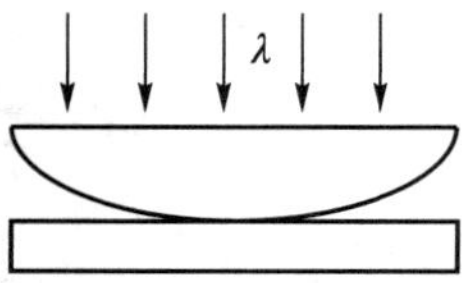

习题 8-51 图

52. 在迈克耳孙干涉仪的可动反射镜移动了距离 d 的过程中，若观察到干涉条纹移动了 N 条，则所用光波的波长 $\lambda=$________.

三、计算题

53. 在杨氏双缝实验中，设两缝之间的距离为 0.2 mm. 在距双缝 1 m 远的屏上观察干涉条纹,若入射光是波长为 400~760 nm 的白光,问屏上离零级明条纹 15 mm 处,哪些波长的光被最大限度地增强?

54. 薄钢片上有两条紧靠的平行细缝,用波长 $\lambda=550$ nm 的平面光波正入射到钢片上. 屏幕距双缝的距离为 $D=2.30$ m,测得中央明条纹两侧的第三级明条纹间的距离为 $\Delta x=6.6$ mm.

(1) 求两缝间的距离;

(2) 从任一明条纹(记作 0)向一边数到第 15 条明条纹,共经过多大距离?

(3) 如果使光波斜入射到钢片上,条纹间距将如何改变?

55. 在双缝干涉实验中,单色光源 S_0 到两缝 S_1 和 S_2 的距离分别为 l_1 和 l_2,并且 $l_1-l_2=4\lambda$,λ 为入射光的波长,双缝之间的距离为 d,双缝到屏幕的距离为 D($D\gg d$),如图所示. 求:

(1) 零级明条纹到屏幕中央 O 点的距离;

(2) 相邻明条纹间的距离.

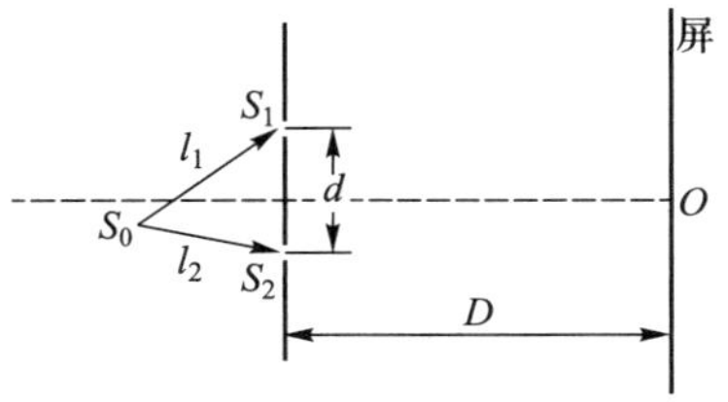

习题 8-55 图

56. 在双缝干涉实验中,波长 $\lambda=600$ nm 的单色平行光垂直入射到缝间距 $a=2\times10^{-4}$ m 的双缝上,屏到双缝的距离 $D=2$ m.

(1) 求中央明条纹两侧的两条第 5 级明条纹中心的间距;

(2) 用一厚度为 $e=7.2\times10^{-6}$ m、折射率为 $n=1.5$ 的玻璃片覆盖一缝后,问零级明条纹将移到原来的第几级明条纹处?

57. 在杨氏双缝实验中,若用折射率为 1.50 的透明薄膜遮盖下面一个缝,用波长为 590 nm 的单色光垂直照射双缝,结果使中央明条纹中心移到原来的第二级明条纹的位置上,求薄膜的厚度.

58. 在如图所示的瑞利干涉仪中,T_1、T_2 是两个长度都是 l 的气室,波长为 λ 的单色光的缝光源 S 放在透镜 L_1 的前焦面上,在双缝 S_1 和 S_2 处形成两个同相位的相干光源,用目镜 E 观察透镜 L_2 焦平面 C 上的干涉条纹. 当两气室均为真空时,观察到一组干涉条纹. 在向气室 T_2 中充入一定量的某种气体的过程中,观察到干涉条纹移动了 M 条. 试求该气体的折射率 n(用已知量 M、λ 和 l 表示出来).

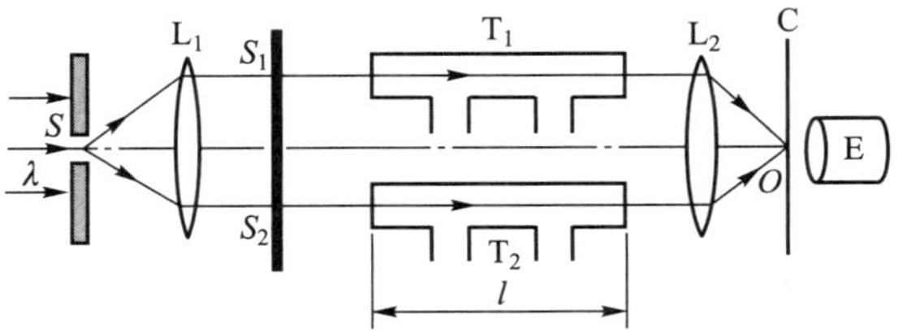

习题 8-58 图

59. 用包含两种波长成分的复色光做双缝干涉实验,其中一种波长 $\lambda_1=500$ nm. 已知双缝间距为 0.20 mm,屏和缝的距离为 1 m,求屏上 λ_1 的第二级明条纹中心位置. 已知在屏上 λ_1 的第五级明条纹和未知波长光的第四级条纹重合,求未知光的波长.

60. 双缝干涉实验装置如图所示,双缝与屏之间的距离 $D=150$ cm,两缝之间的距离 $d=0.40$ mm,用波长 $\lambda=600$ nm 的单色光垂直照射双缝.

（1）求原点 O（零级明条纹所在处）上方的第三级明条纹的坐标 x_3；

（2）如果用厚度 $l=1.0\times10^{-2}$ mm、折射率 $n=1.6$ 的透明薄膜覆盖在图中的 S_1 缝后面，求上述第三级明条纹的坐标 x_3'.

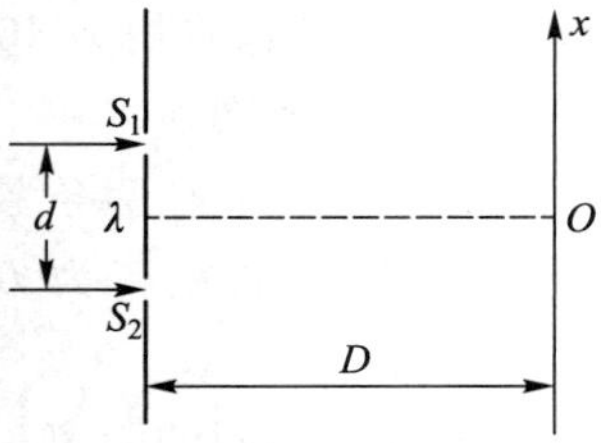

习题 8-60 图

61. 在折射率 $n=1.6$ 的玻璃上，镀上 $n'=1.4$ 的透明介质薄膜. 入射光波垂直于介质膜表面照射，观察反射光的干涉，发现对 $\lambda_1=400$ nm 的光波干涉相消，对 $\lambda_2=500$ nm 的光波干涉相长，且在 400～500 nm 之间没有别的波长是最大限度相消或相长的情形. 求所镀介质膜的厚度.

62. 用白光垂直照射置于空气中的厚度为 0.40 μm 的玻璃片，玻璃片的折射率为 1.6. 在可见光范围内（400～760 nm），哪些波长的反射光被最大限度地增强？

63. 在 Si 的平表面上氧化了一层厚度均匀的 SiO_2 薄膜. 为了测量薄膜的厚度，将它的一部分磨成劈形（示意图中的 AB 段）. 现用波长为 500 nm 的平行光垂直照射，观察反射光形成的等厚干涉条纹. 在图中 AB 段共有 5 条暗条纹，且 B 处恰好是一条暗条纹，求薄膜的厚度.（Si 的折射率为 3.42，SiO_2 的折射率为 1.50.）

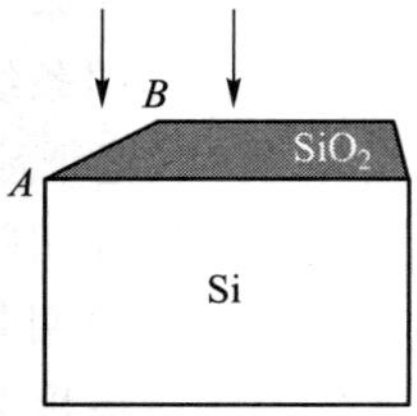

习题 8-63 图

64. 两块长度为 10 cm 的平玻璃片，一端互相接触，另一端用厚度为 0.003 mm 的纸片隔开，形成空气劈形膜. 以波长为 600 nm 的平行光垂直照射，观察反射光的等厚干涉条纹，在全部 10 cm 的长度内呈现多少条明条纹？

65. 用波长 $\lambda=550$ nm 的单色光垂直照射在由两块玻璃板（一端刚好接触成为劈棱）构成的空气劈形膜上. 劈尖角 $\theta=2.5\times10^{-4}$ rad. 如果劈形膜内充满折射率为 $n=1.50$ 的液体，求从劈棱数起第五条明条纹在充入液体前后移动的距离.

66. 用波长为 400 nm 的单色光垂直照射到由两块光学平板玻璃构成的空气劈尖上. 在观察反射光的干涉现象中，距劈尖棱边 $l=1.5$ cm 的 A 处是从棱边数起的第四条暗条纹中心.

（1）求此空气劈尖的劈尖角 θ；

（2）改用 480 nm 的单色光垂直照射到此劈尖上，仍观察反射光的干涉条纹，A 处是明条纹还是暗条纹？

（3）在第（2）问的情形中，从棱边到 A 处的范围内共有几条明条纹？几条暗条纹？

（4）仍用 480 nm 的单色光垂直照射此劈尖，观察透射光的干涉条纹，A 处是明条纹还是暗条纹？

67. 用波长 $\lambda=450$ nm 的单色光做牛顿环实验，测得第 k 个暗环半径 $r_k=3$ mm，第 $k+15$ 个暗环半径 $r_{k+15}=6$ mm，求平凸透镜的凸面的曲率半径 R.

68. 用波长为 λ_1 的单色光垂直照射牛顿环装置时，测得中央暗斑外第 1 个和第 9 个暗环半径之差为 l_1，而用未知单色光垂直照射时，测得第 1 个和第 9 个暗环半径之差为 l_2，求未知单色光的波长 λ_2.

69. 图示为一牛顿环装置，设平凸透镜中心恰好和平玻璃接触，透镜凸表面的曲率半径是 $R=300$ cm. 用某单色平行光垂直入射，观察反射光形成的牛顿环，测得第 6 个明环的半径是 0. 33 cm.

（1）求入射光的波长；

（2）设图中 $OA=0.80$ cm，求在半径为 OA 的范围内可观察到的明环数目.

70. 在牛顿环装置的平凸透镜和平板玻璃间充以某种透明液体，观测到第 9 个明环的直径由充液前的 14. 5 cm 变成充液后的 12. 5 cm，求这种液体的折射率 n.

71. 如图所示，牛顿环装置的平凸透镜与平板玻璃间有一小缝隙 e_0. 现用波长为 λ 的单色光垂直照射，已知平凸透镜的曲率半径为 R，求反射光形成的牛顿环的各个暗环半径.

72. 在牛顿环装置的平凸透镜和平玻璃板之间充满折射率 $n=1.4$ 的透明液体（设平凸透镜和平玻璃板的折射率都大于 1. 4）. 凸透镜的曲率半径为 400 cm，波长 $\lambda=550$ nm 的平行单色光垂直照射到牛顿环装置上，凸透镜顶部刚好与平玻璃板接触. 求：

（1）从中心向外数第 5 个明环所在处的液体厚度 e_5；

（2）第 5 个明环的半径 r_5.

73. 一平凸透镜放在一平板玻璃上，以波长为 $\lambda=589.3$ nm 的单色光垂直照射于其上，测量反射光的牛顿环. 测得从中央数起第 k 个暗环的弦长为 $l_k=2.50$ mm，第 $(k+5)$ 个暗环的弦长为 $l_{k+5}=4.50$ mm，如图所示. 求平凸透镜的球面的曲率半径 R.

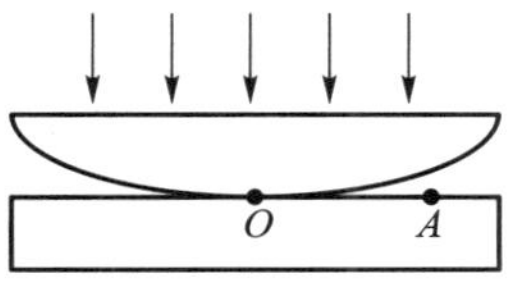

习题 8-69 图

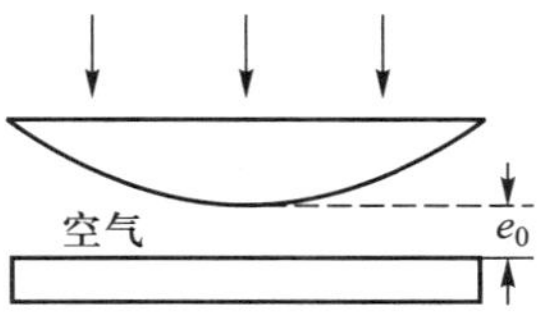

习题 8-71 图

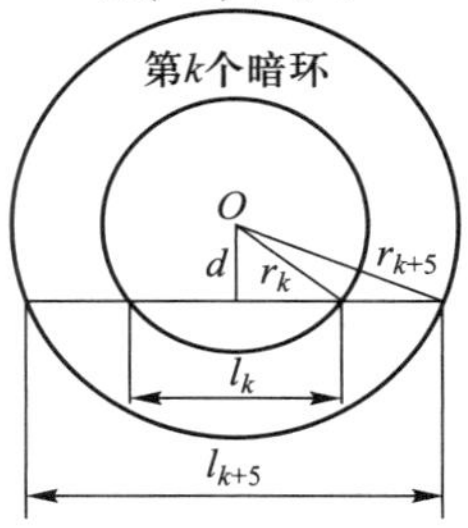

习题 8-73 图

第八章习题参考答案

拓展习题

第九章　光的衍射

知识导航

光的衍射分类：菲涅耳衍射和夫琅禾费衍射.

（1）单缝夫琅禾费衍射

$$a\sin\varphi=\begin{cases}0, & \text{中央明纹}\\ k\lambda, & k=\pm1,\pm2,\cdots(\text{暗条纹})\\ (2k+1)\lambda/2, & k=\pm1,\pm2,\cdots(\text{明条纹})\end{cases}$$

中央明纹半角宽度　$\varphi_0=\dfrac{\lambda}{a}$

线宽度　$\Delta x_0=2f\dfrac{\lambda}{a}$.

（2）圆孔夫琅禾费衍射

艾里斑半角宽度　$\Delta\theta=1.22\dfrac{\lambda}{D}$

光学仪器分辨率　$\dfrac{1}{\delta\varphi_m}\propto\dfrac{D}{\lambda}$.

（3）光栅衍射（单缝衍射+多缝干涉）

光栅方程：

$(a+b)\sin\varphi=k\lambda$　$(k=0,\pm1,\pm2,\cdots)$

缺级：

$$k=k'\frac{a+b}{a}\quad(k'=\pm1,\pm2,\cdots)$$

（4）X 射线衍射

$2d\sin\varphi=k\lambda$　$(k=1,2,\cdots)$

视频导学

例题详解

例 1　在垂直入射光栅的平行光中，有 λ_1 和 λ_2 两种波长. 已知 λ_1 的第 4 级光谱线与 λ_2 的第 3 级光谱线恰好重合在离中央明纹 5 cm 处. 若 $\lambda_2=760$ nm（$1\ \text{nm}=10^{-9}$ m），并发现 λ_2 的第 5 级光谱线缺级，透镜的焦距 $f=0.5$ m.

（1）试求波长 λ_1、光栅常量 d；

（2）试求光栅的最小缝宽；

（3）能观察到 λ_2 的多少条光谱线？

解：（1）对于 λ_1　　$a\sin\theta_4=4\lambda_1$

对于 λ_2　　$d\sin\theta_3'=3\lambda_2$

由于两谱线重合，所以有 $\theta_4=\theta_3'$，则

$$\lambda_1=\frac{3}{4}\lambda_2=570\ \text{nm}$$

$$\sin\theta_4\approx\tan\theta_4=\frac{x}{f}=0.1$$

代入得

$$d=\frac{4\lambda_1}{\sin\theta_4}=2.28\times10^{-5}\ \text{m}$$

（2）已知 λ_2 的第 5 级光谱线缺级，所以有 $k=k'\dfrac{d}{a}$，则

$$a=4.56\times10^{-6}\ \text{m}$$

（3）由 $k_{max}<\dfrac{d}{\lambda_2}$，可得 $k_{max}=29$，所以观察到的光谱线数有 $2\times29+1-2\times5=49$ 条.

例 2　在光栅衍射实验中，透镜焦距 $f=50$ cm，若用波长 $\lambda=600$ nm 的单色光垂直入射到光栅上，测得其对应的第 3 级主明纹的衍射角为 30°，且第 3 级缺级，试问：

（1）光栅常量 $a+b$ 等于多少？

（2）在衍射角 $-\dfrac{1}{2}\pi<\varphi<\dfrac{1}{2}\pi$ 的范围内可能观察到的全部主明纹的级次有哪些？

（3）若用含两种波长 $\lambda_1=400$ nm 和 $\lambda_2=760$ nm 的复色光垂直入射光栅，试问这两种光的第 1 级衍射主明纹中心之间的距离等于多少？（设两个第 1 级主明纹对应的衍射角均足够小.）

解：（1）由光栅方程 $(a+b)\sin\varphi=k\lambda$，得

$$(a+b)=\frac{k\lambda}{\sin\varphi}=6\lambda=3.6\times10^{-6}\ \text{m}$$

（2）由光栅方程，得 $k=\dfrac{(a+b)\sin\varphi}{\lambda}<\dfrac{(a+b)}{\lambda}=6$，有 $k_{max}=5$. 由于第 3 级缺级，故可观察到的全部主明纹级次有

$$k=0,\pm1,\pm2,\pm4,\pm5$$

（3）设两种光的第 1 级主明纹中心到中央明纹中心的距离分别为 x_1 和 x_2，由光栅方程 $(a+b)\sin\varphi=\lambda$ 和几何关系 $x=f\tan\varphi$，且由于 φ 很小，可得

$$x=f\tan\varphi\approx f\sin\varphi=f\frac{\lambda}{a+b}$$

则两种光的第 1 级主明纹中心之间的距离为

$$\Delta x=x_2-x_1=\frac{f}{a+b}(\lambda_2-\lambda_1)=5\ \text{cm}$$

自测练习

一、选择题

1. 在单缝夫琅禾费衍射实验中，波长为 λ 的单色光垂直入射到单缝上. 对应于衍射角为 30°的方向，若单缝处波面可分成 5 个半波带，则缝宽度 a 等于[　　]

（A）1.5λ；　（B）2λ；　（C）2.5λ；　（D）5λ.

2. 在单缝夫琅禾费衍射实验中，波长为 λ 的单色光垂直入射到宽度为 $a=2\lambda$ 的单缝上. 对应于衍射角为 30°的方向，单缝处波阵面可分成的半波带数目为[　　]

（A）1 个；　（B）2 个；　（C）3 个；　（D）4 个.

3. 在如图所示的单缝夫琅禾费衍射装置中，将单缝宽度 a 稍稍变窄，同时使单缝沿 y 轴正方向做微小平移（透镜屏幕位置不动），则屏幕 C 上的中央衍射条纹将［　　］

（A）变窄，同时向上移；　（B）变窄，同时向下移；

（C）变宽，不移动；　（D）变宽，同时向上移.

4. 根据惠更斯－菲涅耳原理，若已知光在某时刻的波阵面为 S，则 S 的前方某点 P 的光

强度取决于波阵面 S 上所有面积元发出的子波各自传到 P 点的[ ]

(A) 振动振幅之和；　　(B) 光强之和；

(C) 振动振幅之和的平方；　　(D) 振动的相干叠加.

5. 如图所示，一束波长为 λ 的平行单色光垂直入射到一单缝 AB 上，在屏幕 D 上形成衍射图样. 如果 P 是中央明纹一侧第一个暗条纹所在的位置，则 BC 的长度为[ ]

(A) $\lambda/2$；　　(B) λ；　　(C) $3\lambda/2$；　　(D) 2λ.

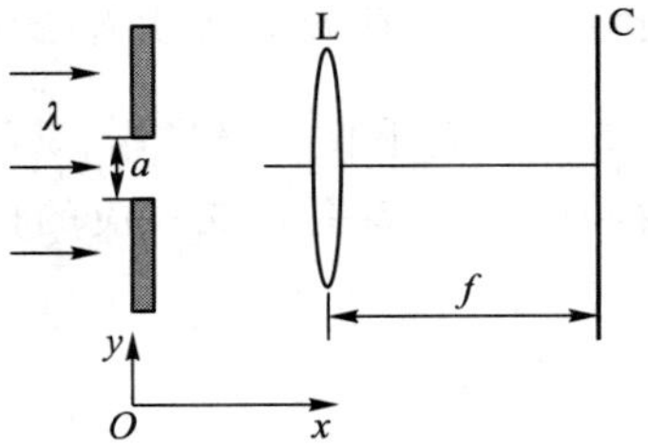

习题 9-3 图

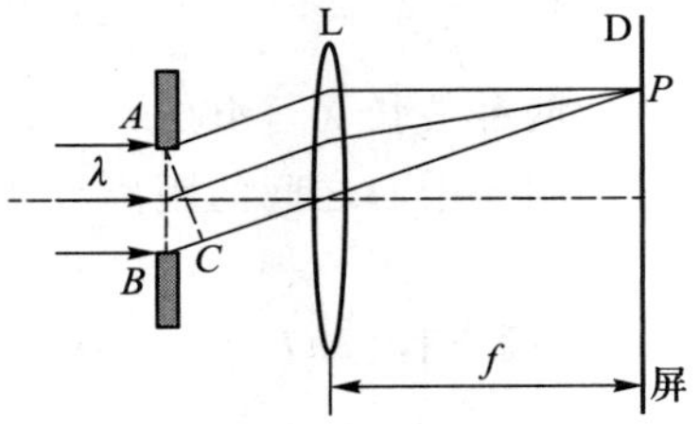

习题 9-5 图

6. 波长为 λ 的单色平行光垂直入射到一狭缝上，若第二级暗纹的位置对应的衍射角为 $\theta=\pm\pi/6$，则缝宽的大小为[ ]

(A) λ；　　(B) $3\lambda/2$；　　(C) 4λ；　　(D) 5λ.

7. 波长 $\lambda=600$ nm 的单色光垂直照射到宽度 $a=0.3$ mm 的单缝上，单缝后面放置一凸透镜，在凸透镜的焦平面上放置一屏幕，用以观测衍射条纹. 今测得屏幕上中央明条纹一侧第三个暗条纹和另一侧第三个暗条纹之间的距离为 $d=12$ mm，则凸透镜的焦距 f 为[ ]

习题 9-7 精解

(A) 2 m；　　(B) 1 m；　　(C) 0.5 m；　　(D) 0.2 m.

8. 一束白光垂直照射在一光栅上，在形成的同一级光栅光谱中，偏离中央明纹最远的是[ ]

(A) 紫光；　　(B) 绿光；　　(C) 黄光；　　(D) 红光.

9. 若用衍射光栅准确测定一单色可见光的波长，在下列各种光栅常量的光栅中选用哪一种最好？[ ]

(A) 5.0×10^{-1} mm；　　(B) 1.0×10^{-1} mm；　　(C) 1.0×10^{-2} mm；　　(D) 1.0×10^{-3} mm.

10. 一束平行单色光垂直入射在光栅上，当光栅常量 $(a+b)$ 为下列哪种情况时(a 代表每条缝的宽度)，$k=4$、8、12 等级次的主极大均不出现？[ ]

(A) $a+b=2a$；　　(B) $a+b=3a$；　　(C) $a+b=4a$；　　(D) $a+b=6a$.

11. 波长 $\lambda=440$ nm 的单色光垂直入射于光栅常量 $d=2\times10^{-4}$ cm 的平面衍射光栅上，可能观察到的光谱线的最大级次为[ ]

(A) 3；　　(B) 4；

(C) 5；　　(D) 6.

习题 9-11 精解

12. 一衍射光栅宽 3.00 cm，用波长为 500 nm 的光垂直照射，第二主极大出现在衍射角 30°的方向上，则光栅上总刻线数为[ ]

(A) 1.5×10^{4}；　　(B) 3×10^{4}；　　(C) 6×10^{4}；　　(D) 7.5×10^{4}.

13. 某元素的特征光谱中含有波长分别为 $\lambda_1=480$ nm 和 $\lambda_2=640$ nm 的光谱线. 在光栅

光谱中，这两种波长的谱线有重叠现象，重叠处 λ_2 的谱线的级数将是[　　]

(A) 2 ,3 ,4 ,5 ,…;　　(B) 2 ,5 ,8 ,11 ,…;

(C) 2 ,4 ,6 ,8 ,…;　　(D) 3 ,6 ,9 ,12 ,….

14. 对某一定波长的垂直入射光，衍射光栅的屏幕上只能出现零级和一级主极大，欲使屏幕上出现更高级次的主极大，应该[　　]

(A) 换一个光栅常量较小的光栅;　　(B) 换一个光栅常量较大的光栅;

(C) 将光栅向靠近屏幕的方向移动;　　(D) 将光栅向远离屏幕的方向移动.

15. 波长为 0.168 nm 的 X 射线以掠射角 θ 射向某晶体表面时，在反射方向出现第一级极大，已知晶体的晶格常量为 0.168 nm，则 θ 角为 [　　]

(A) 30°;　　(B) 45°;　　(C) 60°;　　(D) 90°.

16. 波长为 0.426 nm 的单色光，以 70°角掠射到岩盐晶体表面上时，在反射方向出现第一级极大，则岩盐晶体的晶格常量为[　　]

(A) 0.039 nm;　　(B) 0.227 nm;　　(C) 0.584 nm;　　(D) 0.629 nm.

17. 若星光的波长按 550 nm 计算，孔径为 127 cm 的大型望远镜所能分辨的两颗星的最小角距离 θ(从地上一点看两星的视线间夹角)是[　　]

(A) 3.2×10^{-3} rad;　　(B) 1.8×10^{-4} rad;　　(C) 5.3×10^{-5} rad;　　(D) 5.3×10^{-7} rad.

二、填空题

18. 在单缝夫琅禾费衍射示意图中，所画出的各条正入射光线间距相等，那么光线 1 与 2 在屏幕上 P 点相遇时的相位差为________，P 点应为________点.

19. 以 $\lambda_1=500$ nm 和 $\lambda_2=600$ nm 的两单色光同时入射某光栅，观察衍射谱线时发现，除零级明纹外，两种波长谱线的第二次重叠发生在 30°角方向上，则此光栅的光栅常量为________ nm.

习题 9-19 精解

20. 在单缝夫琅禾费衍射实验中，波长为 λ 的单色光垂直入射在宽度 $a=4\lambda$ 的单缝上. 对应于衍射角 φ 的方向，若单缝处波面恰好可分成 4 个半波带，则衍射角 $\varphi=$________.

21. 在单缝夫琅禾费衍射实验中，波长为 λ 的单色光垂直入射在宽度为 $a=\lambda$ 的单缝上，对应于衍射角为 30°方向，单缝处的波面可分成的半波带数目为________个.

22. 波长为 $\lambda=510.0$ nm 的平行光垂直照射到宽度为 $a=0.30$ mm 的单缝上，单缝后透镜的焦距为 $f=50$ cm. 当单缝两边缘点 A、B 射向 P 点的两条光线在 P 点的相位差为 π 时，P 点离透镜焦点 O 的距离等于________.

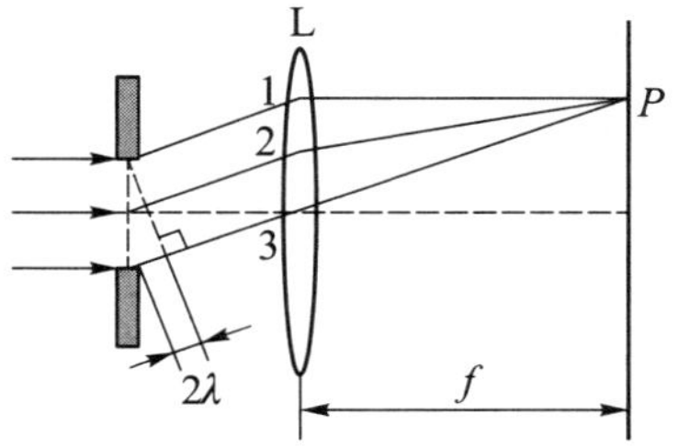

习题 9-18 图

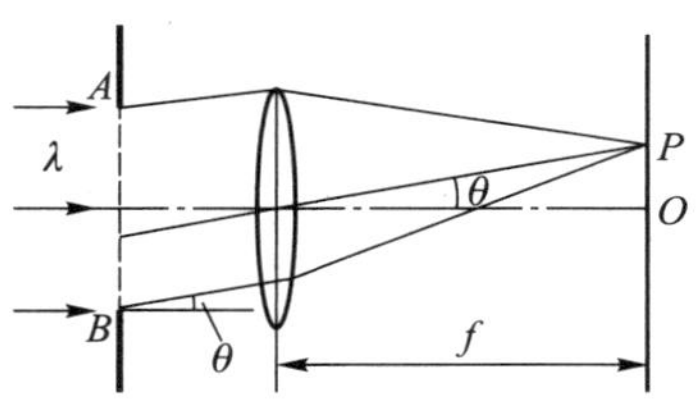

习题 9-22 图

23. 波长为 500 nm 的单色平行光,垂直入射到缝宽为 $a=0.50$ mm 的单缝上,缝后有一焦距 $f'=50$ cm 的透镜,在透镜焦平面上观察衍射图样. 则中央明纹的宽度为________,两个第三级暗条纹之间的距离为________.

24. 平行单色光垂直入射于单缝上,观察夫琅禾费衍射. 若屏上 P 点处为第四级暗条纹,则单缝处波面相应地可划分为________个半波带. 若将单缝宽度缩小一半,P 点处将是________级________纹.

25. 测量未知单缝宽度 a 的一种方法是:用已知波长 λ 的平行光垂直入射在单缝上,在距单缝的距离为 D 处测出衍射花样的中央明纹宽度为 l(实验上应保证 $D\approx10^3a$,或 D 为几米),则由单缝衍射的原理可标出 a 与 λ、D、l 的关系为 $a=$________.

26. 一会聚透镜的直径为 3 cm,焦距为 20 cm,照射光波长为 600 nm. 为了可以分辨,两个远处的点状物体对透镜中心的张角必须不小于________ rad. 这时在透镜焦平面上两个衍射图样的中心间的距离不小于________ m.

27. 衍射光栅的主极大公式为 $(a+b)\sin\varphi=\pm k\lambda$, $k=0,1,2,\cdots$. 在 $k=2$ 的方向上第一条缝与第五条缝对应点发出的两条衍射光的光程差 $\delta=$________.

28. 可见光的波长范围是 400~760 nm. 当平行的白光垂直入射在平面透射光栅上时,它产生的不与另一级光谱重叠的完整的可见光光谱是第________级光谱.

29. 波长为 $\lambda=480$ nm 的单色光垂直入射于光栅常量 $d=2\times10^{-4}$ cm 的平面衍射光栅上,可能观察到光谱线的最高级次为第________级.

30. 汽车两盏前灯相距 l,与观察者相距 $s=8$ km. 夜间人眼瞳孔直径 $d=5.0$ mm,人眼敏感波长为 $\lambda=550$ nm. 若只考虑人眼的圆孔衍射,则人眼可分辨出汽车两前灯的最小间距 $l=$________ m.

31. 用波长为 λ 的单色平行绿光垂直照射在光栅常量 $d=2$ μm ($1\ \mu\text{m}=10^{-6}$ m)的光栅上,用焦距 $f=0.600$ m 的透镜将光聚在屏上,测得第一级谱线与透镜主焦点的距离 $l=0.165$ m. 则可知该入射的绿光波长 $\lambda=$________ nm.

32. 某单色光垂直入射到一个每毫米有 1 000 条刻线的光栅上,如果第一级谱线的衍射角为 30°,则入射光的波长应为________.

33. 用物镜直径 $D=127$ cm 的望远镜观察双星,双星所发光的波长按 $\lambda=577$ nm计算,能够分辨的双星对观察者的最小张角 $\Delta\theta=$________ rad.

习题 9-32 精解

34. 若光栅的光栅常量 d、缝宽 a 和入射光波长 λ 都保持不变,而使其缝数 N 增加,则光栅光谱的同级光谱线将变得____________.

35. 在通常亮度下,人眼瞳孔的直径约为 3 mm. 对波长为 650 nm 的红光,最小分辨角约为________ rad.

36. 一束平行单色光垂直入射在一光栅上,若光栅的透明缝宽度 a 是不透明部分宽度 b 的两倍,则可能看到的衍射光谱的级次为________.

37. 设天空中两颗星对于一望远镜的张角为 4.65×10^{-6} rad,它们都发出波长为 540 nm 的光,为了分辨出这两颗星,望远镜物镜的口径至少要等于________ cm.

38. 以波长 1.10×10^{-10} m 的伦琴射线照射到某晶面族上,当掠射角为 15°24′时,获得第一级主极大反射光,则晶面间距为________.

39. 以一束待测伦琴射线射到晶面间距为 0.289 nm 的晶面族上,测得与第一级主极大的反射光相应的掠射角为 18°30′，则待测伦琴射线的波长为________.

三、计算题

40. 用波长 $\lambda=600$ nm 的平行光垂直照射单缝，缝宽 $a=0.15$ mm，缝后用凸透镜把衍射光会聚在焦平面上，测得第二级与第三级暗条纹之间的距离为 1.8 mm，求此透镜的焦距.

41. 波长为 550 nm 的单色光垂直入射到宽度为 $a=0.15$ mm 的单缝上，观察夫琅禾费衍射图样，透镜焦距 $f=1.5$ m，屏在透镜的焦平面处. 求：

（1）中央衍射明条纹的宽度 Δx_0；

（2）第三级暗条纹离透镜焦点的距离 x_2.

42. 在夫琅禾费单缝衍射实验中，如果缝宽 a 与入射光波长 λ 的比值分别为 1、10、100，试分别计算中央明纹边缘的衍射角，再讨论计算结果说明什么问题.

43. 在迎面驶来的汽车上，两盏灯相距 110 cm，设夜间人眼瞳孔直径为 5.0 mm，入射光波长为 550 nm，问汽车在离人多远的地方，眼睛恰可分辨这两盏灯？

44.（1）在单缝夫琅禾费衍射实验中，垂直入射的光有两种波长，$\lambda_1=400$ nm，$\lambda_2=760$ nm. 已知单缝宽度 $a=1.5\times10^{-2}$ cm，透镜焦距 $f=60$ cm. 求两种光第一级衍射明条纹中心之间的距离.（2）若用光栅常量 $d=1.5\times10^{-3}$ cm 的光栅替换单缝，其他条件和上一问相同，求两种光第一级主极大之间的距离.

45. 用绿光（$\lambda=510.3$ nm）垂直照射到某光栅上，测得第二级光谱的衍射角为 30°.

（1）若换用另一光源测得其第三级光谱的衍射角为 60°，求后一光源发光的波长；

（2）若以白光（400～760 nm）照射在该光栅上，求其第二级光谱的张角.

46. 用一束具有两种波长的平行光垂直入射在光栅上，两种波长分别为 $\lambda_1=600$ nm、$\lambda_2=400$ nm. 发现距中央明纹 3 cm 处 λ_1 的第 k 级主极大和 λ_2 的第（$k+1$）级主极大重合，放置在光栅与屏之间的透镜的焦距 $f=60$ cm，试问：

（1）上述 k 等于多少？

（2）光栅常量 d 等于多少？

47. 波长范围在 400～600 nm 之间的复色平行光垂直照射在每厘米有 4 000 条刻线的光栅上，屏幕放在透镜的焦平面处，屏上第二级光谱各色光在屏上所占范围的宽度为 20 cm. 求透镜的焦距 f.

48. 用每毫米有 800 条刻痕的光栅观察钠光谱线（$\lambda=590$ nm），光垂直入射时，问最多能看到第几级明条纹？

49. 用含有两种波长 $\lambda=550$ nm 和 $\lambda'=400$ nm 的复色光垂直入射到每毫米有 400 条刻痕的光栅上，光栅后面置一焦距为 $f=60$ cm 的凸透镜，在透镜焦平面处置一屏幕，求以上两种波长光谱的第一级谱线的间距 Δx.

50. 一衍射光栅每厘米有 400 条透光缝，每条透光缝宽为 $a=1\times10^{-3}$ cm，在光栅后放一焦距 $f=60$ cm 的凸透镜，现以 $\lambda=500$ nm 的单色平行光垂直照射光栅，问：

（1）透光缝 a 的单缝衍射中央明纹宽度为多少？

（2）在该宽度内，有几个光栅衍射主极大？

51. 用每毫米 300 条刻痕的衍射光栅来检验仅含有红和蓝两种单色成分的光谱. 已知红谱线波长 λ_R 在 0.63～0.76 μm（1 μm $=10^{-6}$ m）范围内，蓝谱线波长 λ_B 在 0.43～0.49 μm 范围内. 当光垂直入射到光栅时,发现在衍射角为 24.46°处,红、蓝两谱线同时出现.

（1）在什么角度下红、蓝两谱线还会同时出现?

（2）在什么角度下只有蓝谱线出现?

52. 以波长 400~760 nm 的白光垂直照射在光栅上,在它的衍射光谱中,第三级和第四级发生重叠,求第四级光谱被重叠的波长范围.

53. 波长 $\lambda=540$ nm 的单色光垂直入射到一光栅上,测得第二级主极大的衍射角为 30°,且第三级缺级.

（1）光栅常量$(a+b)$为多少?

（2）透光缝可能的最小宽度 a 为多少?

（3）在选定了上述$(a+b)$和 a 之后,求在衍射角$-\pi/2<\varphi<\pi/2$范围内可能观察到的全部主极大的级次.

第九章习题参考答案

拓展习题

第十章　光的偏振

知识导航

光的偏振分类：线偏振光、部分偏振光、椭圆偏振光和圆偏振光.

（1）马吕斯定律

$$I=I_0\cos^2\alpha$$

（2）布儒斯特定律

$$\tan\theta_B=\frac{n_2}{n_1},\quad \theta_B+\theta_r=\frac{\pi}{2}$$

（3）晶体双折射

o 光，寻常光，遵守折射定律；

e 光，非常光，不遵守折射定律.

（4）偏振光的干涉

两相干偏振光相位差：

$$\Delta\varphi=\frac{2\pi}{\lambda}(n_o-n_e)d+\pi$$

（5）人为双折射

应力双折射、电致双折射等.

视频导学

例题详解

例　将两个偏振片叠放在一起，两偏振片的偏振化方向之间的夹角为 60°. 一束光强为 I_0 的线偏振光垂直入射到偏振片上，该光束的光矢量振动方向与两个偏振片的偏振化方向皆成 30°角.

（1）求透过每个偏振片后的光强；

（2）若将原入射光换为强度相同的自然光，求透过每个偏振片后的光强.

解：（1）透过第一个偏振片后的光强 I_1 为

$$I_1=I_0\cos^2 30°=3I_0/4$$

透过第二个偏振片后的光强 I_2 为

$$I_2=I_1\cos^2 60°=3I_0/16$$

（2）若将原入射光换为自然光，则

$$I_1=I_0/2$$

$$I_2=I_1\cos^2 60°=I_0/8$$

自测练习

一、选择题

1. 若一束光强为 I_0 的线偏振光先后通过两个偏振片 P_1 和 P_2. P_1 和 P_2 的偏振化方向与原入射光矢量振动方向的夹角分别为 α 和 90°，则通过这两个偏振片后的光强为 $I=$［　　］

习题 10-1 精解

（A）$\frac{1}{4}I_0\sin^2 2\alpha$；　　（B）0；

（C） $\frac{1}{4}I_0\cos^2 2\alpha$；　　（D） $\frac{1}{4}I_0\sin^2\alpha$.

2. 两偏振片的偏振化方向成30°夹角时，自然光的透射光强为 I_1. 若使两偏振片偏振化方向间的夹角为60°，同一束自然光的透射光强将变为 I_2，则 I_2/I_1 为[　　]

（A） 1/9；　　（B） 1/3；

（C） 2/3；　　（D） 3/1.

习题 10-2 精解

3. 三个偏振片 P_1、P_2 与 P_3 叠放在一起，P_1 与 P_3 的偏振化方向相互垂直，P_2 与 P_1 的偏振化方向间的夹角为45°. 强度为 I_0 的自然光垂直入射于偏振片 P_1，并依次透过偏振片 P_1、P_2 与 P_3，则通过三个偏振片后的光强为[　　]

（A） $I_0/2$；　　（B） $I_0/4$；　　（C） $I_0/8$；　　（D） $I_0/16$.

4. 一束光强为 I_0 的自然光，相继通过三个偏振片 P_1、P_2、P_3 后，出射光的光强为 $I=3I_0/32$. 已知 P_1 和 P_3 的偏振化方向相互垂直，若以入射光线为轴，旋转 P_2，要使出射光的光强为零，P_2 最少要转过的角度是[　　]

（A） 30°；　　（B） 45°；　　（C） 60°；　　（D） 90°.

5. 一束光是自然光和线偏振光的混合光，让它垂直通过一偏振片. 若以此入射光束为轴旋转偏振片，测得透射光强度最大值是最小值的6倍，则入射光束中自然光与线偏振光的光强比值为[　　]

（A） 2/5；　　（B） 5/2；

（C） 5/1；　　（D） 1/5.

习题 10-5 精解

6. 在双缝干涉实验中，用单色自然光在屏上形成干涉条纹. 若在两缝后放一个偏振片，则[　　]

（A） 干涉条纹的间距不变，但明纹的亮度加强；

（B） 干涉条纹的间距不变，但明纹的亮度减弱；

（C） 干涉条纹的间距变窄，且明纹的亮度减弱；

（D） 无干涉条纹.

7. 两偏振片叠放在一起，一束自然光垂直入射其上时没有光线通过. 当其中一偏振片慢慢转动180°时，透射光强度发生的变化为[　　]

（A） 光强单调增加；

（B） 光强先增加，后又减小至零；

（C） 光强先增加，后减小，再增加；

（D） 光强先增加，然后减小，再增加，再减小至零.

习题 10-7 精解

8. 某种透明介质对于空气的临界角（指全反射）等于45°，光从空气射向此介质时的布儒斯特角是[　　]

（A） 35.3°；　　（B） 40.9°；

（C） 45°；　　（D） 54.7°.

9. 一束自然光自空气射向一块平板玻璃，如图所示. 设入射角等于布儒斯特角 i_B，则在界面2的反射光[　　]

（A） 是自然光；

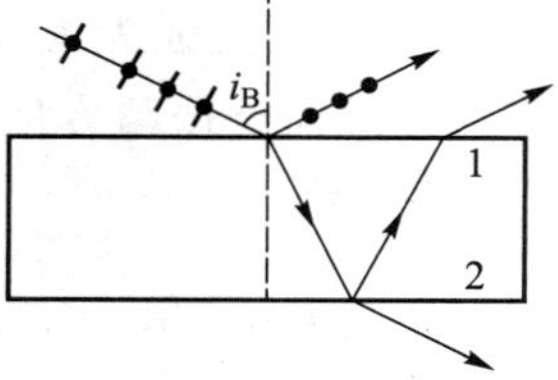

习题 10-9 图

(B) 是线偏振光且光矢量的振动方向垂直于入射面;

(C) 是线偏振光且光矢量的振动方向平行于入射面;

(D) 是部分偏振光.

10. 自然光以60°的入射角照射到某两介质交界面时,反射光为完全线偏振光,则折射光为[　　]

(A) 完全线偏振光且折射角是30°;

(B) 部分偏振光且只是在该光由真空入射到折射率为$\sqrt{3}$的介质时,折射角是30°;

(C) 部分偏振光,但须知两种介质的折射率才能确定折射角;

(D) 部分偏振光且折射角是30°.

11. 一束光强为I_0的自然光垂直穿过两个偏振片,且两偏振片的偏振化方向成45°角.若不考虑偏振片的反射和吸收,则穿过两个偏振片后的光强为[　　]

(A) $\sqrt{2}I_0/4$;　　(B) $I_0/4$;　　(C) $I_0/2$;　　(D) $\sqrt{2}I_0/2$.

二、填空题

12. 一束光由光强为I_1的线偏振光与光强为I_2的自然光组成,垂直入射到一偏振片上.当偏振片以入射光线为轴转动时,透射光的最大光强为________,最小光强为________.

13. 一束光垂直入射在偏振片P上,以入射光线为轴转动P,观察通过P的光强的变化过程.若入射光是________光,则将看到光强不变;若入射光是________,则将看到明暗交替变化,有时出现全暗;若入射光是________,则将看到明暗交替变化,但不出现全暗.

14. 透明介质的折射率为$\sqrt{3}$,自然光从空气射向介质和空气的分界面.若反射光为线偏振光,则入射角应该是________.

15. 如果从一池静水($n=1.33$)的表面反射出来的阳光是线偏振的,那么太阳的仰角(见图)大致等于________.在这反射光中的$\boldsymbol{E}$矢量的方向应________.

16. 如图所示的杨氏双缝干涉装置,若用单色自然光照射狭缝S,在屏幕上能看到干涉条纹.若在双缝S_1和S_2的一侧分别加一同质同厚的偏振片P_1、P_2,则当P_1与P_2的偏振化方向相互________时,在屏幕上仍能看到很清晰的干涉条纹.

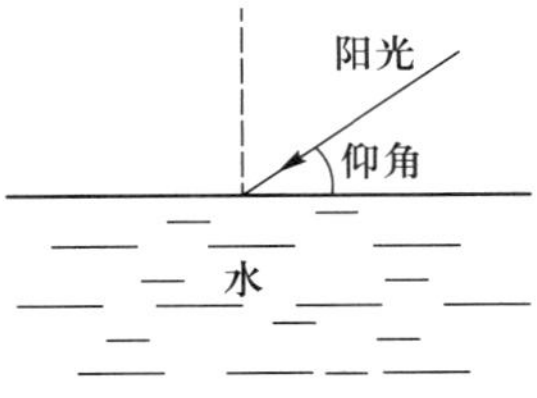

习题 10-15 图

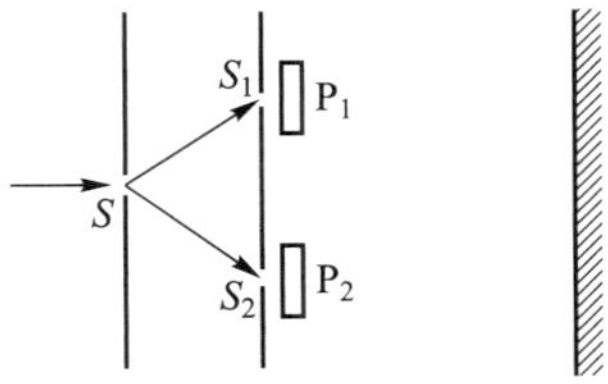

习题 10-16 图

17. 要使一束线偏振光通过偏振片之后振动方向转过90°,至少需要让这束光通过________块理想偏振片.在此情况下,透射光强最大值是入射光强的________倍.

三、计算题

18. 两个偏振片叠放在一起,当它们的偏振化方向成$\alpha_1=30°$角时,观测一束单色自然光. 又在 $\alpha_2=60°$时,观测另一束单色自然光. 若两次所测得的透射光强度相等,求两次入射自然光的强度之比.

19. 两偏振片叠放在一起,其偏振化方向夹角为 60°. 由强度相同的自然光和线偏振光混合而成的光束垂直入射在偏振片上,入射光中线偏振光的光矢量振动方向与第一个偏振片的偏振化方向间的夹角为 45°.

(1) 若忽略偏振片对可透射分量的反射和吸收,求穿过每个偏振片后的透射光强与入射光强之比;

(2) 若考虑每个偏振片对透射光的吸收率为 10%,则穿过每个偏振片后的透射光强与入射光强之比又是多少?

20. 一自然光与线偏振光混合的光束通过偏振片时,透射光的强度可随偏振片的取向变化 4 倍,问入射的混合光束中,自然光与线偏振光的光强各占总光强的几分之几?

21. 一束光强为 I_0 的自然光垂直入射在三个叠放在一起的偏振片 P_1、P_2、P_3 上,已知 P_1 与 P_3 的偏振化方向相互垂直.

(1) 当 P_2 与 P_3 的偏振化方向之间夹角为多大时,穿过第三个偏振片的透射光强为 $I_0/16$?

(2) 若以入射光方向为轴转动 P_2,当 P_2 转过多大角度时,穿过第三个偏振片的透射光强由原来的 $I_0/16$ 单调增加到 $I_0/8$? 此时 P_2、P_1 的偏振化方向之间的夹角为多大?

22. 两个偏振片 P_1、P_2 叠放在一起,一束强度为 I_0 的光垂直入射到偏振片上. 已知该入射光由强度相同的自然光和线偏振光混合而成,且入射光穿过第一个偏振片 P_1 后的光强为 $0.625I_0$;当将 P_1 抽出去后,入射光穿过 P_2 后的光强为 $0.375I_0$. 求 P_1、P_2 的偏振化方向之间的夹角.

23. 两个偏振片叠放在一起,其偏振化方向分别为 P_1 和 P_2,P_1 与 P_2 之间的夹角为 α. 一束线偏振光垂直入射在偏振片上,已知入射光的光矢量振动方向与 P_2 的夹角为 A(取锐角),A 角保持不变,如图所示. 现转动 P_1,但保持 P_1 与 $\boldsymbol{E}$、P_2 的夹角都不超过 A(即 P_1 夹在 $\boldsymbol{E}$ 和 P_2 之间,见图). 问 α 等于何值时出射光强为极值? 此极值是极大还是极小?

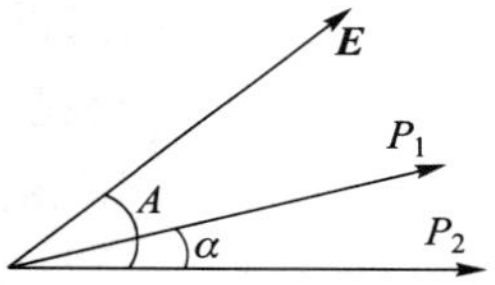

习题 10-23 图

24. 一束自然光以起偏角 $i_0=47.22°$ 自某透明液体入射到玻璃表面上,若玻璃的折射率为 1.61,求:

(1) 该液体的折射率;

(2) 折射角.

第十章习题参考答案

拓展习题

第五单元　热学

第十一章　气体动理论

知识导航

1. 热力学系统的平衡态

在外界影响下,系统所有可观察的宏观性质不随时间改变的状态称为系统的平衡态.

2. 理想气体及其描述

(1) 理想气体的微观模型

为了便于分析和讨论气体的基本现象,我们把压强不太大(与大气压比较)和温度不太低(与室温比较)的真实气体视为理想模型——**理想气体**.其微观模型是:气体分子可视为大小可忽略不计的质点;除碰撞的瞬间外,分子间相互作用力可忽略不计;碰撞是弹性的;分子运动是无规则的.

(2) 理想气体物态方程

$$pV=\frac{m}{M}RT$$

或

$$p=nkT$$

式中 m 为气体的质量,M 为气体的摩尔质量,n 为单位体积内的分子数,即分子数密度,R 为摩尔气体常量,k 为玻耳兹曼常量.物态方程是描写系统平衡态特性的基本方程.

3. 压强和温度的微观解释

在统计假设下,导出理想气体的压强公式为

$$p=\frac{2}{3}n\overline{\varepsilon}_{\mathrm{t}}$$

其中

$$\overline{\varepsilon}_{\mathrm{t}}=\frac{1}{2}m_0\overline{v^2}$$

温度与分子平均平动动能的关系为

$$\overline{\varepsilon}_{\mathrm{t}}=\frac{3}{2}kT$$

由上述两式知压强和温度都具有统计意义.

4. 能量均分定理　理想气体的内能

在平衡状态下,理想气体分子的任何一种运动形式的每个自由度都具有相同的平均动能$\frac{1}{2}kT$,它是大量分子统计平均的必然结果.

按照这一原理,若一个刚性气体分子有 t 个平动自由度,r 个转动自由度,$i=t+r$ 为总自由度,则每个分子的平均平动动能 $\overline{\varepsilon}_{\mathrm{t}}$ 和平均动能 $\overline{\varepsilon}$ 分别为

$$\overline{\varepsilon}_{\mathrm{t}}=\frac{3}{2}kT$$

$$\overline{\varepsilon}=\frac{i}{2}kT$$

对由 N 个分子组成的理想气体系统来说,由于忽略了分子间相互作用的势能,其内能即每个分子的平均动能之和.即

$$E=N\overline{\varepsilon}=N\frac{i}{2}kT=\frac{m}{M}\frac{i}{2}RT$$

一定质量理想气体的内能是温度的单值函数.当温度改变 ΔT 时,内能的改变量为

$$\Delta E=\frac{m}{M}\frac{i}{2}R\Delta T$$

5. 麦克斯韦速率分布律和玻耳兹曼能量分布律

(1) 麦克斯韦速率分布律

麦克斯韦速率分布函数

$$f(v)=\lim_{\Delta t\to 0}\frac{\Delta N}{N\Delta v}=\frac{\mathrm{d}N}{N\mathrm{d}v}$$

$$=4\pi\left(\frac{m_0}{2\pi kT}\right)^{3/2}e^{-\frac{m_0\overline{v^2}}{2kT}}v^2$$

式中 $f(v)\mathrm{d}v=\frac{\mathrm{d}N}{N}$ 称为麦克斯韦分子速率分布律.

由麦克斯韦分子速率分布律可以导出三种统计速率.

最概然速率(最可几速率):

$$v_p=\sqrt{\frac{2RT}{M}}\approx1.41\sqrt{\frac{RT}{M}}$$

平均速率:

$$\bar{v}=\sqrt{\frac{8RT}{\pi M}}\approx1.60\sqrt{\frac{RT}{M}}$$

方均根速率:

$$\sqrt{\overline{v^2}}=\sqrt{\frac{3RT}{M}}\approx1.73\sqrt{\frac{RT}{M}}$$

(2) 玻耳兹曼能量分布律

玻耳兹曼把麦克斯韦速率分布律推广到分子在外力场中运动的情形:

$$N_i=Ce^{-\frac{E_i}{kT}}$$

上式表明,在一定的温度下,能级越低,粒子数越多,即粒子优先占据低能级状态. 这是玻耳兹曼分布的一个重要结论.

视频导学

例题详解

例 1 2×10^{-3} m^3 刚性双原子分子理想气体,其内能为 6.75×10^2 J.

(1) 试求气体的压强;

(2) 设分子总数为 5.4×10^{22} 个,求分子的平均平动动能及气体的温度.

解:(1) 设分子数为 N. 由于

$$E=\frac{m}{M}\frac{i}{2}RT=\frac{i}{2}pV$$

所以

$$p=\frac{2E}{iV}=1.35\times10^5\ \text{Pa}$$

(2) 分子的平均动能为

$$\bar{\varepsilon}=\frac{5}{2}kT \qquad ①$$

由题意知

$$\bar{\varepsilon}=\frac{E}{N} \qquad ②$$

由①、②解得

$$T=\frac{2E}{5kN}=362\ \text{K}$$

分子的平均平动动能为

$$\bar{\varepsilon}_t=\frac{3}{2}kT=7.5\times10^{-21}\ \text{J}$$

例 2 容器内装有质量为 0.1 kg 的氧气,其压强为 10 atm(即 1 MPa),温度为 47 ℃. 因为漏气,经过若干时间后,压强变为原来的 $\frac{5}{8}$,温度降到 27 ℃. 问:

（1）容器的容积有多大？

（2）漏去了多少氧气？

解：（1）由于 $pV=\frac{m}{M}RT$，将 $p=10\ \text{atm}$，$T=(47+273)\ \text{K}=320\ \text{K}$，$m=0.1\ \text{kg}$，$M=32\times10^{-3}\ \text{kg}\cdot\text{mol}^{-1}$，$R=8.31\ \text{J}\cdot\text{mol}^{-1}\cdot\text{K}^{-1}$，代入得

$$V=8.31\times10^{-3}\ \text{m}^3$$

（2）设漏气后，容器中的氧气质量为 m'，则

$$p'V=\frac{m'}{M}RT'\Rightarrow\frac{5}{8}pV=\frac{m'}{M}R\times300$$

$$\Rightarrow\frac{m'}{M}R\times300=\frac{5}{8}\times\frac{0.1}{M}R\times320\Rightarrow m'=\frac{1}{15}\ \text{kg}$$

漏去的氧气质量为

$$\Delta m=m-m'=\left(0.1-\frac{1}{15}\right)\text{kg}=\frac{1}{30}\ \text{kg}\approx3.3\times10^{-2}\ \text{kg}$$

自测练习

相关常量：$1\ \text{atm}=1.013\times10^5\ \text{Pa}$，玻耳兹曼常量 $k=1.38\times10^{-23}\ \text{J}\cdot\text{K}^{-1}$，摩尔气体常量 $R=8.31\ \text{J}\cdot\text{mol}^{-1}\cdot\text{K}^{-1}$.

一、选择题

1. 一定量的理想气体，处在某一初始状态，现在要使它的温度经过一系列状态变化后回到初始状态的温度，可能实现的过程为[　　]

（A）先保持压强不变，使它的体积膨胀，接着保持体积不变，增大压强；

（B）先保持压强不变，使它的体积减小，接着保持体积不变，减小压强；

（C）先保持体积不变，使它的压强增大，接着保持压强不变，使它的体积膨胀；

（D）先保持体积不变，使它的压强减小，接着保持压强不变，使它的体积膨胀.

2. 三个容器 A、B、C 中装有同种理想气体，其分子数密度 n 相同，而方均根速率之比为 $\left(\overline{v_A^2}\right)^{1/2}:\left(\overline{v_B^2}\right)^{1/2}:\left(\overline{v_C^2}\right)^{1/2}=1:2:4$，则其压强之比 $p_A:p_B:p_C$ 为[　　]

（A）1∶2∶4；　（B）1∶4∶16；　（C）4∶2∶1；　（D）1∶4∶8.

3. 在一密闭容器中，储有 A、B、C 三种理想气体，其均处于平衡状态. A 气体的分子数密度为 n_1，它产生的压强为 p_1，B 气体的分子数密度为 $2n_1$，C 气体的分子数密度为 $3n_1$，则混合气体的压强 p 为[　　]

（A）$6p_1$；　（B）$5p_1$；　（C）$4p_1$；　（D）$3p_1$.

4. 有两个容器，一个盛氢气，另一个盛氧气. 如果两种气体分子的方均根速率相等，那么由此可以得出下列结论. 其中正确的是[　　]

（A）氧气的温度比氢气的高；　（B）氢气的温度比氧气的高；

（C）两种气体的温度相同；　（D）两种气体的压强相同.

5. 若理想气体的体积为 V，压强为 p，温度为 T，一个分子的质量为 m_0，k 为玻耳兹曼常量，R 为摩尔气体常量，则该理想气体的分子数为[　　]

(A) $pV/(RT)$；　　(B) $pV/(m_0T)$；

(C) pV/m_0；　　(D) $pV/(kT)$.

习题 11-5 精解

6. 一定量某理想气体按 pV^2 = 常量的规律膨胀，则膨胀后理想气体的温度[　　]

(A) 不变；　　(B) 将升高；

(C) 将降低；　　(D) 不能确定是升高还是降低.

7. 一定量的理想气体储存于某一容器中，温度为 T，气体分子的质量为 m_0. 根据理想气体的分子模型和统计假设，分子速度在 x 方向的分量平方的平均值[　　]

(A) $\overline{v_x^2}=\dfrac{kT}{m_0}$；　(B) $\overline{v_x^2}=\sqrt{\dfrac{3kT}{m_0}}$；　(C) $\overline{v_x^2}=\dfrac{3kT}{m_0}$；　(D) $\overline{v_x^2}=\dfrac{1}{3}\sqrt{\dfrac{3kT}{m_0}}$.

8. 两容器内分别盛有氢气和氦气，若它们的温度和质量分别相等，则[　　]

(A) 两种气体分子的平均动能相等；　　(B) 两种气体分子的平均速率相等；

(C) 两种气体分子的平均平动动能相等；　　(D) 两种气体的内能相等.

9. 1 mol 刚性双原子分子理想气体，当温度为 T 时，其内能为[　　]

(A) $\dfrac{3}{2}kT$；　(B) $\dfrac{5}{2}kT$；　(C) $\dfrac{3}{2}RT$；　(D) $\dfrac{5}{2}RT$.

10. 已知氢气与氧气的温度相同，请判断下列说法中哪个正确.[　　]

(A) 氧气分子的质量比氢气分子大，所以氢气分子的方均根速率一定比氧气分子的方均根速率大；

(B) 氧气分子的质量比氢气分子大，所以氢气分子的速率一定比氧气分子的速率大；

(C) 氧气分子的质量比氢气分子大，所以氧气的密度一定大于氢气的密度；

(D) 氧气分子的质量比氢气分子大，所以氧气的压强一定大于氢气的压强.

11. 若室内生起炉子后温度从 15 ℃升高到 27 ℃，而室内气压不变，则此时室内的分子数减少了[　　]

(A) 21%；　　(B) 9%；

(C) 4%；　　(D) 0.5%.

习题 11-11 精解

12. 关于温度的意义，下列几种说法中正确的是[　　]

(1) 气体的温度是分子平均平动动能的量度；

(2) 温度的高低反映物质内部分子运动剧烈程度的不同；

(3) 从微观上看，气体的温度表示每个气体分子的冷热程度；

(4) 气体的温度是大量气体分子热运动的集体表现，具有统计意义.

(A) (1)、(2)、(4)；　(B) (1)、(2)、(3)；　(C) (2)、(3)、(4)；　(D) (1)、(3)、(4).

13. 一瓶氦气和一瓶氮气密度相同，分子平均平动动能相同，而且它们都处于平衡状态，则它们[　　]

(A) 温度、压强都不相同；

(B) 温度相同、压强相同；

(C) 温度相同，但氦气的压强小于氮气的压强；

(D) 温度相同，但氦气的压强大于氮气的压强.

习题 11-13 精解

14. 在容积为 $V=4\times10^{-3}\ m^3$ 的容器中,装有压强为 $p=5\times10^2$ Pa 的理想气体,则容器中气体分子的平动动能总和为[ ]

(A) 2 J; (B) 3 J; (C) 5 J; (D) 9 J.

15. 水蒸气分解成同温度的氢气和氧气,内能增加了百分之几(不计振动自由度和化学能)? [ ]

(A) 0; (B) 25%; (C) 50%; (D) 66.7%.

16. 两瓶不同种类的理想气体,它们的温度和压强都相同,但体积不同,则单位体积内的气体分子数 n、单位体积内的气体分子的总平动动能(E_k/V)、单位体积内的气体质量 ρ,分别有如下关系:[ ]

(A) n 相同,(E_k/V)相同,ρ 相同; (B) n 相同,(E_k/V)相同,ρ 不同;

(C) n 不同,(E_k/V)不同,ρ 相同; (D) n 不同,(E_k/V)不同,ρ 不同.

17. 温度、压强相同的氦气和氧气,它们分子的平均动能 $\overline{\varepsilon}$ 和平均平动动能 $\overline{\varepsilon_t}$ 有如下关系:[ ]

(A) $\overline{\varepsilon}$ 和 $\overline{\varepsilon_t}$ 都相等; (B) $\overline{\varepsilon}$ 和 $\overline{\varepsilon_t}$ 都不相等;

(C) $\overline{\varepsilon}$ 相等,而 $\overline{\varepsilon_t}$ 不相等; (D) $\overline{\varepsilon_t}$ 相等,而 $\overline{\varepsilon}$ 不相等.

18. 在标准状况下,若氧气(视为刚性双原子分子的理想气体)和氦气的体积比为 $V_1/V_2=1/2$,则其内能之比 E_1/E_2 为[ ]

(A) 3/10; (B) 1/2; (C) 5/3; (D) 5/6.

19. 两个相同的容器,一个盛氢气,一个盛氦气(均视为刚性分子理想气体). 开始时它们的压强和温度都相等,现将 6 J 热量传给氦气,使之升高到一定温度. 若使氢气也升高同样温度,则应向氢气传递的热量为[ ]

(A) 5 J; (B) 6 J; (C) 10 J; (D) 12 J.

20. 若 N 表示分子总数,T 表示气体温度,m_0 表示气体分子质量,则当分子速率 v 确定后,决定麦克斯韦速率分布函数 $f(v)$ 的数值的因素是[ ]

(A) m_0, T; (B) N; (C) N, m_0; (D) N, T.

21. 设图示的两条曲线分别表示在相同温度下氧气和氢气分子的速率分布曲线;令 $(v_p)_{O_2}$ 和 $(v_p)_{H_2}$ 分别表示氧气和氢气分子的最概然速率,则[ ]

(A) 图中 a 表示氧气分子的速率分布曲线;

$(v_p)_{O_2}/(v_p)_{H_2}=1/4$;

(B) 图中 a 表示氧气分子的速率分布曲线;

$(v_p)_{O_2}/(v_p)_{H_2}=4$;

(C) 图中 b 表示氧气分子的速率分布曲线;

$(v_p)_{O_2}/(v_p)_{H_2}=1/4$;

(D) 图中 b 表示氧气分子的速率分布曲线;

$(v_p)_{O_2}/(v_p)_{H_2}=4$.

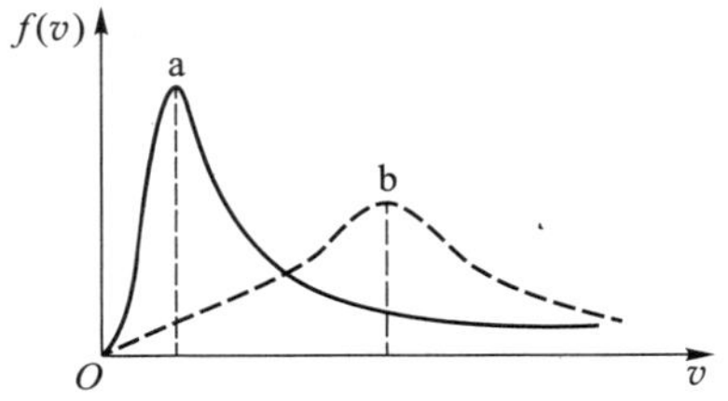

习题 11-21 图

22. 速率分布函数 $f(v)$ 的物理意义为[ ]

(A) 具有速率 v 的分子数;

(B) 具有速率 v 的分子数占总分子数的百分比;

（C）速率分布在 v 附近的单位速率间隔中的分子数；

（D）速率分布在 v 附近的单位速率间隔中的分子数占总分子数的百分比.

23. 已知分子总数为 N，它们的速率分布函数为 $f(v)$，则速率分布在 $v_1 \sim v_2$ 区间内的分子的平均速率为[ ]

（A）$\int_{v_1}^{v_2} vf(v)\,dv$；（B）$\int_{v_1}^{v_2} Nvf(v)\,dv$；

（C）$\int_{v_1}^{v_2} vf(v)\,dv/N$；（D）$\int_{v_1}^{v_2} vf(v)\,dv \Big/ \int_{v_1}^{v_2} f(v)\,dv$.

24. 在一容积不变的封闭容器内，理想气体分子的平均速率若提高为原来的 2 倍，则[ ]

（A）温度和压强都提高为原来的 2 倍；

（B）温度和压强都提高为原来的 4 倍；

（C）温度提高为原来的 4 倍，压强提高为原来的 2 倍；

（D）温度提高为原来的 2 倍，压强提高为原来的 4 倍.

25. 下列各图所示的速率分布曲线，哪一图中的两条曲线可能是同一温度下氮气和氦气的分子速率分布曲线？[ ]

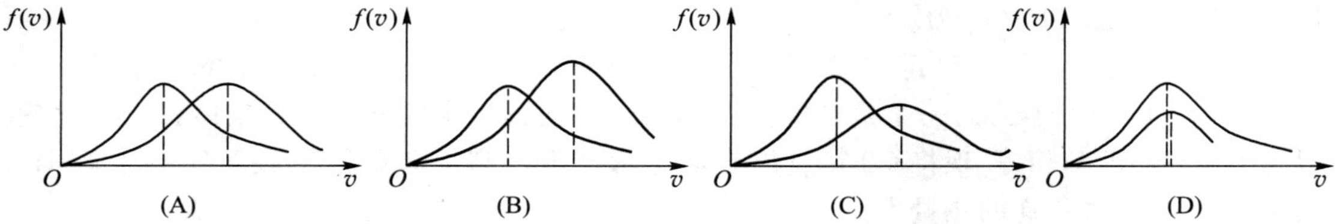

习题 11-25 图

26. 某理想气体分子在温度 T_1 和 T_2 时的麦克斯韦速率分布曲线如图所示，两温度下相应的分子平均速率分别为 $\bar{v}_1$ 和 $\bar{v}_2$，则[ ]

（A）$T_1>T_2, \bar{v}_1<\bar{v}_2$；（B）$T_1>T_2, \bar{v}_1>\bar{v}_2$；

（C）$T_1<T_2, \bar{v}_1<\bar{v}_2$；（D）$T_1<T_2, \bar{v}_1>\bar{v}_2$.

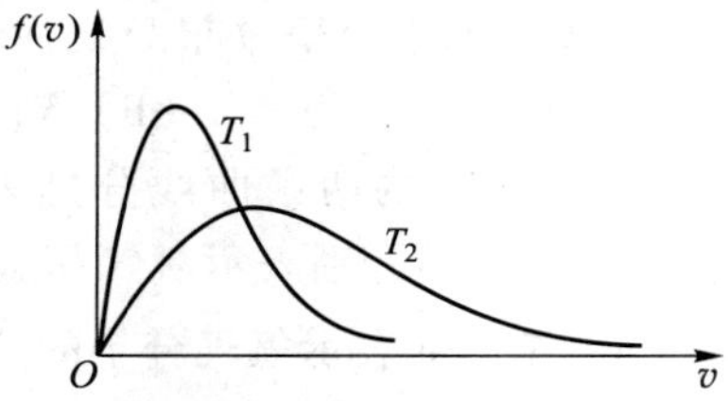

习题 11-26 图

27. 两种不同的理想气体，若它们分子的最概然速率相等，则它们分子的[ ]

（A）平均速率相等，方均根速率不相等；（B）平均速率相等，方均根速率相等；

（C）平均速率不相等，方均根速率不相等；（D）平均速率不相等，方均根速率相等.

28. 一定量的理想气体储存于某一容器内，温度为 T，气体分子的摩尔质量为 M. 根据理想气体分子模型和统计假设，分子速度在 x 方向的平均值为[ ]

（A）$\sqrt{\dfrac{8kT}{\pi M}}$；（B）$\sqrt{\dfrac{2kT}{M}}$；（C）$\sqrt{\dfrac{3kT}{M}}$；（D）0.

29. 温度为 T 时，在方均根速率 $\left(\overline{v^2}\right)^{1/2} \pm 50$ m/s 的速率区间内，将氢、氮两种气体分子数占总分子数的百分比相比较，则有[ ]

(A) $(\Delta N/N)_{H_2}>(\Delta N/N)_{N_2}$;

(B) $(\Delta N/N)_{H_2}<(\Delta N/N)_{N_2}$;

(C) $(\Delta N/N)_{H_2}=(\Delta N/N)_{N_2}$;

(D) 温度较低时 $(\Delta N/N)_{H_2}>(\Delta N/N)_{N_2}$，温度较高时 $(\Delta N/N)_{H_2}<(\Delta N/N)_{N_2}$.

二、填空题

30. 质量为 m、摩尔质量为 M、分子数密度为 n 的理想气体处于平衡态时，物态方程为________，物态方程的另一种形式为________，其中 k 称为________常量.

31. 两种不同种类的理想气体，其分子的平均平动动能相等，但分子数密度不同，则它们的温度________，压强________. 若它们的温度、压强相同，但体积不同，则它们的分子数密度________，单位体积的气体质量________，单位体积的分子平动动能________.（填"相同"或"不同".）

32. 下面给出理想气体的几种状态变化的关系，式中 M 为摩尔质量，指出它们各表示什么过程.

(1) $p\mathrm{d}V=(m/M)R\mathrm{d}T$ 表示________________过程；

(2) $V\mathrm{d}p=(m/M)R\mathrm{d}T$ 表示________________过程；

(3) $p\mathrm{d}V+V\mathrm{d}p=0$ 表示________________过程.

33. 1 mol 氧气和 2 mol 氮气组成混合气体，在标准状况下，氧气分子的平均能量为________，氮气分子的平均能量为________；氧气与氮气的内能之比为________.

34. 一定量的理想气体储于某一容器中，温度为 T，气体分子的质量为 m_0. 根据理想气体分子模型和统计假设，分子速度在 x 方向的分量的下列平均值：$\overline{v_x}=$________，$\overline{v_x^2}=$________.

35. 理想气体分子的平均平动动能 $\overline{\varepsilon_t}$ 与热力学温度 T 的关系式是________，此式所揭示的气体温度的统计意义是________________.

36. 用总分子数 N、气体分子速率 v 和速率分布函数 $f(v)$ 表示下列各量：

(1) 速率大于 v_0 的分子数=________；

(2) 速率大于 v_0 的那些分子的平均速率=________；

(3) 多次观察某一分子的速率，发现其速率大于 v_0 的概率=________.

37. 已知 $f(v)$ 为麦克斯韦速率分布函数，N 为总分子数，则(1) 速率 $v>100\ \mathrm{m\cdot s^{-1}}$ 的分子数占总分子数的百分比的表达式为________；(2) 速率 $v>100\ \mathrm{m\cdot s^{-1}}$ 的分子数的表达式为________.

38. 分子的平均动能公式 $\overline{\varepsilon}=\dfrac{i}{2}kT$（$i$ 是分子的自由度）的适用条件是________. 室温下 1 mol 双原子分子理想气体的压强为 p，体积为 V，则此气体分子的平均动能为________.

39. 氢气分子的质量为 3.3×10^{-27} kg，如果每秒有 10^{23} 个氢气分子沿着与容器器壁的法线方向成 45°角的方向以 10^3 m/s 的速率撞击在 2.0 $\mathrm{cm^2}$ 面积上（碰撞是完全弹性的），则此氢气的压强为________.

40. 有一个电子管，其真空度（即电子管内的气体压强）为 1.0×10^{-5} mmHg，则 27 ℃时管内单位体积的分子数为________.

41. 若某种理想气体分子的方均根速率 $\left(\overline{v^2}\right)^{1/2}=450\ \mathrm{m/s}$,气体压强 $p=7\times10^4\ \mathrm{Pa}$,则该气体的密度 $\rho=$________.

42. 在容积为 $10^{-2}\ \mathrm{m^3}$ 的容器中,装有质量 100 g 的气体,若气体分子的方均根速率为 200 m/s,则气体的压强为________.

43. 1 mol 氮气由状态 $A(p_1,V)$ 变到状态 $B(p_2,V)$,气体内能的增量为________.

44. 1 mol 氧气(视为刚性双原子分子的理想气体)储存于一氧气瓶中,温度为 27 ℃,这瓶氧气的内能为________ J,分子的平均平动动能为________ J,分子的平均总动能为________ J.

45. 容器中储有 1 mol 的氮气,压强为 1.33 Pa,温度为 7 ℃,则(1) 1 $\mathrm{m^3}$ 中氮气的分子数为________;(2) 容器中的氮气的密度为________;(3) 1 $\mathrm{m^3}$ 中氮气分子的总平动动能为________.(氮气的摩尔质量 $M_{N_2}=28\times10^{-3}\ \mathrm{kg\cdot mol^{-1}}$.)

46. 三个容器内分别储有 1 mol 氦(He)、1 mol 氢(H_2)和 1 mol 氨(NH_3)(均视为刚性分子理想气体). 若它们的温度都升高 1 K,则三种气体的内能的增加值分别为:氦 $\Delta E=$________;氢 $\Delta E=$________;氨 $\Delta E=$________.

47. 一铁球由 10 m 高处落到地面,回升到 0.5 m 高处. 假定铁球与地面碰撞时损失的宏观机械能全部转化为铁球的内能,则铁球的温度将升高________.(已知铁的比热容 $c=501.6\ \mathrm{J\cdot kg^{-1}\cdot K^{-1}}$.)

48. 储有氢气的容器以某速度 v 做定向运动,假设该容器突然停止,气体的全部定向运动动能都转化为气体分子热运动的动能,此时容器中气体的温度上升 0.7 K,则容器做定向运动的速度 $v=$________ m/s,容器中气体分子的平均动能增加了________ J.(氢气分子可视为刚性双原子分子.)

49. 2 g 氢气与 2 g 氦气分别装在两个容积相同的封闭容器内,温度也相同.(氢气分子可视为刚性双原子分子.)(1) 氢气分子与氦气分子的平均平动动能之比 $\overline{\varepsilon}_{tH_2}:\overline{\varepsilon}_{tHe}=$________;(2) 氢气与氦气的压强之比 $p_{H_2}:p_{He}=$________;(3) 氢气与氦气的内能之比 $E_{H_2}:E_{He}=$________.

50. A、B、C 三个容器中装有理想气体,它们的分子数密度之比为 $n_A:n_B:n_C=4:2:1$,而分子的平均平动动能之比为 $\overline{\varepsilon}_{tA}:\overline{\varepsilon}_{tB}:\overline{\varepsilon}_{tC}=1:2:4$,则它们的压强之比 $p_A:p_B:p_C=$________.

51. 已知一容器内的理想气体在温度为 273 K、压强为 1.0×10^{-2} atm 时,其密度为 $1.24\times10^{-2}\ \mathrm{kg/m^3}$,则该气体的摩尔质量 $M=$________,容器单位体积内分子的总平动动能 $E_t=$________.

52. 有两瓶气体,一瓶是氦气,另一瓶是氢气(均视为刚性双原子分子理想气体),若它们的压强、体积、温度均相同,则氢气的内能是氦气的________倍.

53. 某气体在温度为 $T=273$ K 时,压强为 $p=1.0\times10^{-2}$ atm,密度 $\rho=1.24\times10^{-2}\ \mathrm{kg/m^3}$,则该气体分子的方均根速率为________.

54. 当理想气体处于平衡态时,若气体分子速率分布函数为 $f(v)$,则分子速率处于最概然速率 v_p 至∞范围内的概率 $\Delta N/N=$________.

55. 一定质量的理想气体,先经过等容过程使其热力学温度升高一倍,再经过等温过程使其体积膨胀为原来的________倍.

56. 图示曲线为处于同一温度 T 时,氦(原子量 4)、氖(原子量 20)和氩(原子量 40)三种气体分子的速率分布曲线. 其中曲线(a)是________气分子的速率分布曲线;曲线(c)是________气分子的速率分布曲线.

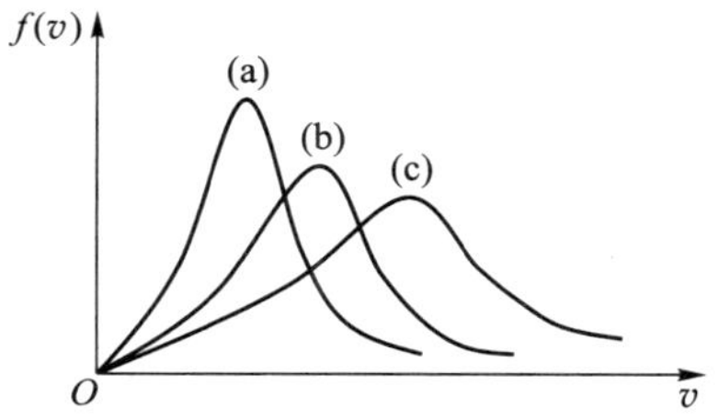

习题 11-56 图

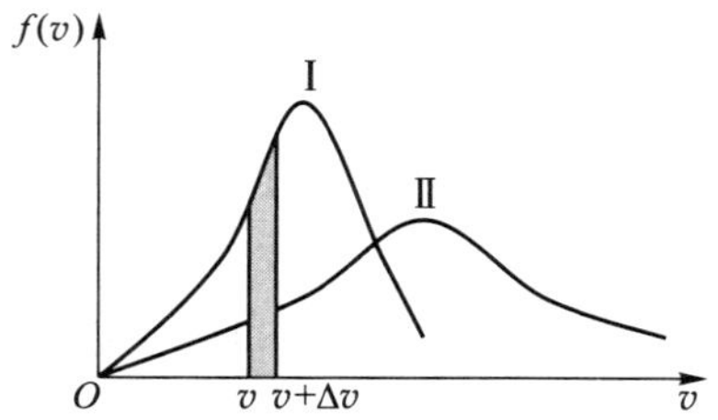

习题 11-57 图

57. 图示的两条曲线分别表示氦、氧两种气体在相同温度 T 时分子按速率的分布曲线,其中(1) 曲线 I 表示________气分子的速率分布曲线;曲线 II 表示________气分子的速率分布曲线.(2) 画有阴影的小长条面积表示________;(3) 分布曲线下所包围的面积表示________.

58. 现有两条气体分子速率分布曲线(1)和(2),如图所示. 若两条曲线分别表示同一种气体处于不同温度下的速率分布,则曲线________表示气体的温度较高. 若两条曲线分别表示同一温度下的氢气和氧气的速率分布,则曲线________表示的是氧气的速率分布.

59. 图示的两条 $f(v)-v$ 曲线分别表示氢气和氧气在同一温度下的麦克斯韦速率分布曲线. 由此可得氢气分子的最概然速率为________;氧气分子的最概然速率为________.

习题 11-59 精解

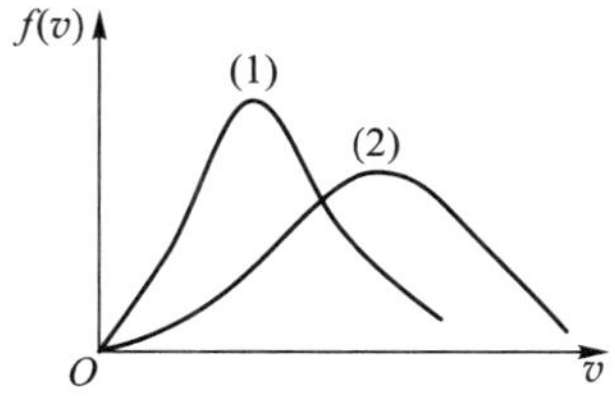

习题 11-58 图

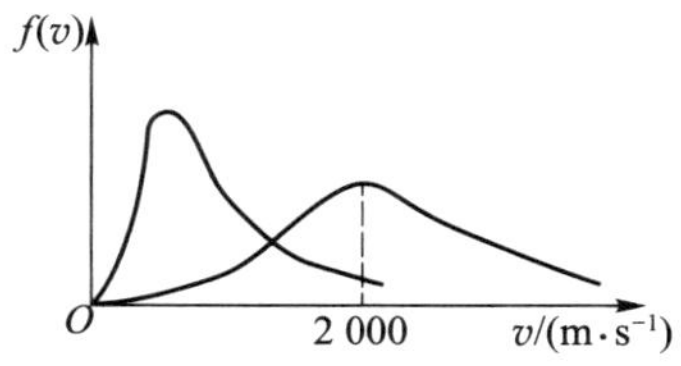

习题 11-59 图

60. 在平衡状态下,已知理想气体分子的麦克斯韦速率分布函数为 $f(v)$,分子质量为 m_0、最概然速率为 v_p,试说明下列各式的物理意义:

(1) $\int_{v_p}^{\infty} f(v)\,\mathrm{d}v$ 表示____________________;

(2) $\int_0^{\infty} \frac{1}{2}mv^2 f(v)\,\mathrm{d}v$ 表示____________________.

61. 某容器内分子数密度为 $10^{26}\ \mathrm{m}^{-3}$,每个分子的质量为 3×10^{-27} kg,设其中 1/6 分子数以速率 $v=200$ m/s 垂直地向容器的一壁运动,而其余 5/6 分子或者离开此壁,或者平行此壁方向运动,且分子与容器壁的碰撞为完全弹性的. 则(1) 每个分子作用于器壁的冲量 $I=$

________;(2) 每秒碰在器壁单位面积上的分子数 $n_0=$________;(3)作用在器壁上的压强 $p=$________.

三、计算题

62. 容器中储有氧气,其压强为 $p=0.1$ MPa(即 1 atm),温度为 27 ℃,求单位体积中的分子数 n、氧气分子质量 m_0、气体密度 ρ、分子间的平均距离 $\overline{l}$、平均速度 $\overline{v}$、方均根速率 $\sqrt{\overline{v^2}}$、分子的平均动能 $\overline{\varepsilon}$.

63. 将 1 kg 氦气和质量为 m 的氢气混合,平衡后混合气体的内能是 2.45×10^6 J,氦气分子的平均动能是 6×10^{-21} J,求氢气的质量 m.

64. 一容器被中间隔板分成相等的两半,一半装有氦气,温度为 T_1,另一半装有氧气,温度为 T_2,二者压强相等. 今去掉隔板,求两种气体混合后的温度.

65. 一瓶氧气、一瓶氢气,等压、等温,氧气体积是氢气的 2 倍,求:

(1) 氧气和氢气的分子数密度之比;

(2) 氧气分子与氢气分子的平均速率之比.

第十一章习题参考答案　　拓展习题

第十二章　热力学基础

知识导航

1. 准静态过程

系统状态发生变化时，其内能的增量可表示为

$$\Delta E=\frac{m}{M}C_{V,\mathrm{m}}\Delta T$$

准静态过程中系统对外界做的功为

$$\mathrm{d}W=p\mathrm{d}V$$

在一个有限的准静态过程中，系统的体积由 V_1 变为 V_2 时，系统对外界做的功为

$$W=\int_{V_1}^{V_2}p\mathrm{d}V$$

摩尔热容为 $$C_{\mathrm{m}}=\frac{(\mathrm{d}Q)_{\mathrm{m}}}{\mathrm{d}T}$$

对于一微小的变化过程，系统吸热可表示成

$$\mathrm{d}Q=\frac{m}{M}C_{\mathrm{m}}\mathrm{d}T$$

系统在温度由 T_1 变化到 T_2 的过程中，吸收的热量为

$$Q=\int_{T_1}^{T_1}\frac{m}{M}C_{\mathrm{m}}\mathrm{d}T=\frac{m}{M}C_{\mathrm{m}}(T_2-T_1)$$

摩尔定容热容 $C_{V,\mathrm{m}}$ 与摩尔定压热容 $C_{p,\mathrm{m}}$ 二者之间的关系由迈耶公式给出：

$$C_{p,\mathrm{m}}=C_{V,\mathrm{m}}+R$$

2. 热力学第一定律及其应用

热力学第一定律的数学表达式为

$$Q=\Delta E+W$$

对于微小变化过程

$$\mathrm{d}Q=\mathrm{d}E+\mathrm{d}W$$

将热力学第一定律应用到理想气体的等容、等压、等温、绝热过程中可得到下表中的一些热力学公式.

理想气体热力学过程的主要公式

	等容过程	等压过程	等温过程	绝热过程
过程方程	$\frac{p}{T}=C$	$\frac{V}{T}=C$	$pV=C$	$pV^{\gamma}=C_1$ $V^{\gamma-1}T=C_2$ $p^{\gamma-1}T^{-\gamma}=C_3$
内能增量 $\Delta E=\frac{m}{M}C_{V,\mathrm{m}}\Delta T$	$\frac{m}{M}C_{V,\mathrm{m}}(T_2-T_1)$	$\frac{m}{M}C_{V,\mathrm{m}}(T_2-T_1)$	0	$\frac{m}{M}C_{V,\mathrm{m}}(T_2-T_1)$
对外做功 $W=\int p\mathrm{d}V$	0	$p(V_2-V_1)$或 $\frac{m}{M}R(T_2-T_1)$	$\frac{m}{M}RT\ln\frac{V_2}{V_1}$	$-\frac{m}{M}C_{V,\mathrm{m}}(T_2-T_1)$或 $\frac{p_1V_1-p_2V_2}{\gamma-1}$
传递热量 $Q=\Delta E+W$	$\frac{m}{M}C_{V,\mathrm{m}}(T_2-T_1)$	$\frac{m}{M}C_{p,\mathrm{m}}(T_2-T_1)$	$\frac{m}{M}RT\ln\frac{V_2}{V_1}$	0

3. 循环过程和卡诺循环

(1) 循环过程的特点

$$\Delta E=0,\quad W=Q_1-Q_2$$

热机效率

$$\eta=\frac{W}{Q_1}=\frac{Q_1-Q_2}{Q_1}=1-\frac{Q_2}{Q_1}$$

制冷系数

$$e=\frac{Q_2}{W}=\frac{Q_2}{Q_1-Q_2}$$

热机效率 η 总是小于 1，而制冷系数 e 则可以大于 1.

（2）由两条等温线和两条绝热线组成的循环叫作**卡诺循环**.

卡诺热机的效率

$$\eta_{卡诺}=1-\frac{Q_2}{Q_1}=1-\frac{T_2}{T_1}$$

卡诺制冷机的制冷系数

$$e_{卡诺}=\frac{Q_2}{W}=\frac{T_2}{T_1-T_2}$$

4. 热力学第二定律

热力学第二定律的克劳修斯表述：**不可能把热量从低温物体传到高温物体而不引起其他变化.**

热力学第二定律的开尔文表述：**不可能从单一热源吸取热量使之完全变为有用的功而不引起其他变化.**

热力学第二定律的开尔文表述和克劳修斯表述是等价的，它揭示了一切与热现象有关的实际宏观过程都是不可逆的.

视频导学

例题详解

例 1 一定量的单原子分子理想气体，从初态 A 出发，沿图示直线过程到达另一状态 B，又经过等容、等压两过程回到状态 A.

（1）求 $A\to B$、$B\to C$、$C\to A$ 各过程中系统对外所做的功 W、内能的增量 ΔE 以及所吸收的热量 Q；

（2）求整个循环过程中系统对外所做的总功以及从外界吸收的总热量（过程中吸热的代数和）.

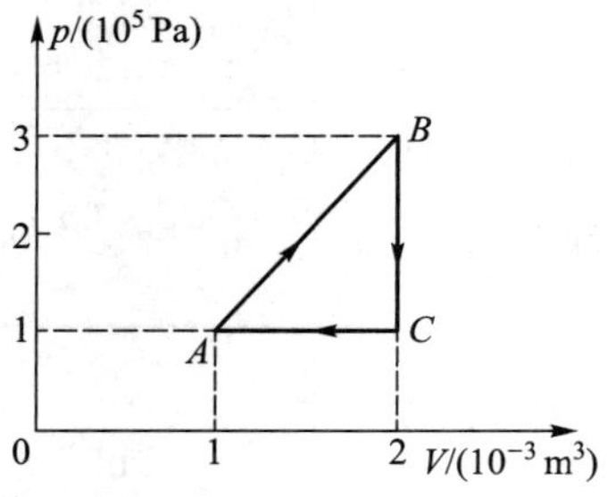

例题 12-1 图

解：由理想气体物态方程得

$$p_AV_A=\frac{m}{M}RT_A,\quad p_BV_B=\frac{m}{M}RT_B$$

两式相减得

$$p_BV_B-p_AV_A=\frac{m}{M}R(T_B-T_A)$$

内能公式为

$$\Delta E=\frac{m}{M}C_{V,\mathrm{m}}(T_B-T_A)=\frac{m}{M}\frac{i}{2}R(T_B-T_A)$$

$$\Delta E=\frac{i}{2}(p_BV_B-p_AV_A)$$

其他情况类推.

（1）单原子分子自由度 $i=3$，则

$A\to B$： $$W_1=\frac{1}{2}(p_B+p_A)(V_B-V_A)=200\ \mathrm{J}$$

$$\Delta E_1=\frac{m}{M}C_{V,\mathrm{m}}(T_B-T_A)=\frac{3}{2}(p_BV_B-p_AV_A)=750\ \mathrm{J}$$

$$Q=W_1+\Delta E_1=950\ \mathrm{J}$$

$B\to C$：　$W_2=0$

$$\Delta E_2=\frac{m}{M}C_{V,\mathrm{m}}(T_C-T_B)=\frac{3}{2}(p_CV_C-p_BV_B)=-600\ \mathrm{J}$$

$$Q_2=W_2+\Delta E_2=-600\ \mathrm{J}$$

$C\to A$：　$W_3=p_A(V_A-V_C)=-100\ \mathrm{J}$

$$\Delta E_3=\frac{m}{M}C_{V,\mathrm{m}}(T_A-T_C)=\frac{3}{2}(p_AV_A-p_CV_C)=-150\ \mathrm{J}$$

$$Q_3=W_3+\Delta E_3=-250\ \mathrm{J}$$

(2)

$$W=W_1+W_2+W_3=100\ \mathrm{J}$$

$$Q=Q_1+Q_2+Q_3=100\ \mathrm{J}$$

例 2　气缸内贮有 36 g 水蒸气(视为刚性分子理想气体),经 $abcda$ 循环过程如图所示. 其中 $a\to b$、$c\to d$ 为等容过程,$b\to c$ 为等温过程,$d\to a$ 为等压过程. 试求:

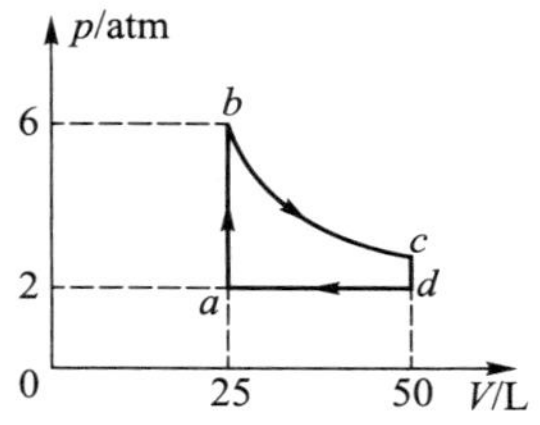

例题 12-2 图

(1) $d\to a$ 过程中水蒸气做的功 W_{da};

(2) $a\to b$ 过程中水蒸气内能的增量 ΔE_{ab};

(3) 循环过程中水蒸气做的净功 W;

(4) 循环效率 η.

解:水分子自由度 $i=6$,则

(1) $W_{da}=p_a(V_a-V_d)=-5.065\times10^3\ \mathrm{J}$

(2) $\Delta E_{ab}=\frac{m}{M}\frac{i}{2}R(T_b-T_a)=\frac{i}{2}V_a(p_b-p_a)=3.039\times10^4\ \mathrm{J}$

(3) $W_{bc}=\frac{m}{M}RT_b\ln\frac{V_c}{V_b}=p_bV_b\ln 2=1.05\times10^4\ \mathrm{J}$

净功为

$$W=W_{bc}+W_{da}=5.44\times10^3\ \mathrm{J}$$

(4) 总吸热为

$$Q_1=Q_{ab}+Q_{bc}=\Delta E_{ab}+W_{bc}=4.09\times10^4\ \mathrm{J}$$

循环效率为

$$\eta=\frac{W}{Q_1}=13.3\%$$

自测练习

相关常量:1 atm = 1.013×10^5 Pa,玻耳兹曼常量 $k=1.38\times10^{-23}\ \mathrm{J\cdot K^{-1}}$,摩尔气体常量 $R=8.31\ \mathrm{J\cdot mol^{-1}\cdot K^{-1}}$.

一、选择题

1. 气体在状态变化过程中,可以保持体积不变或保持压强不变,这两种过程[　　]

(A) 不一定都是平衡过程； (B) 一定是平衡过程；

(C) 前者是平衡过程，后者不是平衡过程； (D) 后者是平衡过程，前者不是平衡过程.

2. 用公式 $\Delta E=\dfrac{m}{M}C_{V,\mathrm{m}}\Delta T$（式中 $C_{V,\mathrm{m}}$ 为摩尔定容热容，视为常量，M 为气体摩尔质量）计算理想气体的内能增量时，此式[　　]

(A) 只适用于准静态的等容过程； (B) 适用于一切等容过程；

(C) 适用于一切准静态过程； (D) 适用于一切初末态为平衡态的过程.

3. 1 mol 的单原子分子理想气体从状态 A 变为状态 B，若不知是什么气体，变化过程也不知道，但 A、B 两态的压强、体积和温度都知道，则可求出[　　]

(A) 气体所做的功； (B) 气体内能的变化；

(C) 气体传给外界的热量； (D) 气体的质量.

4. 一定量的理想气体，开始时处于压强、体积、温度分别为 p_1、V_1、T_1 的平衡态，后来变到压强、体积、温度分别为 p_2、V_2、T_2 的终态. 若已知 $V_2>V_1$，且 $T_2=T_1$，则以下各种说法中正确的是[　　]

(A) 不论经历的是什么过程，气体对外净做的功一定为正值；

(B) 不论经历的是什么过程，气体从外界净吸的热一定为正值；

(C) 若气体从初态变到终态经历的是等温过程，则气体吸收的热量最少；

(D) 若不给定气体所经历的是什么过程，则气体在过程中对外净做功和从外界净吸热的正负皆无法判断.

5. 1 mol 单原子理想气体，从初态温度 T_1、压强 p_1、体积 V_1，准静态地等温压缩至体积 V_2，外界需做的功为多少？[　　]

(A) $RT_1\ln\dfrac{V_2}{V_1}$； (B) $RT_1\ln\dfrac{V_1}{V_2}$； (C) $p_1(V_2-V_1)$； (D) $p_2V_2-p_1V_1$.

6. 如图所示，一定量的理想气体从体积 V_1，膨胀到体积 V_2，分别经历的过程是：$A\to B$ 等压过程，$A\to C$ 等温过程，$A\to D$ 绝热过程. 其中吸热量最多的过程[　　]

(A) 既是 $A\to B$，也是 $A\to C$，两过程的吸热一样多；

(B) 是 $A\to C$；

(C) 是 $A\to D$；

(D) 是 $A\to B$.

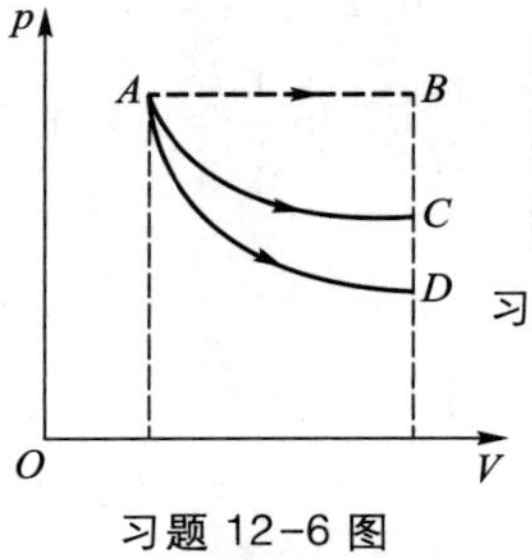

习题 12-6 图

习题 12-6 精解

7. 质量一定的理想气体，从相同状态出发，分别经历等温过程、等压过程和绝热过程，使体积增加一倍. 那么气体温度的改变（绝对值）在[　　]

(A) 绝热过程中最大，等压过程中最小；

(B) 绝热过程中最大，等温过程中最小；

(C) 等压过程中最大，等温过程中最小；

(D) 等压过程中最大，绝热过程中最小.

8. 如图所示为一定量的理想气体的 $p-V$ 图，由图可得出结论[　　]

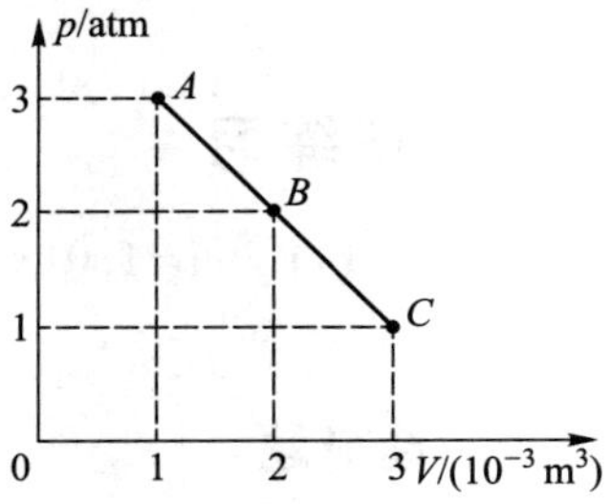

习题 12-8 图

(A) ABC 是等温过程； (B) $T_A>T_B$；

（C）$T_A<T_B$；　　　　　　　　　　　　　　（D）$T_A=T_B$.

9. 图（a）、（b）、（c）各表示连接在一起的两个循环过程，其中图（c）是两个半径相等的圆构成的两个循环过程，图（a）和（b）则为半径不等的两个圆. 那么[　　　]

（A）图（a）总净功为负，图（b）总净功为正，图（c）总净功为零；

（B）图（a）总净功为负，图（b）总净功为负，图（c）总净功为正；

（C）图（a）总净功为负，图（b）总净功为负，图（c）总净功为零；

（D）图（a）总净功为正，图（b）总净功为正，图（c）总净功为负.

习题 12-9 精解

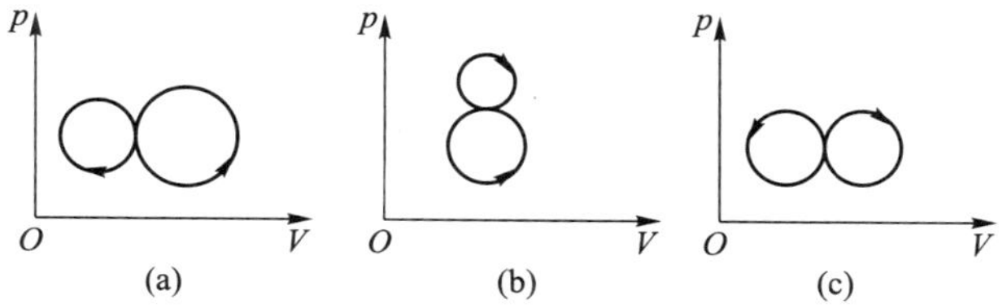

习题 12-9 图

10. 理想气体向真空做绝热膨胀，则[　　　]

（A）膨胀后，温度不变，压强减小；　　　（B）膨胀后，温度降低，压强减小；

（C）膨胀后，温度升高，压强减小；　　　（D）膨胀后，温度不变，压强不变.

11. 一定量的理想气体，分别经历如图（a）所示的 abc 过程（图中虚线 ac 为等温线）和图（b）所示的 def 过程（图中虚线 df 为绝热线）. 判断这两种过程是吸热还是放热. [　　　]

（A）abc 过程吸热，def 过程放热；　　　（B）abc 过程放热，def 过程吸热；

（C）abc 过程和 def 过程都吸热；　　　（D）abc 过程和 def 过程都放热.

12. 一定量的理想气体，从 $p-V$ 图上的初态 a 经历（1）或（2）过程到达末态 b. 已知 a、b 两态处于同一条绝热线上（图中虚线是绝热线），则气体在[　　　]

（A）（1）过程中吸热，（2）过程中放热；　　（B）（1）过程中放热，（2）过程中吸热；

（C）两种过程中都吸热；　　　　　　　　　（D）两种过程中都放热.

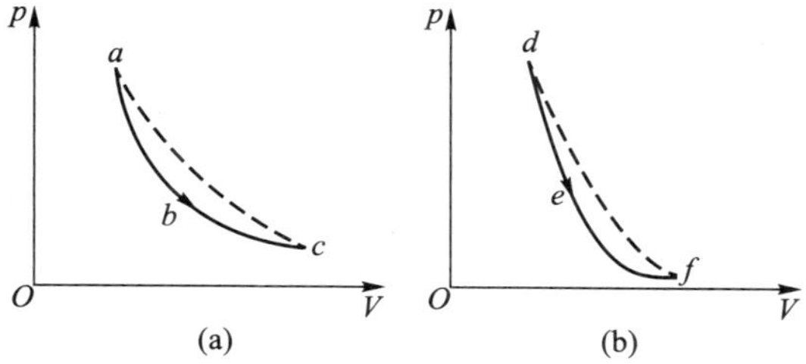

习题 12-11 图

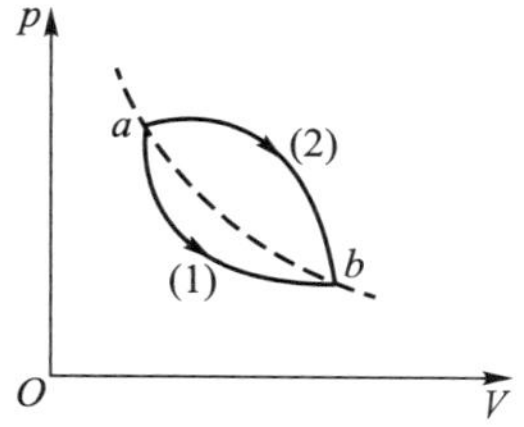

习题 12-12 图

13. 一定量的理想气体，从 a 态出发经过①或②过程到达 b 态，acb 为等温线（见图），则①、②两过程中外界对系统传递的热量 Q_1、Q_2 是[　　　]

（A）$Q_1<0, Q_2>0$；　　　　　　　　（B）$Q_1>0, Q_2>0$；

（C）$Q_1<0, Q_2<0$；　　　　　　　　（D）$Q_1>0, Q_2<0$.

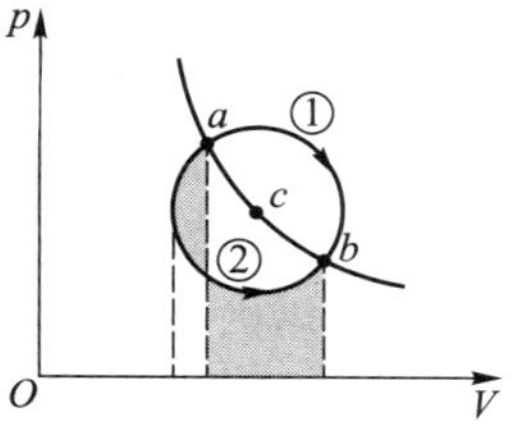

习题 12-13 图

14. 一定量的理想气体分别由初态 a 经①过程 ab 和由初态 a'

经②过程 $a'cb$ 到达相同的终态 b,如 $p-T$ 图所示,则两个过程中气体从外界吸收的热量 Q_1、Q_2 的关系为[　　]

(A) $Q_1>0, Q_1<Q_2$;　(B) $Q_1<0, Q_1>Q_2$;　(C) $Q_1>0, Q_1>Q_2$;　(D) $Q_1<0, Q_1<Q_2$.

15. 1 mol 理想气体从 $p-V$ 图上初态 a 分别经历如图所示的(1)或(2)过程到达末态 b. 已知 $T_a<T_b$,则这两过程中气体吸收的热量 Q_1、Q_2 的关系是[　　]

习题 12-15 精解

(A) $Q_1>Q_2>0$;　(B) $Q_2>Q_1>0$;

(C) $Q_2<Q_1<0$;　(D) $Q_1<Q_2<0$;

16. 如图所示,设某热力学系统经历一个由 $c\to d\to e$ 的过程,其中 ab 是一条绝热曲线,a、c 在该曲线上. 由热力学定律可知,该系统在过程中[　　]

(A) 不断向外界放出热量;

(B) 有的阶段吸热,有的阶段放热,整个过程中吸的热量等于放出的热量;

(C) 有的阶段吸热,有的阶段放热,整个过程中吸的热量大于放出的热量;

(D) 有的阶段吸热,有的阶段放热,整个过程中吸的热量小于放出的热量.

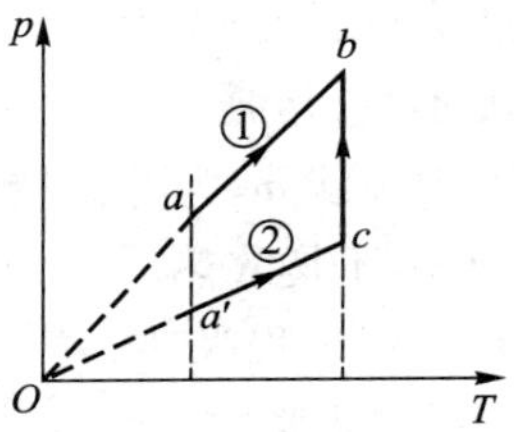

习题 12-14 图

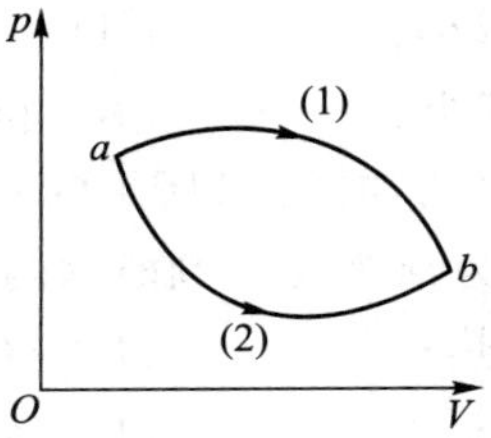

习题 12-15 图

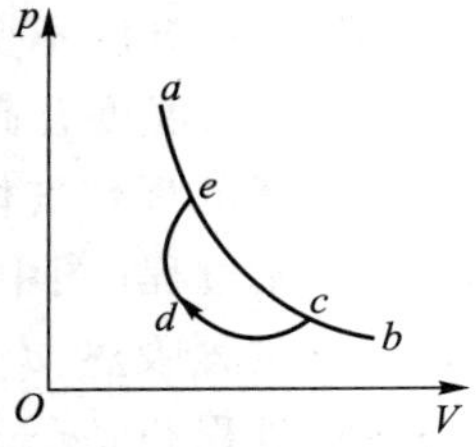

习题 12-16 图

17. 对于理想气体系统来说,在下列过程中,哪个过程系统所吸收的热量、内能的增量和对外做的功三者均为负值?[　　]

(A) 等容降压过程;(B) 等温膨胀过程;(C) 绝热膨胀过程;(D) 等压压缩过程.

18. 氦气、氮气、水蒸气(均视为刚性分子理想气体),它们的物质的量相同,初始状态相同. 若使它们在体积不变情况下吸收相等的热量,则[　　]

(A) 它们的温度升高相同,压强增加相同;

(B) 它们的温度升高相同,压强增加不相同;

(C) 它们的温度升高不相同,压强增加不相同;

(D) 它们的温度升高不相同,压强增加相同.

19. 根据热力学第一定律,下列推论中正确的是[　　]

(A) 系统对外做的功不可能大于系统从外界吸收的热量;

(B) 系统内能的增量等于系统从外界吸收的热量;

(C) 不可能存在这样的循环过程:在此循环过程中,外界对系统做的功不等于系统传给外界的热量;

(D) 热机的效率不可能等于 1.

20. 一定量的理想气体经历 acb 过程时吸热 500 J,则经历 $acbda$ 过程时吸热[　　]

(A) −1200 J;　(B) −700 J;　(C) −400 J;　(D) 700 J.

21. 一定质量的理想气体完成一循环过程. 若 $V-T$ 图中用图线 $1\to2\to3\to1$ 描写,则该气体在循环过程中吸热、放热的情况是[　　]

(A) 在 $1\to2$、$3\to1$ 过程吸热;在 $2\to3$ 过程放热;

(B) 在 $2\to3$ 过程吸热;在 $1\to2$、$3\to1$ 过程放热;

(C) 在 $1\to2$ 过程吸热;在 $2\to3$、$3\to1$ 过程放热;

(D) 在 $2\to3$、$3\to1$ 过程吸热;在 $1\to2$ 过程放热.

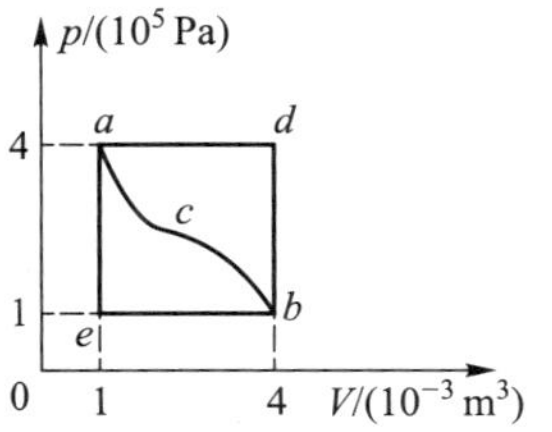

习题 12-20 图

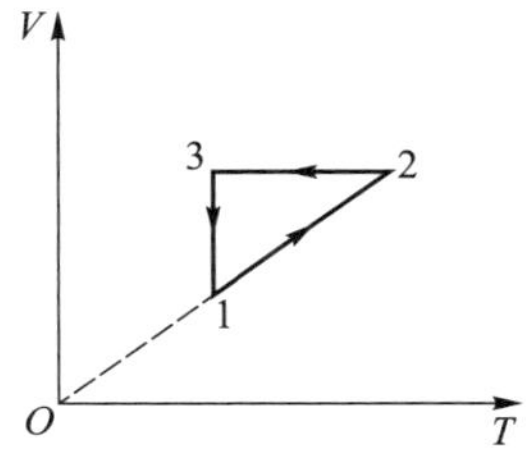

习题 12-21 图

22. 所列四图分别表示理想气体的四个设想的循环过程. 请选出其中一个在物理学上可能实现的循环过程. [　　]

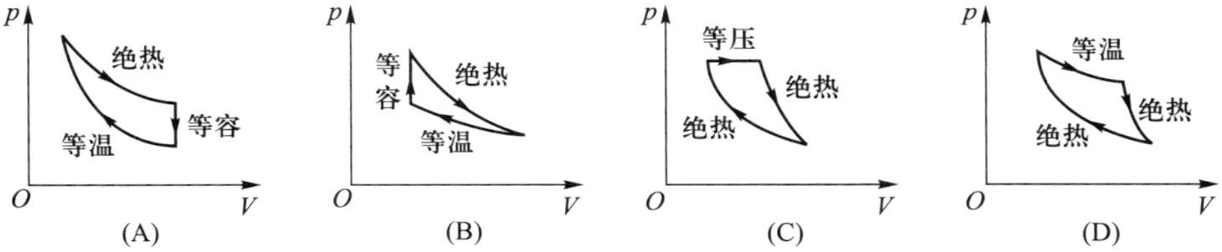

习题 12-22 图

23. 某理想气体分别进行了如图所示的两个卡诺循环:Ⅰ($abcda$)和Ⅱ($a'b'c'd'a'$),且两个循环曲线所围面积相等. 设循环Ⅰ的效率为 η,每次循环在高温热源处吸收的热量为 Q,循环Ⅱ的效率为 η',每次循环在高温热源处吸的热量为 Q',则[　　]

(A) $\eta<\eta'$, $Q<Q'$;　　(B) $\eta<\eta'$, $Q>Q'$;

(C) $\eta>\eta'$, $Q<Q'$;　　(D) $\eta>\eta'$, $Q>Q'$.

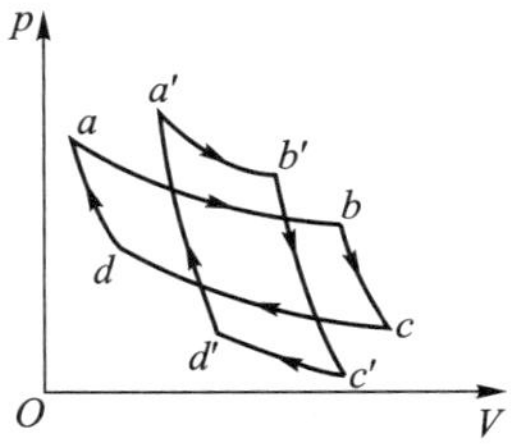

习题 12-23 图

24. 两个卡诺热机的循环曲线如图所示. 一个工作在温度为 T_1 与 T_3 的两个热源之间,另一个工作在温度为 T_2 与 T_3 的两个热源之间. 已知这两个循环曲线所包围的面积相等,由此可知[　　]

(A) 两个热机的效率一定相等;

(B) 两个热机从高温热源所吸收的热量一定相等;

(C) 两个热机向低温热源所放出的热量一定相等;

(D) 两个热机吸收的热量与放出的热量(绝对值)的差值一定相等.

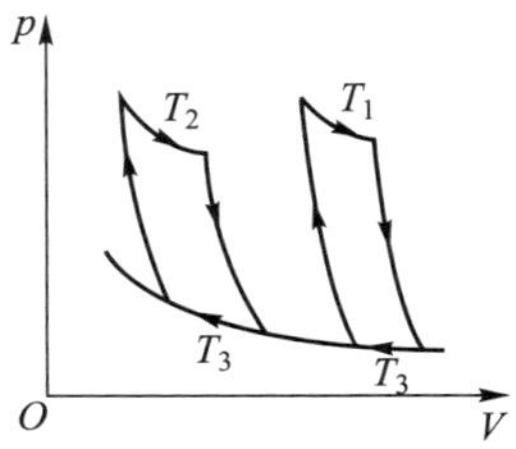

习题 12-24 图

25. 一卡诺制冷机,高温热源的热力学温度是低温热源的热力学温度的 n 倍. 若在制冷过程中,外界做功 W,则制冷机向高温热源放出的热量为[　　]

(A) $\frac{n}{n-1}W$; (B) $(n-1)W$; (C) $\frac{1}{n}W$; (D) $\frac{1}{n-1}W$.

26. 有人设计了一台卡诺热机(可逆的). 每循环一次可从 400 K 的高温热源吸热 1800 J,向 300 K 的低温热源放热 800 J,同时对外做功 1000 J,这样的设计是[ ]

(A) 可以的,符合热力学第一定律;

(B) 可以的,符合热力学第二定律;

(C) 不行的,卡诺循环所做的功不能大于向低温热源放出的热量;

(D) 不行的,这个热机的效率超过理论值.

27. 理想气体卡诺循环过程的两条绝热线下的面积大小(图中阴影部分)分别为 S_1 和 S_2,则二者的大小关系是[ ]

(A) $S_1>S_2$; (B) $S_1=S_2$;

(C) $S_1<S_2$; (D) 无法确定.

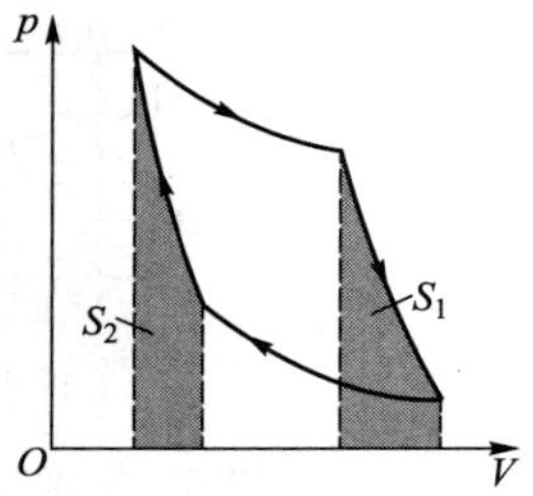

习题 12-27 图

28. 关于可逆和不可逆过程有以下四种判断,其中不正确的是[ ]

(A) 可逆热力学过程一定是准静态过程;

(B) 准静态过程不一定是可逆过程;

(C) 不可逆过程就是不能向相反方向进行的过程;

(D) 凡有摩擦的过程,一定是不可逆过程.

29. 关于可逆过程和不可逆过程有以下几种说法,其中不正确的是[ ]

(A) 可逆过程一定是平衡过程;

(B) 平衡过程一定是可逆过程;

(C) 不可逆过程发生后一定找不到另一过程使系统和外界同时复原;

(D) 非平衡过程一定是不可逆过程.

30. 根据热力学第二定律判断下列哪种说法是正确的? [ ]

(A) 热量能从高温物体传到低温物体,但不能从低温物体传到高温物体;

(B) 功可以全部变为热,但热不能全部变为功;

(C) 气体能够自由膨胀,但不能自动收缩;

(D) 有规则运动的能量能够变为无规则运动的能量,但无规则运动的能量不能变为有规则运动的能量.

31. “理想气体和单一热源接触做等温膨胀时,吸收的热量全部用来对外做功.”对此说法,有如下几种评论,哪种是正确的? [ ]

(A) 不违反热力学第一定律,但违反热力学第二定律;

(B) 不违反热力学第二定律,但违反热力学第一定律;

(C) 不违反热力学第一定律,也不违反热力学第二定律;

(D) 违反热力学第一定律,也违反热力学第二定律.

32. 热力学第二定律表明[ ]

(A) 不可能从单一热源吸收热量使之全部变为有用的功;

(B) 在一个可逆过程中,工作物质净吸收的热量等于对外做的功;

(C) 摩擦生热的过程是不可逆的;

（D）热量不可能从温度低的物体传到温度高的物体.

33. 根据热力学第二定律可知[　　]

（A）功可以全部转化为热,但热不能全部转化为功;

（B）热可以从高温物体传到低温物体,但不能从低温物体传到高温物体;

（C）不可逆过程就是不能向相反方向进行的过程;

（D）一切自发过程都是不可逆的.

34. 理想气体绝热地向真空自由膨胀,体积增大为原来的两倍,则初、末两态的温度 T_1 与 T_2 为[　　]

（A）$T_1=0.5T_2$;　　（B）$T_1=T_2$;　　（C）$T_1=2T_2$;　　（D）$T_1=4T_2$.

35. 一定质量的某种理想气体,从标准状况（p_0,V_0,T_0）开始做绝热膨胀,体积增至原体积的 3 倍. 膨胀后温度 T、压强 p 与标准状况时 T_0、p_0 之间的关系为（γ 为摩尔热容比）[　　]

（A）$T=\left(\dfrac{1}{3}\right)^{\gamma}T_0;p=\left(\dfrac{1}{3}\right)^{\gamma-1}p_0$;　　（B）$T=\left(\dfrac{1}{3}\right)^{\gamma-1}T_0;p=\left(\dfrac{1}{3}\right)^{\gamma}p_0$;

（C）$T=\left(\dfrac{1}{3}\right)^{-\gamma}T_0;p=\left(\dfrac{1}{3}\right)^{\gamma-1}p_0$;　　（D）$T=\left(\dfrac{1}{3}\right)^{\gamma-1}T_0;p=\left(\dfrac{1}{3}\right)^{-\gamma}p_0$.

36. 气缸中有一定量的氮气（视为刚性分子理想气体）,经过绝热压缩,使其压强变为原来的 2 倍,问气体分子的平均速率变为原来的几倍？[　　]

（A）$2^{2/5}$;　　（B）$2^{2/7}$;　　（C）$2^{1/5}$;　　（D）$2^{1/7}$.

二、填空题

37. 两相同的刚性容器,一个盛有氢气,一个盛有氦气,开始时它们的压强和温度都相同. 现将 3 J 的热量传给氦气,使之升高到一定的温度. 若使氢气也升高同样的温度,则应向氢气传递的热量为________.

38. 如图所示,已知图中画不同斜线的两部分的面积分别为 S_1 和 S_2.（1）若气体的膨胀过程为 $a\to1\to b$,则气体对外做的功 $W=$________;（2）若气体进行 $a\to2\to b\to1\to a$ 的循环过程,则它对外做的功 $W=$________.

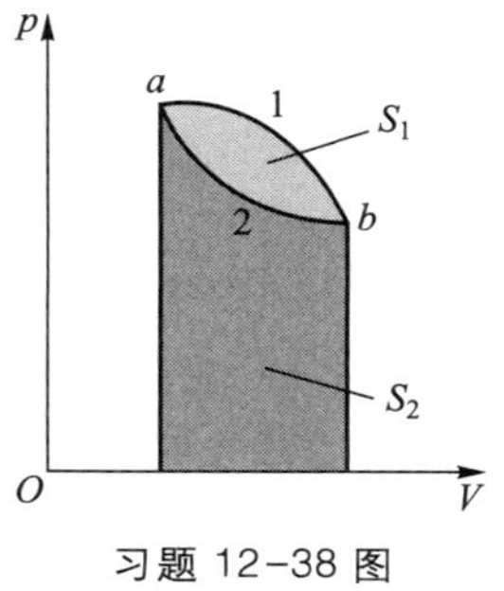

习题 12-38 图

39. 处于平衡态 A 的一定量的理想气体,若经准静态等容过程变到平衡态 B,将从外界吸收热量 416 J;若经准静态等压过程变到与平衡态 B 有相同温度的平衡态 C,将从外界吸收热量 582 J;那么,从平衡态 A 变到平衡态 C 的准静态等压过程中气体对外界所做的功为________.

40. 某理想气体等温压缩到给定体积时外界对气体做功 $|W_1|$,又经绝热膨胀返回到原来体积时气体对外做功 $|W_2|$,则整个过程中气体:（1）从外界吸收的热量为 $Q=$________;（2）内能增加了 $\Delta E=$________.

习题 12-40 精解

41. 图示为一理想气体几种状态变化过程的 $p-V$ 图,其中 MT 为等温线,MQ 为绝热线,在 AM、BM、CM 三种准静态过程中:（1）温度降低的是________过程;（2）气体放热的是________过程.

42. 一定量的某种理想气体在等压过程中对外做的功为 200 J. 若此种气体为单原子分子气体，则该过程中需吸热________ J；若为双原子分子气体，则需吸热________ J.

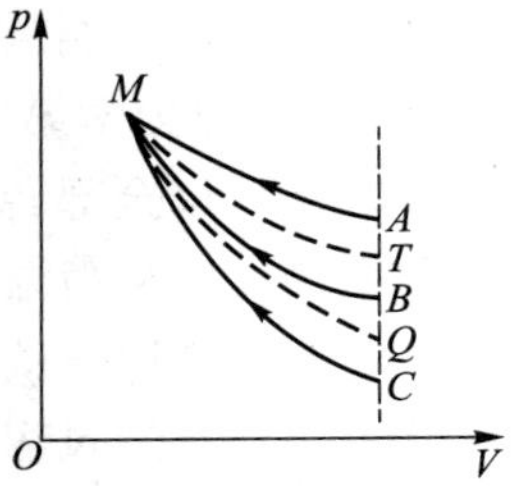

习题 12-41 图

43. 2 mol 单原子分子理想气体，从平衡态 1 经一等容过程后达到平衡态 2，温度从 200 K 上升到 500 K. 若该过程为平衡过程，气体吸收的热量为________；若为不平衡过程，气体吸收的热量为________.

44. 一卡诺机从 373 K 的高温热源吸热，向 273 K 的低温热源放热，若该热机从高温热源吸收 1 000 J 热量，则该热机所做的功 $W=$________，放出的热量 $Q_2=$________.

45. 可逆卡诺热机可以逆向运转. 逆向循环时，从低温热源吸热，向高温热源放热，而且吸的热量和放出的热量等于它正循环时向低温热源放出的热量和从高温热源吸的热量. 设高温热源的温度为 $T_1=450$ K，低温热源的温度为 $T_2=300$ K，卡诺热机逆向循环时从低温热源吸热 $Q_2=400$ J，则该卡诺热机逆向循环一次外界必须做的功 $W=$________.

46. 如图所示，温度为 T_0、$2T_0$、$3T_0$ 三条等温线与两条绝热线围成三个卡诺循环：(1) *abcda*，(2) *dcefd*，(3) *abefa*，其效率分别为 $\eta_1=$________，$\eta_2=$________，$\eta_3=$________.

47. 如图所示，绝热过程 *AB*、*CD*，等温过程 *DEA* 和任意过程 *BEC*，组成一循环过程. 若图中 *ECD* 所包围的面积为 70 J，*EAB* 所包围的面积为 30 J，*DEA* 过程中系统放热 100 J，则 (1) 整个循环过程(*ABCDEA*)中系统对外做的功为________；(2) *BEC* 过程中系统从外界吸收的热量为________.

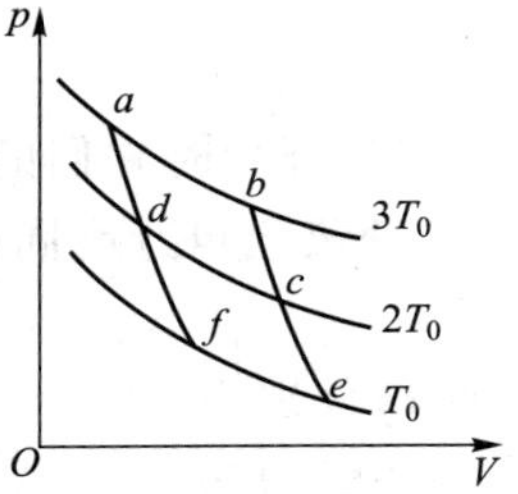

习题 12-46 图

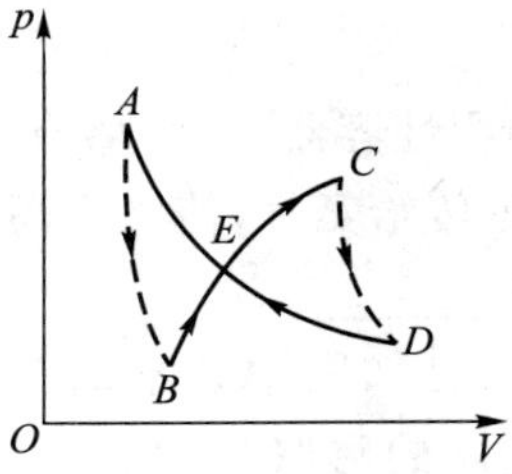

习题 12-47 图

48. 热力学第二定律的开尔文表述和克劳修斯表述是等价的，表明在自然界中与热现象有关的实际宏观过程都是不可逆的，开尔文表述指出了____________的过程是不可逆的，而克劳修斯表述指出了________的过程是不可逆的.

49. 在一个孤立系统内，一切实际过程都向着________的方向进行. 这就是热力学第二定律的统计意义. 从宏观上来说，一切与热现象有关的实际过程都是________.

三、计算题

50. 0.02 kg 的氦气(视为理想气体)，温度由 17 ℃ 升为 27 ℃. 若在升温过程中 (1) 体积保持不变，(2) 压强保持不变，(3) 不与外界交换热量，试分别求出气体内能的改变量、吸收的热量、气体对外界所做的功.

51. 一气缸内盛有 1 mol 温度为 27 ℃、压强为 1 atm 的氮气(视为刚性双原子分子理想气体). 先使它等压膨胀到原来体积的两倍，再等容升压使其压强变为 2 atm，最后使它等温膨胀到压强为 1 atm. 求氮气在全部过程中对外做的功、吸收的热量及其内能的变化.

52. 气缸内有 2 mol 氦气，初始温度为 27 ℃，体积为 20 L(升)，先将氦气等压膨胀，直至体积加倍，然后绝热膨胀，直至回复初温为止. 把氦气视为理想气体，试问：

(1) 在这过程中氦气吸热多少?

(2) 氦气的内能变化是多少?

(3) 氦气所做的总功是多少?

53. 1 mol 双原子分子理想气体从状态 $A(p_1, V_1)$ 沿 $p-V$ 图所示直线变化到状态 $B(p_2, V_2)$，试求：

(1) 气体内能的增量；

(2) 气体对外界所做的功；

(3) 气体吸收的热量；

(4) 此过程的摩尔热容.(摩尔热容 $C_m = \Delta Q_m / \Delta T$，其中 ΔQ_m 表示 1 mol 物质在过程中升高温度 ΔT 时所吸收的热量.)

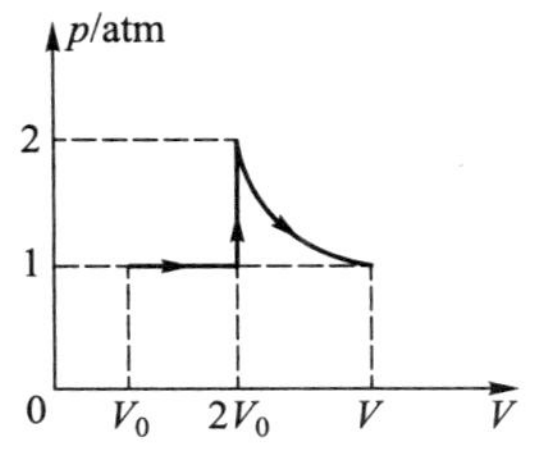

习题 12-51 图

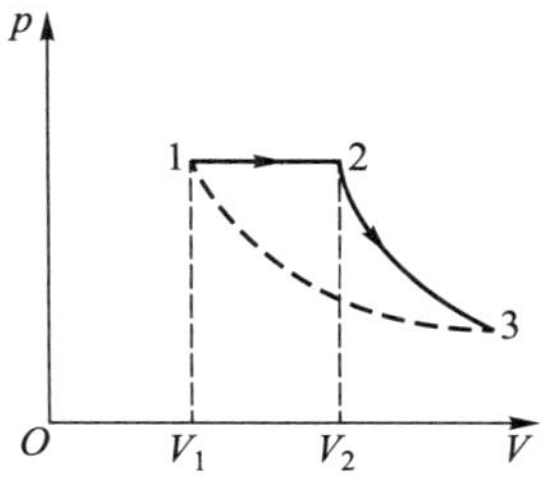

习题 12-52 图

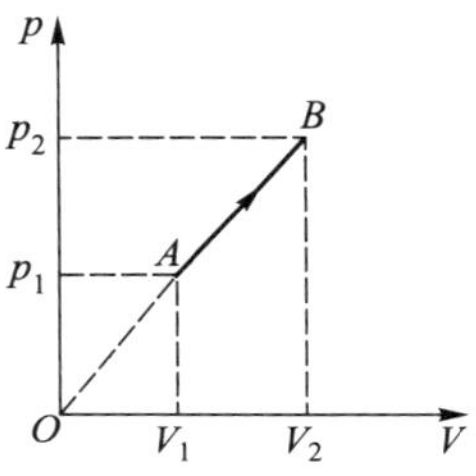

习题 12-53 图

54. 有 1 mol 刚性多原子分子理想气体，原来的压强为 1.0 atm，温度为 27 ℃，若经过一绝热过程，使其压强增加到 16 atm. 试求：

(1) 气体内能的增量；

(2) 在该过程中气体所做的功；

(3) 终态时气体的分子数密度.

55. 3 mol 温度为 $T_0 = 273$ K 的理想气体，先经等温过程体积膨胀到原来的 5 倍，然后等容加热，使其末态的压强刚好等于初态压强，整个过程中传给气体的热量为 $Q = 8\times10^4$ J. 试画出此过程的 $p-V$ 图，并求这种气体的比热容比 $\gamma(=c_p/c_V)$ 的值.

56. 理想气体由初态 (p_0, V_0) 经绝热膨胀至末状态 (p, V)，试证该过程中气体所做的功为

$$W = \frac{p_0 V_0 - pV}{\gamma - 1}$$

57. 一侧面绝热的气缸内盛有 1 mol 的单原子分子理想气体. 气体的温度 $T_1 = 273$ K，活塞外气压 $p_0 = 1.01\times10^5$ Pa，活塞面积 $S = 0.02\ \text{m}^2$，活塞质量 $m = 102$ kg(活塞绝热、不漏气且与气缸壁的摩擦可忽略). 由于气缸内小突起物的阻碍，活塞起初停在距气缸底部为 $l_1 = 1$ m 处. 今从底部极缓慢地加热气缸中的气体，使活塞上升了 $l_2 = 0.5$ m 的一段距离，如图所示. 试通过计算回答：

(1) 气缸中的气体经历的是什么过程?

（2）气缸中的气体在整个过程中吸了多少热量？

58. 一定量的单原子分子理想气体，从初态 A 出发，沿图示直线过程到达另一状态 B，又经过等容、等压两过程回到状态 A，试求：

（1）$A \to B$ 过程中系统的内能增量 ΔE_{AB}；

（2）$C \to A$ 过程中系统吸收的热量 Q_{CA}；

（3）一次循环过程中系统做的净功 W；

（4）此循环的效率 η.

59. 1 mol 单原子分子理想气体，经历如图所示的可逆循环，连接 a、c 两点的曲线Ⅲ的方程为 $p=p_0V^2/V_0^2$，a 点的温度为 T_0.

（1）试以 T_0，摩尔气体常量 R 表示Ⅰ、Ⅱ、Ⅲ过程中气体吸收的热量；

（2）求此循环的效率.

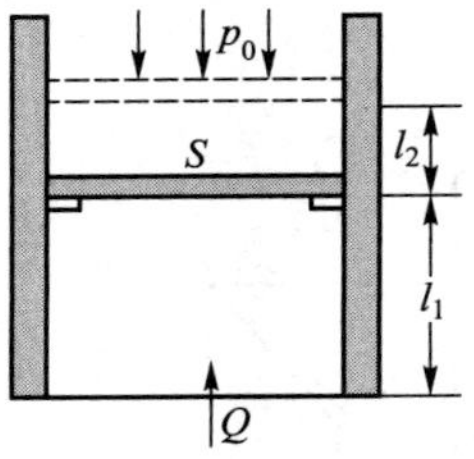

习题 12-57 图

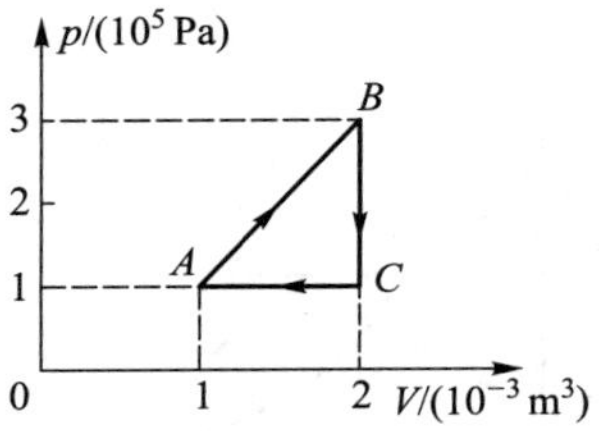

习题 12-58 图

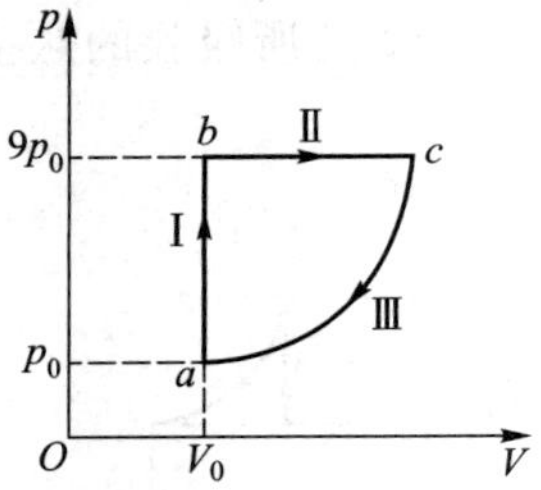

习题 12-59 图

60. 1 mol 理想气体在 $T_1=400$ K 的高温热源与 $T_2=300$ K 的低温热源间作卡诺循环（可逆的），在 400 K 的等温线上初始体积为 $V_1=0.001$ m^3，终止体积为 $V_2=0.005$ m^3，求此气体在每一循环中：

（1）从高温热源吸收的热量 Q_1；

（2）气体所做的净功 W；

（3）气体传给低温热源的热量 Q_2.

61. 一定量的理想气体经历如图所示的循环过程，$A \to B$ 和 $C \to D$ 是等压过程，$B \to C$ 和 $D \to A$ 是绝热过程. 已知 $T_C=300$ K，$T_B=400$ K，求此循环效率.

62. 1 mol 双原子分子理想气体作如图所示的可逆循环过程，其中 1-2 为直线，2-3 为绝热线，3-1 为等温线. 已知 $T_2=2T_1$，$V_3=8V_1$，试求：

（1）各过程中的功、内能的增量和传递的热量（用 T_1 和已知常量表示）；

（2）此循环的效率 η.

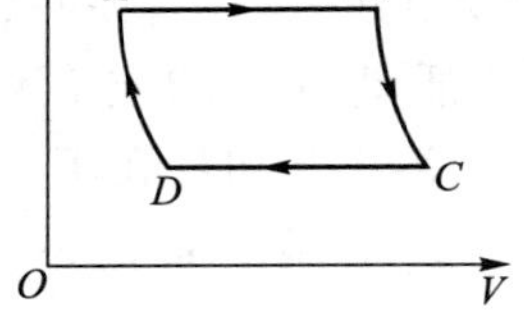

习题 12-61 图

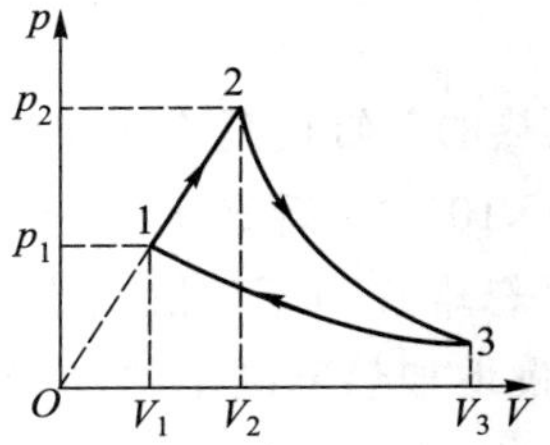

习题 12-62 图

63. 1 mol 单原子分子理想气体的循环过程如 $T-V$ 图所示，其中 c 点的温度为 $T_c=600$ K. 试求：

（1）ab、bc、ca 各个过程中系统吸收的热量；

（2）经一个循环，系统所做的净功；

（3）循环的效率.

64. 设一动力暖气装置由一台卡诺热机和一台卡诺制冷机组合而成. 如图所示热机，靠燃料燃烧时释放的热量工作并向暖气系统中的水放热，同时，热机带动制冷机. 制冷机自天然蓄水池中吸热，也向暖气系统放热. 假定热机锅炉的温度为 $t_1=210$ ℃，天然蓄水池中水的温度为 $t_2=15$ ℃，暖气系统的温度为 $t_3=60$ ℃，热机从燃料燃烧时获得的热量 $Q_1=2.1\times10^7$ J，试计算暖气系统所得的热量.

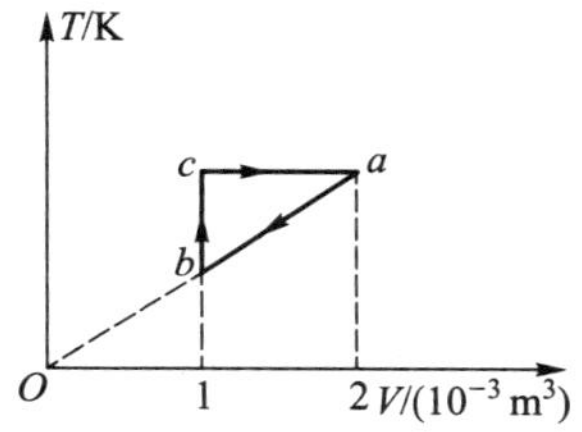

习题 12-63 图

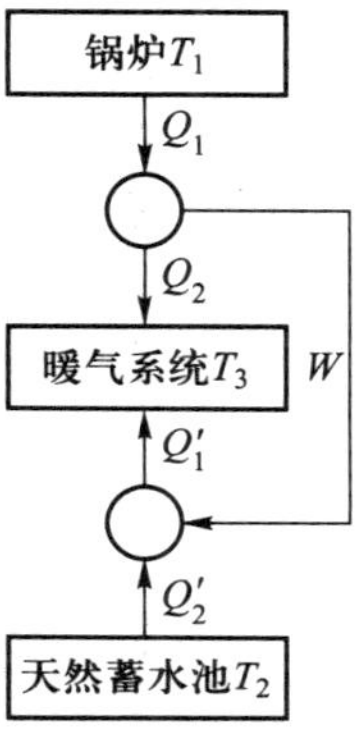

习题 12-64 图

65. 一卡诺制冷机从 0 ℃的水中吸取热量，向 27 ℃的房间放热，假定将 50 kg 的 0 ℃的水变成 0 ℃的冰，试求：

（1）放于房间的热量；

（2）使制冷机运转所需的机械功（冰的熔化热为 $\lambda=3.352\times10^5$ J/kg）.

第十二章习题参考答案

拓展习题

第六单元　量子物理学

第十三章　量子力学基础

知识导航

1. 黑体辐射

斯特藩-玻耳兹曼定律:黑体的辐射出射度与温度的关系为

$$M(T)=\sigma T^4$$

其中 $\sigma=5.67\times10^{-8}\ \mathrm{W\cdot m^{-2}\cdot K^{-4}}$.

维恩位移定律:峰值波长随着温度的升高而向短波方向移动.

$$\lambda_m T=b$$

其中 $b=2.898\times10^{-3}\ \mathrm{m\cdot K}$

普朗克量子化假设:谐振子的能量不连续,只能取一些离散值,即

$$E=nh\nu,\quad n=1,2,3,\cdots$$

普朗克公式:黑体的单色辐出度为

$$M_\lambda(T)=2\pi hc^2\lambda^{-5}\frac{1}{e^{hc/\lambda kT}-1}$$

2. 光电效应

爱因斯坦光电效应方程:

$$h\nu=\frac{1}{2}mv_m^2+W$$

红限频率 $\nu_0=W/h$,光子的能量 $\varepsilon=h\nu$,光子的动量 $p=\frac{\varepsilon}{c}=\frac{h}{\lambda}$.

3. 康普顿效应

康普顿散射公式:

$$\Delta\lambda=\lambda-\lambda_0=\frac{2h}{m_0c}\sin^2\frac{\varphi}{2}$$

电子的康普顿波长:

$$\lambda_C=\frac{h}{m_0c}=2.43\times10^{-12}\ \mathrm{m}$$

4. 玻尔的氢原子理论

(1) 定态假设:氢原子系统只能处于一系列不连续的能量状态.

(2) 频率假设:$h\nu=E_n-E_k$.

(3) 轨道角动量量子假设:

$$L=n\frac{h}{2\pi},\quad n=1,2,3,\cdots$$

5. 德布罗意波

具有确定动量 p 和能量 E 的自由粒子,相当于频率为 ν、波长为 λ 的波.

$$E=h\nu,\quad p=h/\lambda$$

6. 波函数的统计意义

微观粒子的运动状态由波函数 Ψ 描述,$|\Psi|^2$ 表示某时刻在某位置处粒子的概率密度.波函数满足归一化条件 $\int_V|\Psi|^2\mathrm{d}V=1$.

波函数的标准条件是单值、连续和有限.

7. 不确定关系

微观粒子同方向的坐标与动量不能同时具有确定值,满足不确定关系:

$$\Delta x\Delta p_x\geqslant\frac{\hbar}{2},\quad \Delta y\Delta p_y\geqslant\frac{\hbar}{2},\quad \Delta z\Delta p_z\geqslant\frac{\hbar}{2}$$

能量与时间也具有不确定关系:

$$\Delta E\Delta t\geqslant\frac{\hbar}{2}$$

8. 薛定谔方程

含时薛定谔方程:

$$\mathrm{i}\hbar\frac{\partial}{\partial t}\Psi=-\frac{\hbar^2}{2m}\nabla^2\Psi+U\Psi$$

定态薛定谔方程：

$$\left[-\frac{\hbar^2}{2m}\nabla^2+U(x,y,z)\right]\psi(x,y,z)=E\psi(x,y,z)$$

视频导学

例题详解

例 1 实验发现基态氢原子可吸收能量为 12.75 eV 的光子.

(1) 试问氢原子吸收该光子后将被激发到哪个能级？

(2) 受激发的氢原子向低能级跃迁时，可能发出哪几条谱线？请画出能级图(定性)，并将这些跃迁画在能级图上.

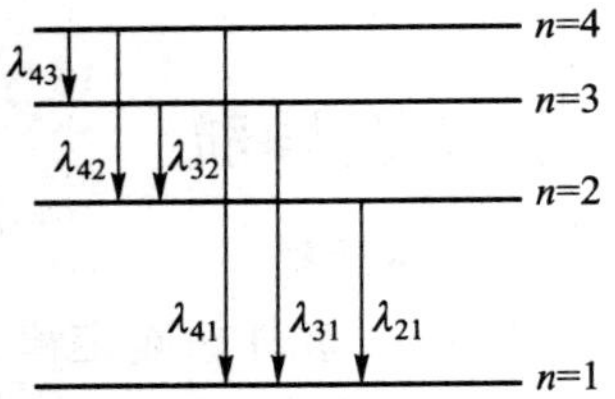

例题 13-1 图

解：(1) 根据能级公式得

$$\Delta E=E_n-E_1=13.6\left(1-\frac{1}{n^2}\right)\text{ eV}=12.75\text{ eV}$$

解得 $n=4$.

(2) 跃迁时可以发出 λ_{41}、λ_{31}、λ_{21}、λ_{42}、λ_{32}、λ_{43} 六条谱线. 能级图如图所示.

例 2 用单色光照射某一金属产生光电效应. 如果入射光的波长从 $\lambda_1=400$ nm 减到 $\lambda_2=360$ nm，那么遏止电压将改变多少？数值增大还是减小？

解：由爱因斯坦光电效应方程 $h\nu=\frac{1}{2}mv_m^2+W$ 和 $\frac{1}{2}mv_m^2=e|U_a|$ 得

$$e|U_a|=\frac{hc}{\lambda}-W$$

所以

$$e(|U_{a2}|-|U_{a1}|)=hc\left(\frac{1}{\lambda_2}-\frac{1}{\lambda_1}\right)$$

遏止电压改变了

$$|U_{a2}|-|U_{a1}|=\frac{hc}{e}\left(\frac{1}{\lambda_2}-\frac{1}{\lambda_1}\right)=0.345\text{ V}$$

且数值增大.

自测练习

相关常量：普朗克常量 $h=6.63\times10^{-34}$ J·s，元电荷 $e=1.60\times10^{-19}$ C，里德伯常量 $R=1.097\times10^{7}$ m^{-1}，电子质量 $m_e=9.11\times10^{-31}$ kg，1 eV$=1.60\times10^{-19}$ J.

一、选择题

1. 用频率为 ν_1 的单色光照射某一种金属时，测得光电子的最大动能为 E_{k1}；用频率为 ν_2 的单色光照射另一种金属时，测得光电子的最大动能为 E_{k2}. 如果 $E_{k1}>E_{k2}$，那么[ ]

(A) ν_1 一定大于 ν_2； (B) ν_1 一定小于 ν_2；

(C) ν_1 一定等于 ν_2； (D) ν_1 可能大于也可能小于 ν_2.

2. 已知某单色光照射到一金属表面产生了光电效应，若此金属的逸出电势是 U_0(使电

子从金属逸出需做功 eU_0)，则此单色光的波长 λ 必须满足[　　]

(A) $\lambda \leqslant eU_0/(hc)$；　(B) $\lambda \geqslant eU_0/(hc)$.　(C) $\lambda \leqslant hc/(eU_0)$；　(D) $\lambda \geqslant hc/(eU_0)$；

3. 已知一单色光照射在钠表面上，测得光电子的最大动能是 1.2 eV，而钠的红限波长是 540 nm，那么入射光的波长是[　　]

(A) 535 nm；　(B) 500 nm；　(C) 435 nm；　(D) 355 nm.

4. 关于光电效应有下列说法，其中正确的是[　　]

(1) 任何波长的可见光照射到任何金属表面都能产生光电效应；

(2) 若入射光的频率均大于一给定金属的红限，则该金属分别受到不同频率的光照射时，释出的光电子的最大初动能也不同；

(3) 若入射光的频率均大于一给定金属的红限，则该金属分别受到不同频率、强度相等的光照射时，单位时间释出的光电子数一定相等；

(4) 若入射光的频率均大于一给定金属的红限，则当入射光频率不变而强度增大一倍时，该金属的饱和光电流也增大一倍.

(A) (1)、(2)、(3)；(B) (2)、(3)、(4)；(C) (2)、(3)；　(D) (2)、(4).

5. 以下一些材料的逸出功为：铍 3.9 eV、钯 5.0 eV、铯 1.9 eV、钨 4.5 eV. 今要制造能在可见光(频率范围为 $3.9\times10^{14}\sim7.5\times10^{14}$ Hz)下工作的光电管，在这些材料中应选[　　]

(A) 钨；　(B) 钯；　(C) 铯；　(D) 铍.

6. 保持光电管上的电势差不变，若入射的单色光光强增大，则从阴极逸出的光电子的最大初动能 E_0 和飞到阳极的电子的最大动能 E_k 的变化分别是[　　]

(A) E_0 增大，E_k 增大；　(B) E_0 不变，E_k 变小；

(C) E_0 增大，E_k 不变；　(D) E_0 不变，E_k 不变.

7. 某金属产生光电效应的红限波长为 λ_0，今以波长为 $\lambda(\lambda<\lambda_0)$ 的单色光照射该金属，金属释放出的电子(质量为 m_e)的动量大小为[　　]

(A) h/λ；　(B) h/λ_0；

(C) $\sqrt{\dfrac{2m_e hc}{\lambda_0}}$；　(D) $\sqrt{\dfrac{2m_e hc(\lambda_0-\lambda)}{\lambda_0\lambda}}$.

习题 13-7 精解

8. 一定频率的单色光照射在某种金属上，测出其光电流的曲线如图中实线所示. 然后在光强度不变的条件下增大照射光的频率，测出其光电流的曲线如图中虚线所示. 满足题意的图是[　　]

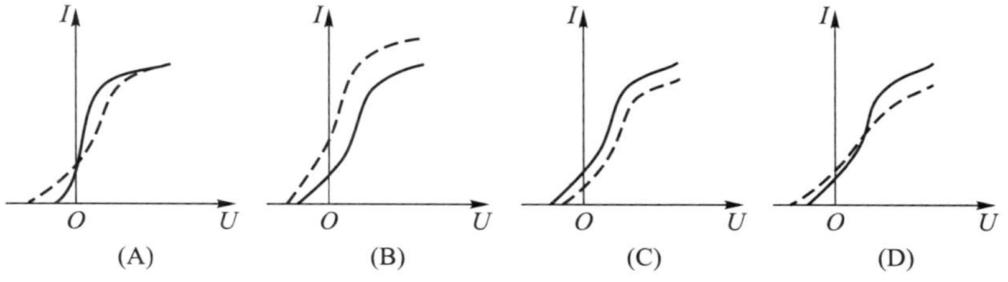

习题 13-8 图

9. 用频率为 ν 的单色光照射某种金属时，逸出光电子的最大动能为 E_k；若改用频率为 2ν 的单色光照射此种金属，则逸出光电子的最大动能为 [　　]

（A）$2E_k$；　（B）$2h\nu-E_k$；　（C）$h\nu-E_k$；　（D）$h\nu+E_k$.

10. 用强度为 I、波长为 λ 的 X 射线分别照射锂（$Z=3$）和铁（$Z=26$）. 若在同一散射角下测得康普顿散射的 X 射线波长分别为 λ_{Li} 和 λ_{Fe}（λ_{Li}、$\lambda_{Fe}>\lambda$），它们对应的强度分别为 I_{Li} 和 I_{Fe}，则[　　]

（A）$\lambda_{Li}>\lambda_{Fe}, I_{Li}<I_{Fe}$；（B）$\lambda_{Li}=\lambda_{Fe}, I_{Li}=I_{Fe}$；（C）$\lambda_{Li}=\lambda_{Fe}, I_{Li}>I_{Fe}$；（D）$\lambda_{Li}<\lambda_{Fe}, I_{Li}>I_{Fe}$.

11. 康普顿效应的主要特点是[　　]

（A）散射光的波长均比入射光的波长短，且随散射角的增大而减小，但与散射体的性质无关；

（B）散射光的波长均与入射光的波长相同，与散射角、散射体性质无关；

（C）散射光中既有与入射光波长相同的，也有比入射光波长长的和比入射光波长短的，这与散射体性质有关；

（D）散射光中有些波长比入射光的波长长，且随散射角的增大而增大，有些散射光波长与入射光波长相同，这都与散射体的性质无关.

12. 用频率为 ν_1 的单色光照射某种金属时，测得饱和电流为 I_1，若频率为 ν_2 的单色光照射该金属时，测得饱和电流为 I_2. 若 $I_1>I_2$，则 [　　]

（A）$\nu_1>\nu_2$；　（B）$\nu_1<\nu_2$；

（C）$\nu_1=\nu_2$；　（D）ν_1 与 ν_2 的关系还不能确定.

13. 在康普顿散射中，若设反冲电子的速度为光速的 60%，则因散射使电子获得的能量是其静止能量的[　　]

（A）2 倍；　（B）1.5 倍；

（C）0.5 倍；　（D）0.25 倍.

习题 13-13 精解

14. 在均匀磁场 B 内放置一极薄的金属片，其红限波长为 λ_0. 今用单色光照射，发现有电子放出. 若放出的电子（质量为 m、电荷的绝对值为 e）在垂直于磁场的平面内做半径为 R 的圆周运动，则此照射光的光子能量是[　　]

（A）$\dfrac{hc}{\lambda_0}$；　（B）$\dfrac{hc}{\lambda_0}+\dfrac{(eRB)^2}{2m}$；　（C）$\dfrac{hc}{\lambda_0}+\dfrac{eRB}{m}$；　（D）$\dfrac{hc}{\lambda_0}+2eRB$.

15. 在康普顿效应实验中，若散射光波长是入射光波长的 1.2 倍，则散射光光子能量 ε 与反冲电子动能 E_k 之比 ε/E_k 为 [　　]

（A）2；　（B）3；　（C）4；　（D）5.

16. 设用频率分别为 ν_1 和 ν_2 的两种单色光先后照射同一种金属，均能产生光电效应. 已知金属的红限频率为 ν_0，测得两次照射时的遏止电压 $|U_{a2}|=2|U_{a1}|$，则这两种单色光的频率有如下关系[　　]

（A）$\nu_2=\nu_1-\nu_0$；　（B）$\nu_2=\nu_1+\nu_0$；　（C）$\nu_2=2\nu_1-\nu_0$；　（D）$\nu_2=\nu_1-2\nu_0$.

17. 当照射光的波长从 400 nm 变到 300 nm 时，对同一金属，在光电效应实验中测得的遏止电压将[　　]

（A）减小 0.56 V；（B）减小 0.34 V；（C）增大 0.165 V；（D）增大 1.035 V.

18. 光子能量为 0.5 MeV 的 X 射线，入射到某种物质上而发生康普顿散射. 若反冲电子的动能为 0.1 MeV，则散射光波长的改变量 $\Delta\lambda$ 与入射光波长 λ_0 之比为[　　]

（A）0.20；　（B）0.25；　（C）0.30；　（D）0.35.

19. 由氢原子理论知，当大量氢原子处于 $n=3$ 的激发态时，原子跃迁将发出[　　]

（A）一种波长的光；（B）两种波长的光；（C）三种波长的光；（D）连续光谱.

20. 已知氢原子从基态激发到某一定态所需的能量为 10.19 eV，当氢原子从能量为 -0.85 eV 的状态跃迁到上述定态时，所发射的光子的能量为[　　]

（A）2.56 eV；　（B）3.41 eV；　（C）4.25 eV；　（D）9.95 eV.

21. 光电效应和康普顿效应都包含有电子与光子的相互作用过程. 对此，在以下几种理解中，正确的是[　　]

（A）两种效应都属于电子吸收光子的过程；

（B）两种效应都相当于电子与光子的弹性碰撞过程；

（C）光电效应是吸收光子的过程，而康普顿效应则相当于光子和电子的弹性碰撞过程；

（D）康普顿效应是吸收光子的过程，而光电效应则相当于光子和电子的弹性碰撞过程.

22. 具有下列哪一能量的光子能被处在 $n=2$ 能级的氢原子吸收？[　　]

（A）1.51 eV；　（B）1.89 eV；　（C）2.16 eV；　（D）2.40 eV.

23. 根据玻尔理论，氢原子在 $n=5$ 轨道上的角动量与在第一激发态的轨道角动量之比为[　　]

（A）5/4；　（B）5/3；　（C）5/2；　（D）5.

24. 根据玻尔理论，氢原子中的电子在 $n=4$ 轨道上运动的动能与在基态轨道上运动的动能之比为[　　]

（A）1/4；　（B）1/8；

（C）1/16；　（D）1/32.

习题 13-24 精解

25. 要使处于基态的氢原子受激发后能发射莱曼系（由激发态跃迁到基态发射的各谱线组成的谱线系）的最长波长的谱线，至少应向基态氢原子提供的能量是[　　]

（A）1.5 eV；　（B）3.4 eV；　（C）10.2 eV；　（D）13.6 eV.

26. 在气体放电管中，用能量为 12.1 eV 的电子去轰击处于基态的氢原子，此时氢原子所能发射的光子的能量只能是[　　]

（A）12.1 eV；　（B）10.2 eV；

（C）12.1 eV，10.2 eV 和 1.9 eV；　（D）12.1 eV，10.2 eV 和 3.4 eV.

27. 在氢原子光谱的巴耳末线系中，谱线最小波长与最大波长之比为[　　]

（A）7/9；　（B）5/9；　（C）4/9；　（D）2/9.

28. 若 α 粒子（电荷为 $2e$）在磁感强度为 B 均匀磁场中沿半径为 R 的圆形轨道运动，则 α 粒子的德布罗意波长是[　　]

（A）$h/(2eRB)$；　（B）$h/(eRB)$；　（C）$1/(2eRBh)$；　（D）$1/(eRBh)$.

29. 假定氢原子原是静止的，则氢原子从 $n=3$ 的激发状态直接通过辐射跃迁到基态时的反冲速度大约是（氢原子的质量 $m_{\mathrm{H}}=1.67\times10^{-27}$ kg）[　　]

（A）4 m/s；　（B）10 m/s；　（C）100 m/s；　（D）400 m/s .

30. 静止质量不为零的微观粒子做高速运动，这时粒子物质波的波长 λ 与速度 v 有如下关系[　　]

（A）$\lambda \propto v$；　（B）$\lambda \propto 1/v$；　（C）$\lambda \propto \sqrt{\dfrac{1}{v^2}-\dfrac{1}{c^2}}$；　（D）$\lambda \propto \sqrt{c^2-v^2}$.

31. 要使处于基态的氢原子受激后可辐射出可见光谱线，最少应供给氢原子的能量为[　　]

(A) 12.09 eV；　(B) 10.20 eV；　(C) 1.89 eV；　(D) 1.51 eV.

32. 设氢原子的动能等于氢原子处于温度为 T 的热平衡状态时的平均动能，氢原子的质量为 m，那么此氢原子的德布罗意波长为[　　]

(A) $\lambda=\dfrac{h}{\sqrt{3mkT}}$；　(B) $\lambda=\dfrac{h}{\sqrt{5mkT}}$；　(C) $\lambda=\sqrt{\dfrac{3mkT}{h}}$；　(D) $\lambda=\sqrt{\dfrac{5mkT}{h}}$.

33. 若两种不同质量的粒子，其德布罗意波长相同，则这两种粒子的[　　]

(A) 动量相同；　(B) 能量相同；　(C) 速度相同；　(D) 动能相同.

34. 电子显微镜中的电子从静止开始通过电势差为 U 的静电场加速后，其德布罗意波长是 0.04 nm，则 U 约为[　　]

(A) 150 V；　(B) 330 V；　(C) 630 V；　(D) 940 V.

35. 关于不确定关系 $\Delta x\Delta p_x\geqslant\hbar/2$($\hbar=h/2\pi$)，有以下几种理解. 其中正确的是[　　]

(1) 粒子的动量不可能确定.

(2) 粒子的坐标不可能确定.

(3) 粒子的动量和坐标不可能同时准确地确定.

(4) 不确定关系不仅适用于电子和光子，也适用于其他粒子.

(A) (1)、(2)；　(B) (2)、(4)；　(C) (3)、(4)；　(D) (1)、(4).

36. 不能用位置和动量来描述微观粒子的运动状态，是因为[　　]

(A) 微观粒子太小；　(B) 微观粒子具有波粒二象性；

(C) 微观粒子的位置不能确定；　(D) 微观粒子的动量不能确定.

37. 根据光子理论：$E=h\nu$，$p=\dfrac{h}{\lambda}$，则光的速度为[　　]

(A) $\dfrac{p}{E}$；　(B) $\dfrac{E}{p}$；　(C) Ep；　(D) $\dfrac{E^2}{p^2}$.

38. 将波函数在空间各点的振幅同时增大 D 倍，则粒子在空间各点的概率分布将[　　]

(A) 不变；　(B) 增大 D^2 倍；　(C) 增大 D 倍；　(D) 增大 $2D$ 倍.

39. 波长 $\lambda=500$ nm 的光沿 x 轴正方向传播，若光的波长的不确定量 $\Delta\lambda=10^{-4}$ nm，则利用不确定关系式 $\Delta p_x\Delta x\geqslant h$ 可得，光子的 x 坐标的不确定量至少为[　　]

(A) 25 cm；　(B) 250 cm；　(C) 50 cm；　(D) 500 cm.

40. 光电效应中发射的光电子的最大初动能随入射光频率 ν 的变化关系如图所示. 由图中的[　　]

(A) OQ；　(B) OP；

(C) OP/OQ；　(D) QS/OS.

可以直接求出普朗克常量.

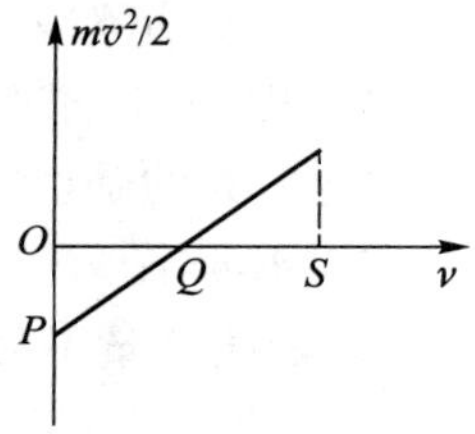

习题 13-40 图

41. 以光电子的初动能 $E=\dfrac{1}{2}mv^2$ 为纵坐标，入射光子的频率 ν 为横坐标，可测得 E 与 ν 的关系为一直线，该直线的斜率以及该直线与横轴的截距分别代

表[　　]

(A) 红限频率和遏止电压；　　(B) 普朗克常量和红限频率；

(C) 普朗克常量与遏止电压；　　(D) 斜率无意义，截距代表红限频率.

二、填空题

42. 光子的波长为 λ，则其能量是________，动量的大小是________，质量是________.

43. 若一无线电接收机接收到频率为 10^8 Hz 的电磁波的功率为 1 μW，则每秒接收到的光子数为________________.

44. 当波长为 300 nm 的光照射在某金属表面时，光电子的能量范围从 $0\sim4.0\times10^{-19}$ J. 在做上述光电效应实验时，遏止电压为 $|U_a|=$________ V，此金属的红限频率 $\nu_0=$________ Hz.

45. 某光电管阴极对于 $\lambda=491$ nm 的入射光，其发射光电子的遏止电压为 0.71 V. 当入射光的波长为________ nm 时，其遏止电压变为 1.43 V.

46. 频率为 100 MHz 的一个光子的能量是________，动量的大小是________.

47. 在光电效应实验中，测得某金属的遏止电压 $|U_a|$ 与入射光频率 ν 的关系曲线如图所示，由此可知该金属的红限频率 $\nu_0=$________ Hz，逸出功 $W=$________ eV.

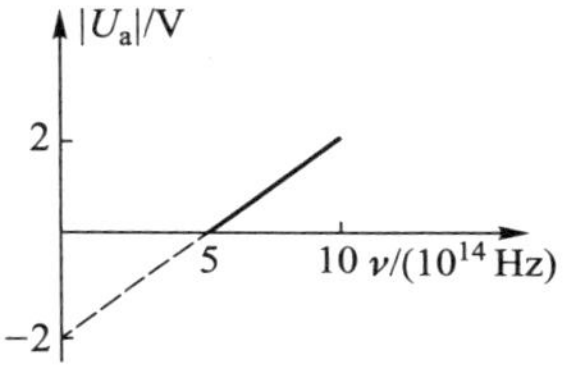

习题 13-47 图

48. 分别用频率为 ν_1 和 ν_2 的单色光照射某一光电管. 若 $\nu_1>\nu_2$（均大于红限频率 ν_0），则当两种频率的光强度相同时，所产生的光电子的最大初动能 E_1 ________ E_2，所产生的饱和光电流 I_{s1} ________ I_{s2}.（填>、=或<.）

49. 以波长为 $\lambda=0.207$ μm 的紫外线照射金属钯表面产生光电效应，已知钯的红限频率 $\nu_0=1.21\times10^{15}$ Hz，则其遏止电压 $|U_a|=$________ V.

50. 已知某金属的逸出功为 W，用频率为 ν_1 的光照射该金属能产生光电效应，则该金属的红限频率 $\nu_0=$________，$\nu_1>\nu_0$，且遏止电压 $|U_a|=$________.

51. 氢原子由定态 l 跃迁到定态 k 可发射一个光子. 已知定态 l 的电离能为 0.85 eV，又知从基态使氢原子激发到定态 k 所需的能量为 10.2 eV，则在上述跃迁中氢原子所发射的光子的能量为________ eV.

52. 在康普顿散射中，当散射光子与入射光子的方向间夹角 $\phi=$________时，散射光子的频率小得最多；当 $\phi=$________ 时，散射光子的频率与入射光子相同.

53. 在康普顿散射中，若入射光子与散射光子的波长分别为 λ 和 λ'，则反冲电子获得的动能 $E_k=$________.

54. 某金属产生光电效应的红限为 ν_0，当用频率为 $\nu(\nu>\nu_0)$ 的单色光照射该金属时，从金属中逸出的光电子（质量为 m）的德布罗意波长为________.

习题 13-54 精解

55. 当一个质子俘获一个动能 $E_k=13.6$ eV 的自由电子组成一个基态氢原子时，所发出的单色光频率是________________.（基态氢原子的能量为−13.6 eV.）

56. 氢原子的部分能级跃迁示意图如图所示. 在这些能级跃迁中，(1) 从 $n=$________的能级跃迁到 $n=$________的能级时所发射的光子的波长最短；(2) 从 $n=$________的能级跃迁到 $n=$________的能级时所发射的光子的频率最小.

57. 设大量氢原子处于 $n=4$ 的激发态,它们跃迁时发射出一簇光谱线. 这簇光谱线最多可能有________条,其中最短的波长是________ nm.

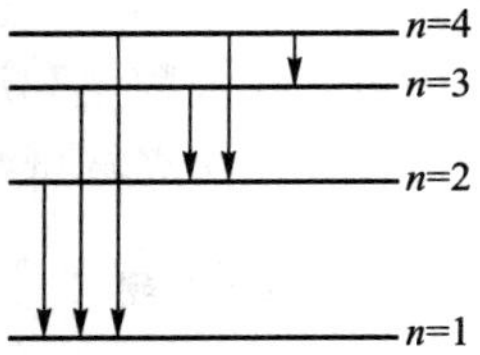

习题 13-56 图

习题 13-58 精解

58. 氢原子基态的电离能是________ eV. 电离能为 +0. 544 eV 的激发态氢原子,其电子处在 $n=$________的轨道上运动.

59. 在氢原子光谱中,莱曼系(由各激发态跃迁到基态所发射的各谱线组成的谱线系)的最短波长的谱线所对应的光子能量为________ eV;巴耳末系的最短波长的谱线所对应的光子的能量为________ eV.

60. 根据氢原子理论,若大量氢原子处于主量子数 $n=5$ 的激发态,则跃迁辐射的谱线可以有________条,其中属于巴耳末系的谱线有________条.

61. 被激发到 $n=3$ 的状态的氢原子气体发出的辐射中,有________条可见光谱线和________条非可见光谱线.

62. 玻尔的氢原子理论的三个基本假设是:

(1) ______________________________;

(2) ______________________________;

(3) ______________________________.

63. 玻尔的氢原子理论中提出的关于________________和________________的假设在现代的量子力学理论中仍然是两个重要的基本概念.

64. 在氢原子发射光谱的巴耳末系中有一频率为 6.15×10^{14} Hz 的谱线,它是氢原子从能级 $E_n=$________ eV 跃迁到能级 $E_k=$________ eV 而发出的.

65. 氢原子中的电子从 $n=3$ 的激发态被电离出去,需要的能量为________ eV.

66. 图示被激发的氢原子跃迁到低能级时(图中 E_1 不是基态能级),可发出波长为 λ_1、λ_2、λ_3 的辐射,其对应的频率 ν_1、ν_2 和 ν_3 满足关系式________,三个波长满足关系式________.

67. 在戴维孙-革末电子衍射实验装置中,自热阴极 K 发射出的电子束经 $U=500$ V 的电压加速后投射到晶体上. 这电子束的德布罗意波长 $\lambda=$________ nm.

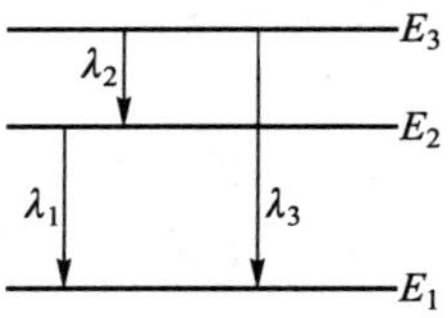

习题 13-66 图

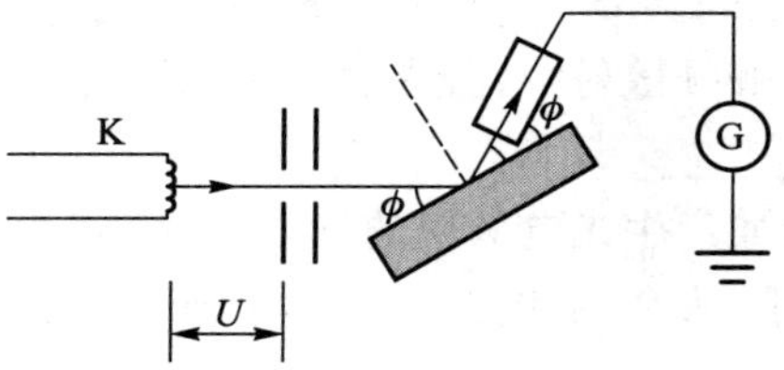

习题 13-67 图

68. 若中子的德布罗意波长为 0. 2 nm,则它的动能为________.(中子质量 $m=1.67\times10^{-27}$ kg.)

69. 为使电子的德布罗意波长为 0. 1 nm,需要的加速电压为________.

70. 低速运动的质子和 α 粒子,若它们的德布罗意波长相同,则它们的动量之比 p_p :

p_α =________，动能之比 $E_{kp}:E_{k\alpha}$ =________.

71. 令 $\lambda_C=h/(m_e c)$（称为电子的康普顿波长，其中 m_e 为电子静止质量，c 为真空中光速，h 为普朗克常量）. 当电子的动能等于它的静止能量时，它的德布罗意波长是 λ =________ λ_C.

72. 若电子被限制在边界 x 与 $x+\Delta x$ 之间，$\Delta x=0.05$ nm，则电子动量 x 分量的不确定量近似地为________ kg·m/s.（不确定关系式 $\Delta x\Delta p\geqslant h$.）

73. 设描述微观粒子运动的波函数为 $\Psi(\boldsymbol{r},t)$，则 $\Psi\Psi^*$ 表示________，$\Psi(\boldsymbol{r},t)$ 必须满足的条件是________，其归一化条件是________.

三、计算题

74. 已知氢光谱的某一线系的极限波长为 364.7 nm，其中有一谱线波长为 656.5 nm. 试由玻尔的氢原子理论，求与该波长相应的初态与末态能级的能量.

75. 以波长 $\lambda=410$ nm 的单色光照射某一金属，产生的光电子的最大动能 $E_k=1.0$ eV，问能使该金属产生光电效应的单色光的最大波长是多少？

76. 光电管的阴极用逸出功为 $W=2.2$ eV 的金属制成，今用一单色光照射此光电管，阴极发射出光电子，测得遏止电压为 $|U_a|=5.0$ V，试求：

（1）光电管阴极金属的光电效应的红限波长；

（2）入射光的波长.

77. 若光子的波长和电子的德布罗意波长 λ 相等，试求光子的质量与电子的质量之比.

78. 当电子的德布罗意波长与可见光的波长（$\lambda=550$ nm）相同时，问它的动能是多少电子伏？

79. 粒子在一维矩形无限深势阱中运动，其波函数为 $\psi_n(x)=\sqrt{2/a}\sin(n\pi x/a)$ $(0<x<a)$. 若粒子处于 $n=1$ 的状态，则它在 $0\sim a/4$ 区间内的概率是多少？

$$\left(\text{提示：}\int\sin^2 x\mathrm{d}x=\frac{1}{2}x-\frac{1}{4}\sin 2x+C.\right)$$

第十三章习题参考答案

拓展习题

郑重声明

ISBN 978-7-04-064712-9

定价 20.00 元

养成教育

第一册 下

总主编 郭齐家
高广立

日新其德 日勤其业 臻于至善

济南出版社 汉唐书局